新世纪高等学校教材

自 然 灾 害

NATURAL DISASTERS

（第4版）

陈　颙　史培军／编　著

北京师范大学出版集团
BEIJING NORMAL UNIVERSITY PUBLISHING GROUP
北京师范大学出版社

图书在版编目（CIP）数据

自然灾害 / 陈颙，史培军编著. —4 版. —北京：北京
师范大学出版社，2021.1
ISBN 978-7-303-16920-7

Ⅰ. ①自… Ⅱ. ①陈… ②史… Ⅲ. ①自然灾害-普
及读物 Ⅳ. ①X43—49

中国版本图书馆 CIP 数据核字 (2013) 第 176230 号

营 销 中 心 电 话　　010-58802181　58805532
北师大出版社科技与经管分社　www.jswsbook.com
电 子 信 箱　　jswsbook@163.com

出版发行：北京师范大学出版社　www.bnupg.com
　　　　　北京市西城区新街口外大街 12-3 号
　　　　　邮政编码：100088
印　　刷：保定市中画美凯印刷有限公司
经　　销：全国新华书店
开　　本：730 mm×980 mm　1/16
印　　张：26.5
字　　数：480 千字
版 印 次：2021 年 1 月第 4 版第 15 次印刷
定　　价：89.80 元

策划编辑：胡廷兰　　　　责任编辑：胡廷兰　刘凤娟
美术编辑：王齐云　　　　装帧设计：天润泽
责任校对：李 菡　　　　责任印制：马 洁

作者简介

陈颙

　　中国科学院院士，地球物理学家，中国科学院地学部主任，中国地震局科技委主任，中国地球物理学会理事长。

yongchen@seis.ac.cn

史培军

　　教授，长期从事自然地理学、环境演变与自然灾害研究。现任国家减灾委专家委副主任，北京师范大学常务副校长，民政部一教育部减灾与应急管理研究院副院长。

spj@bnu.edu.cn

内容简介

随着社会的发展和人口的增加，自然灾害越来越严重，给人类社会造成的损失也越来越大。因此，科学地认识自然灾害的发生、发展规律，增强防灾、减灾意识和知识，减小自然灾害对人类社会所造成的危害，已成为国际社会减灾、救灾行动的一个共识和中心内容。

本书是作者针对"中国灾多、知识少、课程少、书少"的现实情况，撰写的一本旨在强化学校减灾教育、普及自然灾害常识的科普性教材和知识读本。本书融知识性、实用性、趣味性于一体，以简练的文字、翔实的案例，真实展现了当前人类社会面临的主要自然灾害类型（地震灾害、海啸灾害、火山灾害、气象灾害、洪水灾害、滑坡和泥石流灾害、空间灾害等）的现实灾害场景，目的在于强调："敬畏自然，与灾共存，科学减灾，和谐相处。"

本书可作为高等院校自然灾害通识课教材，配有几百幅图片，通俗易懂的文字、图文并茂的形式和全彩色的印制，更使本书成为一本适于一般读者阅读的大众读物。本书第 1 版于 2007 年出版后，曾再版并多次重印，第 3 版增加了最新的案例，并做了较大的修改。

前　言

为什么要写这本书

当你翻开报纸时，几乎每天都可以看到来自世界各地的关于自然灾害的报道。随着经济的发展和人口的城市化，减轻自然灾害已经成为全社会最关心的话题之一，成为社会安全的重要组成部分。

遗憾的是，目前国内的大学还没有开设这方面的课程，也没有相关的教科书。一方面，新的探索从传统学科中成长起来需要一段时间和过程；另一方面，自然灾害涉及自然科学、工程科学和社会经济科学，是一个学科跨度较大的新的研究领域。

几年前，纽约大学石溪分校的黄庭芳教授告诉我，在美国斯坦福大学等几所著名的大学，陆续开设了有关自然灾害的大学公共课程，令人想不到的是，选课的人数超出了预期，非常多。这说明，如何认识自然灾害以及将自然灾害损失减到最小，已经成为全社会都关心的重要问题。黄庭芳教授还指出，尽管遭受自然灾害最严重的是东方国家，但目前教材中自然灾害的例子几乎全部来自西方国家。

在这种情况下，从2004年开始，我在中国科学院研究生院开设了一门公共课程，课程的名称最初叫作"新闻中的自然灾害"（这是受到国外大学课程名称的影响——Natural Disasters on the News），第二年改成"自然灾害中的物理学"，最后，定为"自然灾害"。史培军教授在北京师范大学也讲授了类似的课程。本书就是在这些课程的讲义的基础上，由史培军教授和我一起重新整理和加工而成的。

如何写这本书

我们希望把这本书写成一本大学本科课程的教科书，但是我们面临不少困难。首先，本书涉及地震、海啸、火山、气象、洪水、滑坡和泥石流、空间等多种自然灾害，不同灾害产生的原因不同，特点也不同。既然把它们放到一本书中来讲，需要找到一条"线"把这些不同的灾害串在一起，从而形成一个关于多种灾害的整体观。我们找到的这条"线"就是能量。我们生活的地球是一个活动的星球，它每时每刻都在发生变化。这些变化，特别是快速变化就造成了自然灾害。但地球为什么会变化呢？我们试图从地球的外部能量（太阳能）、内部能量（地球地热能）和重力能量的角度，介绍变化的原因和变化的特点，用能量分析把不同的自然灾害串在一起。

本书共有9章，第1章对由大气圈、水圈、生物圈和岩石圈组成的地球系统进行概括的介绍，重点是介绍造成这些圈层运动和变化的能量来源，这就为理解各种自然灾害的发生机理和原因提供了基础。第2章至第8章，分别对地震灾害、海啸灾害、火山灾害、气象灾害、洪水灾害、滑坡和泥石流灾害、空间灾害进行了介绍，介绍这7种灾害的章节保持相对的独立性，读者可以有选择地阅读。每章后面提供思考题、参考资料和有关的网站，供有兴趣的读者进一步学习、研究和思考。每章中都有参考性阅读的内容（以浅绿色为底色），一些框图涉及公式的数学推导，另一些框图提供了基础知识的背景介绍，读者可根据自己的兴趣选择性地阅读，也可以跳过去，只读正文。

在编写这本书时，我们遇到的另一个问题是：教科书不同于专著。专著是某一学科某一专题方面的专门著作，读者都是该方面的专家，写专著时可以少考虑读者能不能看懂的问题。而教科书则不同，它的读者是广大的学生，也许还包括从事减灾的各级领导和工作人员，包括对某一灾害比较熟悉但很少接触其他灾害的同志。能不能让这样广大的读者读懂，能不能将科学性、普及性和趣味性结合起来，对我们来说，这是有一定难度的挑战性工作。在科普性和趣味性方面，史培军教授和我尽了我们的最大努力，我们真心地欢迎大家提出批评和建议。在科学性方面，从获取素材到修改内容，我们得到了许多专家的真诚的帮助，如下。

地球系统和自然灾害：丁仲礼、汪品先

地震灾害：刘瑞丰、王兰民

海啸灾害：王水、林间

火山灾害：洪汉净、张有学、刘嘉麒

气象灾害：吴国雄、秦大河

洪水灾害：刘昌明、李坤刚

滑坡和泥石流灾害：黄润秋、刘希林、崔鹏、孙文盛

空间灾害：魏奉思、胡有秋

除了上面列举的，还有其他许多专家也为本书的写作提供了帮助，我们对他们表示衷心的感谢。

我们的希望

我们尝试将这本书写成一本图文并茂、知识性和实用性并重的书。书中的图片和插图，少数是我们自己制作的，大部分来自其他的来源。我们十分感谢美国宇航局（NASA）和地质调查局（USGS）的帮助，当他们知道我们在编这本教科书时，授权我们可以为教育目的使用他们网站上的所有图片。我们也十分感谢国内和国外的许多图片作者，他们同意引用他们的作品，在书中我们均作出了说明。但还有一部分图片，由于各种原因，我们无法找到原作者或难以与原作者取得联系，我们在书中尽量给出了间接的出处，在这里，我们向这些作者致歉，并希望得到他们的谅解和支持。

在多年与自然灾害斗争的过程中，特别在严重自然灾害的救灾过程中，除了及时地运送救灾物资外，向灾区送去减灾的知识、提高全社会的防灾意识，也是救灾工作的重要环节，这就是本书写作的初衷，希望能得到广大读者和社会公众的批评和建议，以便把这个工作做得更好。

感谢

在本书编写过程中，得到了中国地震局、北京师范大学、中国国家减灾委员会、中国科学院地学部的支持和鼓励，得到了张尉、方伟华、刘宁、王宝善、彭菲等同志的大力帮助，他们为本书的完成做了大量的工作。北京师范大学出版社的编辑李强、胡廷兰等为本书的编辑出版做了出色的工作。在此，我们向他们表示衷心的感谢！

陈颙

2007 年 9 月

目录

人类居住的地球是由大气圈、水圈、生物圈和岩石圈组成的，这些圈层每时每刻都在发生着运动和变化。运动和变化的能量主要来源于外部的太阳能和内部的地热能，从能量角度认识各种自然灾害的起因，是减轻灾害的重要基础。

地球系统和自然灾害

① 地球——我们的家园
② 活动的地球
③ 地球活动的能量来源
④ 自然灾害的特点
⑤ 灾害类型

1 地球系统和自然灾害

1.1 地球——我们的家园

图 1 － 1 太阳系中的行星（planets）距离太阳从近到远分别为：水星（Mercury）、金星（Venus）、地球（Earth）、火星（Mars）、木星（Jupiter）、土星（Saturn）、天王星（Uranus）、海王星（Neptune）。冥王星（Pluto）已经降级为矮行星（dwarf planets）。其中只有地球和火星处在得天独厚的距离范围：离太阳不远不近，温度不高也不低，是最有可能存在生命的星球

资料来源：NASA

　　在太阳系的天体中，地球是得天独厚的。地球离太阳恰到好处的距离，使其具有最适于生物生存的地表温度，它离太阳不太近，温度不会太高；离太阳也不那么远，温度也不会太低。
　　地球上的海洋，自从在 45 亿年前形成以后，就一直把液体保存了下来。

地球是太阳系中唯一具有板块构造的行星。正是板块构造把构成生命基础的营养物质和其他物质送进行星地球内部，然后再循环回到地表。

地球是唯一拥有一个氧气占 1/5 的大气圈的行星——这种氧气是由单细胞生物在漫长的历程中产生的，它反过来又刺激了多细胞生物的演化。

地球是人类惬意的家园。我们日常生活中所使用的一切物质都来自地球，如燃料、矿产、地下水，甚至我们的粮食（通过土壤、水和肥料等媒介）。

要了解地球的全貌，最好是从宇宙空间的角度来看地球。从地球的空间照片上，地球的全貌表现得一览无余：云彩、海洋、两极冰盖和各个大陆。从宇宙空间也可以看到别的星球，但是其面貌和地球大不相同。

首先，地球照片上白色的是厚厚的大气圈。在地球引力的作用下，大量气体聚集在地球周围，形成包围地球的大气层。大气圈的范围很广，从地面一直伸展到遥远的太空，探空火箭在 3 000 km 高度仍然发现有稀薄的大气。

图1－2　从空间看到的地球：蓝色的是海洋，白色的是含有大量水蒸气的大气，绿色的是被植被覆盖的陆地，所有这些，在太阳系其他星球上都是少见的，于是，地球成为了太阳系中一颗非常独特的星球

资料来源：NASA

大 气 圈

在地球引力作用下，大量气体聚集在地球周围，形成数千千米的大气圈。气体密度随离地面高度的增加而变得越来越稀薄。大气质量约 $6\,000 \times 10^{12}$ t，差不多占地球总质量的百万分之一。

根据各层大气的不同特点（如温度、成分及电离程度等），从地面开始依次分为对流层、平流层、中间层、热层（电离层）和外大气层。

接近地球表面的一层大气，其间空气的移动是以上升气流和下降气流为主的对流运动，叫作"对流层"。它的厚度不一，其厚度在地球两极上空为 8 km，在赤道上空为 17 km，是大气中最稠密的一层。大气中的水汽几乎都集中于此，这里是展示风云变幻的"大舞台"：刮风、下雨、降雪等天气现象都是发生在对流层内。

对流层上面直到高于海平面 50 km 这一层，气流主要表现为水平方向运动，对流现象减弱，这一大气层叫作"平流层"，又称"同温层"。这里基本上没有水汽，晴朗无云，很少发生天气变化，适于飞机航行。在 20～30 km 高处，氧分子在紫外线作用下，形成臭氧层，像一道屏障保护着地球上的生物免受太阳高能粒子的袭击。

平流层以上到离地球表面 85 km，叫作"中间层"，又称"散逸层"。中间层以上到离地球表面 500 km，叫作"热层"。在这两层内，经常会出现许多有趣的天文现象，如极光、流星等。人类还借助热层，实现短波无线电通信，使远隔重洋的人们相互沟通信息，因为热层的大气受太阳辐射，温度较高，气体分子或原子大量电离，复合概率又小，所以热层又称电离层。电离层能导电，反射无线电短波。

热层顶以上是外大气层，延伸至距地球表面 1 000 km 处。这里的温度很高，可达数千摄氏度；大气已极其稀薄，其密度为海平面处的一亿亿分之一。

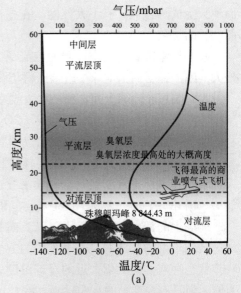

(a)

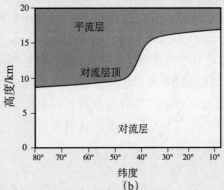

(b)

图 1 - 3　（a）为在地球外部的太阳热量作用下，地球表面上方大气层的平均剖面，并给出了温度和气压随高度的变化情况。可以看出，随着高度的增加，气压急剧下降；而温度则是先降低，然后再升高。（b）为对流层和平流层厚度随纬度的变化，喷气式飞机多数飞行在平流层。从图中可以看到，在纬度 40°～45° 之间，对流层厚度急剧变化。而在高纬度地区，对流层厚度很少变化，这是多数飞机航线选择高纬度的原因之一

大气圈中的混合气体叫作空气，空气包含氮气（78%）、氧气（21%）、水蒸气、其他气体和尘埃。我们依靠呼吸氧气才能生存。没有空气，地球上就没有生命了。

射入地球的太阳光遇到空气后产生散射，对于低层的分子来说，主要是散射蓝色光，从而使天空成为蓝色。有了大气圈，在昼夜交替的过程中，我们才能欣赏到晨光明霞、黄昏夕照的壮丽景色。

我们经常能看见夜空中美丽的流星，那是闯入地球的天外来客——陨石正在燃烧。要不是大气圈挡住它们，地球早就被砸得坑坑洼洼、不成样子了。

大气圈罩在地球上面，像一个大温室，让地球保持适宜的温度，这叫"温室效应"。近十年来，由于人类大量排放二氧化碳（CO_2）气体，"温室"里面热量增多，导致全球气候变暖。我们要爱护地球，就必须控制对大气圈有害的行为。

大气圈中有一层薄薄的臭氧层，能挡住太阳光中的紫外线，保护地球生物免遭伤害。最近，南极上空臭氧层出现了空洞。科学家发现，人类生产的氟利昂等化学物质排放到天空，把臭氧层"撕开"了一个大洞，这是非常危险的。

地球上的江、湖、海、川，以及南北极的冰盖和大陆上的冰川组成了地球的水圈，这是地球区别于别的星球的又一个重要的方面。离太阳太远的星球温度太低，水不可能以流体和气体状态存在；离太阳太近的星球温度太高，水不可能以固体状态存在。其他星球也可能有水圈，但只有地球上的水才以水（液态）、冰（固态）和水蒸气（气态）三种状态存在。

地球的第三个特点是存在着生物圈，图1－2上的绿色是植被覆盖着的大陆。植物和动物，大的和小的，地球上的生物种类多达百万种。迄今为止，我们尚未发现其他星球上有生物存在的证据。生物圈中最重要的是人类活动。随着经济的发展和社会的进步，人类活动的空间和规模在迅速增大，今天的人类活动已成为地球上最为活跃的因素，其对岩石圈表层环境的影响与改造日益剧增，成为与自然地质作用并驾齐驱的营力，某些方面甚至已超过自然地质作用的速度和强度，在当今全球变化中起着巨大的作用，成为影响地球的重要力量。

地球的第四个特点是有岩石圈。岩石圈是地球最外边的一个圈层。在地球内部的动力作用下（下一节要谈到：不是所有的星球都有内部的动力作用），地球的岩石圈处在不断的运动当中，地震和火山的产生就是这种运动的结果。如果有很久很久以前地球的空间照片，和现在的空间照片一对比，就可以发现地球表面岩石圈的运动。地球的许多表面过程，如风和冰的作用、海洋的洋流和潮汐、表面水的流动、风化和侵蚀等都发生在岩石圈的表面。由于岩石圈受到各种复杂的作用：物理的、化学的和生物的，地球的岩石圈也是十分独特的。

水 圈

　　水圈是地球上（包括地表、地下和大气中）液态水、固态水及气态水的总称。从太空来看，地球是一颗海洋的行星，如果把它叫作"水球"，也许更为合适，因为海洋面积约占了地球表面积的 70.8%，海洋平均深度为 3 800 m。由地球上所有的水构成的水圈厚度约为地球平均半径的 1/1 630，如果平均覆盖在地球表面，只是很薄的一层。受大气环流、纬度、高程和海陆分布等因素的影响，地表水、地下水以及冰雪固态水在地球上的分布极不平衡。

　　地球上的水在不断地进行着循环，水循环的结果形成了水在地球表面的相对稳定的分布，大约 97% 的水在海洋中，海洋是水圈中最主要的水体；在剩下的 3% 的水中，77% 储存在冰川里，22% 为地下水，而河流、湖泊中的水不到 1%。洪水是一种比较频繁的自然灾害，它是由河流泛滥造成的。从地球上水的总体来看，河流中的水占地球上水总量的千分之一都不到。水的分布的微小变动，就可以产生巨大的自然灾害，地球真是一个整体，牵一发足以动全身。因此，在讨论自然灾害时，一定要有地球的整体观。

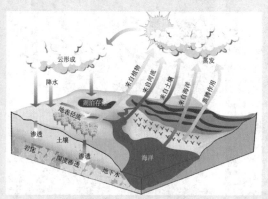

图 1 - 4　地球水圈中水的循环
资料来源：中国数字科技馆

图 1 - 5　世界上最大的水资源是海洋上的咸水，占 97%，淡水只有 3%，淡水资源中有 77% 在冰川里面，但这些冰川主要分布在格陵兰、南极和一些高山上面。在 3% 的淡水资源中，地下水占 22%，江、河、湖泊水等占 1%。实际上在水圈里面比较活跃的只是 3% 里面的 1%

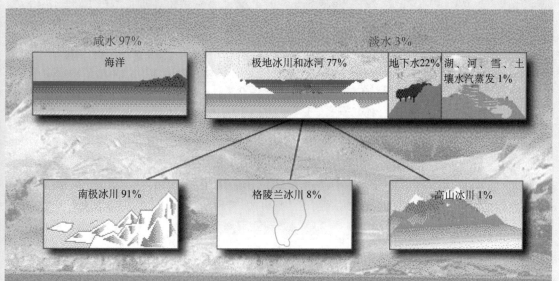

生　物　圈

　　生物圈是地球上一切生物（人、动物、植物和微生物）及其生存环境的总称。它是地球特有的圈层，其空间范围包括整个水圈、对流层顶（距地面约 12 km 高）以下的大气圈、岩石圈的上层（包括土壤在内的风化壳，其界线在海洋不超过 12 km 的深度）及全部生物体。生物圈中，生物与生物之间、生物与环境之间都不断地进行着物质循环和能量转换而构成一个复杂而巨大的生态系统。

无口
无消化器官
依靠硫细菌
提供营养

深潜器探测洋中脊的深海热液活动。渗入海底下数千米深处的海水与上涌的岩浆进行物质交换并升温，从"黑烟囱"口呈热液喷出，形成金属硫化物矿床，并支持独特的"热液生物群"

热液产地是深海"沙漠中的绿洲"，生物密度高出周围 10 000 倍到 100 000 倍

图 1－6　地球生物圈的新成员——深海生物圈。20 世纪地球科学的重大成就之一，是发现了深海生物圈。在深海大洋之下，曾认为其不仅是黑暗无光的世界，而且毫无生机，但热液生物群和深海生物圈的发现表明存在"黑暗食物链"，尤其引人注目的还有"古细菌"。许多深海生物无口、无消化器官，依靠硫细菌提供营养，热液产地是深海"沙漠中的绿洲"，生物密度高出周围 10 000 倍到 100 000 倍。据估计，这种深海生物圈占全球总生物量的 1/10
　　资料来源：孙枢提供

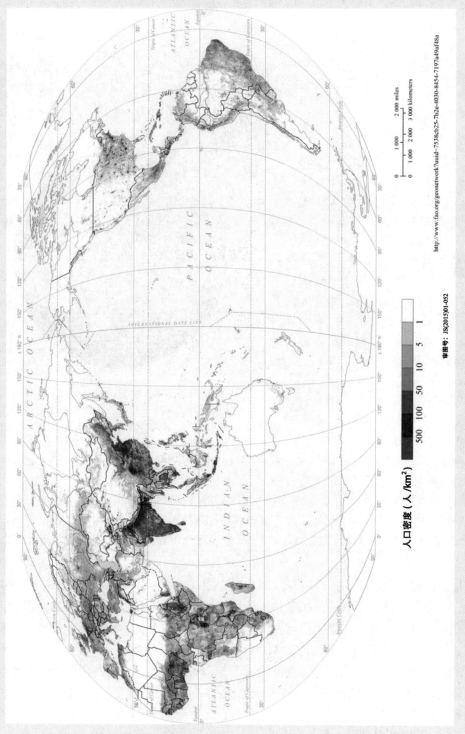

图 1 - 7　世界人口密度图（2010年）

资料来源：Food and Agriculture Organization(FAO) AQUASTAT-programme of the Land and Water Division Montana

http://www.fao.org/geonetwork?uuid=7538cb25-7b2e-4030-8454-7197a49af48a

审图号：JS(2015)01-052

岩 石 圈

地球是一个扁的椭球体，其长轴为 a，短轴为 b，我们用参数 e 来表示地球的扁度。

$$e = \frac{a-b}{a}$$

如果地球是一个均匀的流体，则在自转时为了保持平衡，它的形状应是一个旋转椭球体。我们假设地球内部处于流体静压状态，而其余像密度分布、转速等都和真实的地球一样，在地球完全是流体的假设下，杰弗瑞斯计算地球的扁度应为 1/299。实际人造卫星对地球扁度 e 的精确测量值是 1/298.25。这表明真实地球的扁度和理想流体静压力状态下地球的扁度非常接近，差值很小，也就意味着整个地球内部是可以流动的。

但是，地球表面存在着山脉、大陆、海洋等各种地形，许多大陆（山脉）实际上存在几百万年甚至几十亿年了。如果地球介质都是可以流动的，就无法解释这些长期存在的山脉。

实际上，地球绝大部分是可以流动

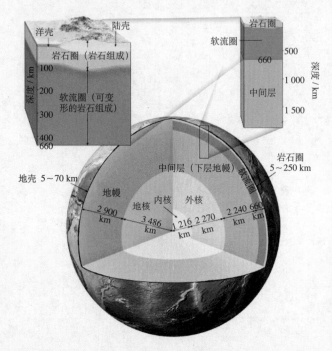

图 1 - 8　地球内部遥感。地球的外表面是一层薄薄的地壳，其厚度在大陆平均为 40 km，在海洋约为 10 km。地壳下面有 2 900 km 的地幔。地球的地核分两部分：外核厚为 2 270 km，是液态的；内核厚为 1 216 km，是固态的
资料来源：中国数字科技馆

的（在长期力的作用下），而地球表面有一层由坚硬岩石组成的外壳，具有很高的强度，可以长期保持各种形状，被称为地球的岩石圈。岩石圈的厚度在海洋地区一般不超过 100 km，但在大陆地区变化很大，范围从 50 ~ 60 km 至 200 km 以上。岩石圈之下可以流动的部分被称为软流圈。

人类居住的地球是一个由大气圈、水圈、生物圈（人类圈）和岩石圈四个子系统构成的地球系统。子系统之间相互联系、相互作用、相互依存，又相互协调与发展，构成了我们这个蔚蓝色星球蓬勃的生机及人类生存与发展的摇篮。就目前人类的认识而言，和太阳系其他星球相比，地球的上述特点是独一无二的。

20 世纪末，国际学术界出现了一种变化：原来分头描述地球上各种现象的学科，正在系统科学地高度相互结合，成为揭示机理、服务预测的"地球系统科学"。本书从地球系统的角度，从能量平衡和各圈层相互作用出发，结合过去几年新闻中重大自然灾害的报道，着重介绍几种自然灾害背后的物理学。

1.2　活动的地球

从整体来看，所有的星体都处在不断的运动之中，但实际上，许多星体都像一个刚体（例如一块石头）一样在宇宙空间运动，而这个刚体本身却没有任何变化。地球则不然，地球在宇宙空间运动的同时，它的各个圈层发生着相对运动和相对变化，甚至是激烈的运动和变化。所以我们说，地球是个不断变化的星球，这是地球区别于多数星体的地方。

地球的内部——巨大的热机

地球内部的状态和过程一直是人们关心的问题。早在 16 世纪，根据地面上测得的重力，牛顿就推断地球的平均密度是地面岩石的两倍，因此，越往深处物质密度越大。尽管几个世纪过去了，至今牛顿的估计还是正确的。

从牛顿时代开始，人们关于地球内部的认识主要来自地震波和高温、高压下岩石的物理化学实验。地震波是唯一能穿透地球内部的波动，迄今为止，关于地球内部结构、组成和演化的知识主要来自天然地震波。例如，关于地球内部的结构，我们已经知道，地球内部分为地壳、地幔和地核三个部分，而地核又分为液态的外核和固态的内核。

估计地球内部温度的工作已经进行了半个世纪以上，主要根据热传导方程、地幔岩石熔点温度的限制和热导率等资料，目前基本上获得了公认的结果：地球像一部热机。其内部的许多放射性元素不断产生大量的热量，使得地球中心的温度高达 4 500℃，在地下 2 900 km 附近，温度也有 3 700℃。

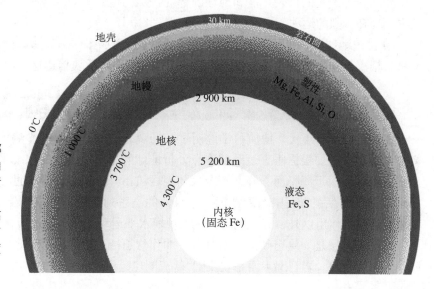

图 1 - 9　地球内部的温度分布。地球内部的许多放射性元素不断产生大量的热量，使地球中心的温度高达 4 500 ℃，在地下 2 900 km 附近，温度也有 3 700℃

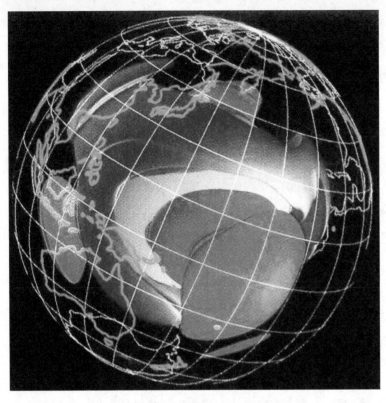

图1－10 地球内部产生的大量的热量向地面传播的一种主要方式是热对流，这就和用锅烧开水一样，冷水被加热从锅底向上运动，到达水面后，散发热量变冷再沉到锅底，这种由锅底向上到水面，再由水面回到锅底的运动就是对流。地球内部发生的事情和烧开水是十分相似的。现代地震层析成像的结果表明：在太平洋中部、高温低速的物质上升，环太平洋区域则是低温下沉区，这清楚地显示了地球内部的热对流

资料来源：中国科学院地学部"中国地球科学发展战略"研究组，2002

地球内部大量的热量通过热传导过程传至地面。地球内部产生的大量的热量传播的另一种更为迅速的方式是热对流，这就和用锅烧开水一样，冷水被加热从锅底向上运动，到达水面后，散发热量变冷再沉到锅底，这种由锅底向上到水面、再由水面回到锅底的运动就是对流。地球内部发生的事情和烧开水是十分相似的：地球最外层（大约100 km厚）是冷的，它下面的地幔是热的，在地幔中发生着热对流。

地球内部产生的巨大热能和地球内部的特殊构造，使地球像一个水烧开了的大锅炉，它的内部处在激烈的运动之中。

20世纪地球科学有三个突出的进展：板块构造的革命、获得地表和地球内部图像能力的提高、把人类作为一种地质营力的认识的增强。下面对板块构造进行简要的介绍。

地球表面的运动——板块构造

在20世纪60年代，地质科学经历了一场观念上的革命，其影响持续至今。传统上，大多数地质学家主要根据垂直运动的观点分析地球的历史：山脉的出现是地壳弯曲的结果，然后它被剥蚀，由于海平面下降，整个大陆地区被抬升。但是，半个世纪之前，海洋地质学和古地磁学（保存在岩石中的磁性标志记录）的一系列进展，导致产生了重要的地球新概念。除垂直运动的作用以外，这一概念承认大规模水平运动在整个地球演化中的重要作用。

地球最外层是一层坚硬的岩石外壳，叫作岩石圈。岩石圈破碎成为七个大的部分，它们叫作岩石圈板块。岩石圈下面是软流圈，软流圈也是由岩石组成的，但由于地下的温度非常高，

软流圈有1%～2%的岩石发生了熔化，部分熔融的软流圈强度较低，而且可以发生塑性变形。于是，漂浮在软流圈上的岩石圈板块可以发生运动，就像浮冰在海上漂来漂去一样。

如果你在世界地图上标出每次地震的地点，并把这些点连接起来，就会发现，该连线标出了海洋的终点。以太平洋为例，沿太平洋和各个大陆的边界，集中了世界上大多数的地震和火山。这个边界的大陆一侧，是造山带，形成了许多沿海岸的山脉；边界的大洋一侧，则形成了深深的海沟。横跨边界，地形变化非常激烈，这样的多地震、多火山的大陆和海洋的边界带经常也是板块之间的边界。

绝大多数地质活动都集中发生在两个板块之间的边界上。两个板块沿着边界发生相对运动。按照运动的方式，可以把板块边界分成三类（表1-1、图1-11）。

表1-1 板块边界的类型、特征和示例

边界类型	两侧的板块	地貌特征	地质事件	示例
发散边界	海洋—海洋	大洋中脊	海底扩张 浅源地震 岩浆溢出 火山	大西洋、太平洋的大洋中脊
	陆地—陆地	裂谷	裂开成深谷 地震 岩浆上涌 火山	东非裂谷
汇聚边界	海洋—海洋	岛弧和海沟	俯冲，深地震 岩浆上涌 火山，变形	西阿留申群岛
	海洋—大陆	山脉和海沟	俯冲，深地震 岩浆上涌 火山，变形	亚洲东部日本海沟 喜马拉雅山
	大陆—大陆	造山带	深地震 岩石变形	
转换边界	海洋—海洋	错断洋中脊	地震	太平洋洋中脊
	大陆—大陆	形变小的山脉 沿断层变形	地震 岩石变形	美国圣安德烈斯断层

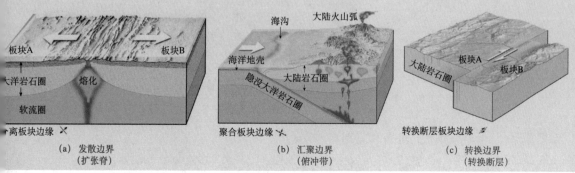

图1-11 三类板块边界：发散边界、汇聚边界和转换边界

全球岩石圈板块构造图（据 Davidson J. P. et al.，2002改绘）

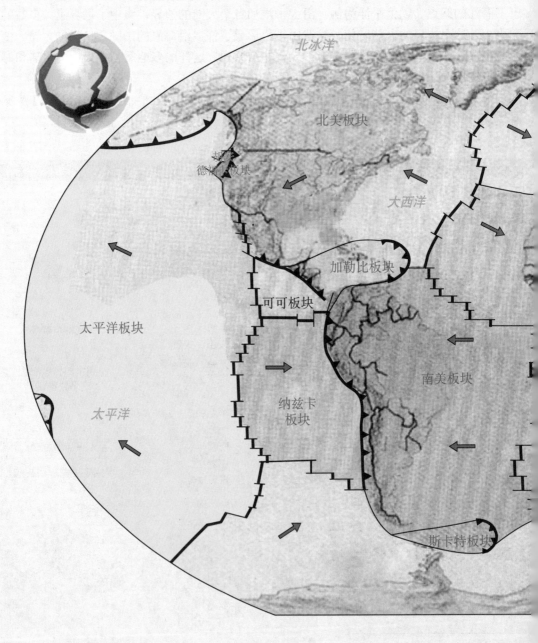

图 1 - 12　地球岩石圈主要分成了七个大板块：非洲板块、欧亚板块、印度—澳大利亚板块、太平洋板块、南极洲板块、北美板块和南美板块。图中还给出了一些较小的板块。三种不同的板块边界在图中用不同的线条表示

　　资料来源：中国科学院地学部"中国地球科学发展战略"研究组，2002

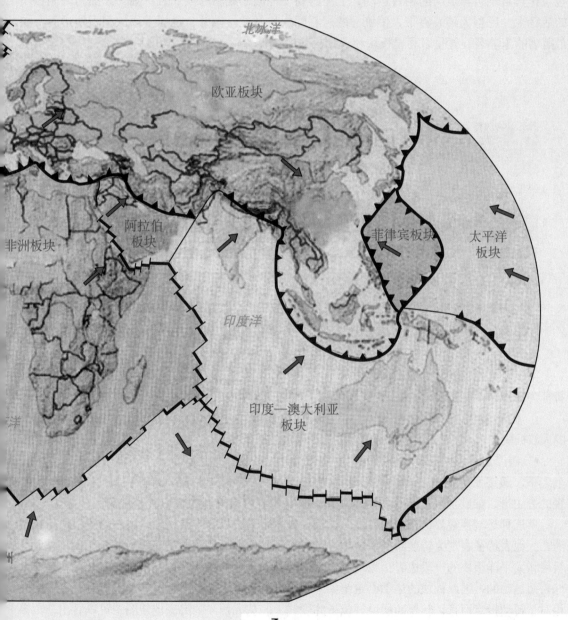

第一种是发散边界，又称生长边界，它是两个相互分离的板块之间的边界。地表特征主要为大洋中脊轴部或洋隆。洋中脊轴部是海底扩张的中心，由于软流圈物质在此上涌，两侧板块作垂直于边界走向的相背运动，上涌的物质冷凝形成新的洋底岩石圈，添加到两侧板块的后缘上。巨型大陆裂谷带，使统一的岩石圈板块开裂、散开，也属于离散型板块边界。如最著名的东非裂谷就是索马里板块和非洲板块的边界。

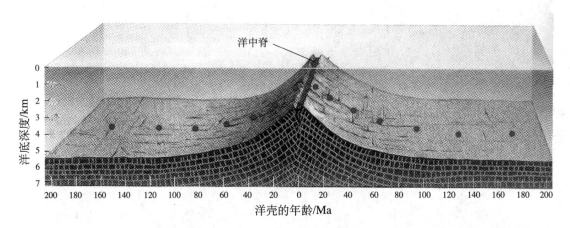

图 1 - 13　太平洋的大洋中脊是板块的发散边界，其两侧的板块不断分离，地下的岩浆从发散边界上升并冷凝，不断地形成新的海底，并向两侧扩张。离洋中脊的距离越远，海底生成的年代就越老。最老的海底岩石年龄为 200 Ma（单位 Ma 表示百万年，是地质学常用的年龄单位）

第二种是汇聚边界，又称消亡边界，它是两个相互汇聚、消亡的板块之间的边界。地表特征为海沟、年轻造山带。它可进一步分为两类。

• 俯冲边界。厚度小、密度大、位置低的大洋岩石圈板块俯冲到厚度大、密度小、位置高的大陆板块之下。俯冲边界就是通常说的俯冲带或消减带，现代俯冲边界主要分布在太平洋周缘。

• 碰撞边界。大洋板块俯冲殆尽，两侧大陆板块由于厚度很大，不可能一个俯冲到另一个之下，最终发生碰撞，这被称为碰撞边界。碰撞边界也称碰撞带或缝合带，主要表现为年轻的造山带，如欧亚板块南缘的阿尔卑斯—喜马拉雅带是典型的板块碰撞带实例。

第三种是转换边界，在此边界，两侧板块作平行于边界的走滑运动，岩石圈既不增生也不消亡。地表特征表现为转换断层，这类边界的代表是加利福尼亚的圣安德烈斯断层，它是北美板块和太平洋板块的一段边界。板块的运动遵守球面运动的欧拉定律。由于岩石圈板块是在地球表面运动的，因此板块的运动必定绕某个极点进行（这个极点与地球的旋转极和磁极无关）。相对于转动极点而言，转换断层恰好位于纬度线上。从大西洋的海底地貌图中可以看出，大多数转换断层都是这样的。因此，我们可以利用转换断层的方向来确定每一板块旋转时极点的方向（图 1 - 14）。

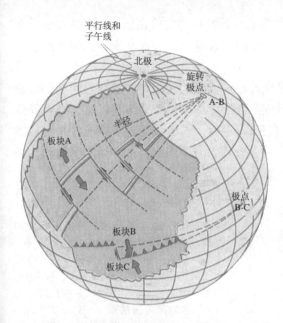

图 1 - 14 利用转换断层的方向来确定每一板块旋转时极点的方向

二叠纪
2 亿 2 500 万年前

三叠纪
2 亿年前

侏罗纪
1 亿 3 500 万年前

白垩纪
6 500 万年前

现代

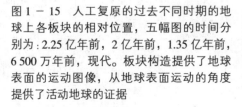

图 1 - 15 人工复原的过去不同时期的地球上各板块的相对位置，五幅图的时间分别为：2.25 亿年前，2 亿年前，1.35 亿年前，6 500 万年前，现代。板块构造提供了地球表面的运动图像，从地球表面运动的角度提供了活动地球的证据

　　板块构造被认为是20世纪地球科学最伟大的发现，这是因为它能系统地解释许多地质现象。例如，加拿大地质学家威尔逊应用板块构造理论成功地解释了大洋从张开到闭合的整个过程，其从而被称为威尔逊旋回（图1－16）。

　　板块构造的基本内容在20世纪60年代就已经形成，但人们对板块的驱动力问题仍未达成共识，这是因为检验各种驱动力是否存在是十分困难的。20世纪90年代以后，绝大部分学者倾向于地幔对流是板块运动的主要驱动力（图1－17）。构造运动的基本能量来自地球内部，它们以对流的方式传递。地幔内的高温物质上升到岩石圈底部，并开始水平运动、冷却下沉及再加热上升，形成一个周而复始的物质循环。

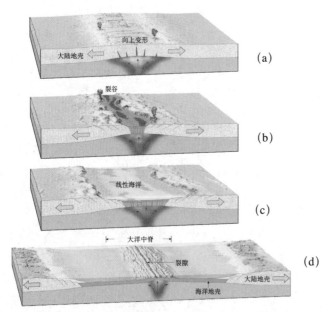

图1－16　威尔逊旋回——应用板块构造成功地解释了大洋生成过程的例子：（a）热的岩石圈的上拱使地壳破裂，张应力使板块产生断块并下降；（b）热的岩石圈进一步上拱，一个长轴状的线性裂谷形成；（c）大陆地壳减薄，一个长轴状的线性洋盆出现，其特征是具有典型增生边界的大洋中脊的存在；（d）大洋发育成熟，已经有大洋中脊和大洋盆地的分异，但仍以洋壳增生为主，未出现俯冲消减作用

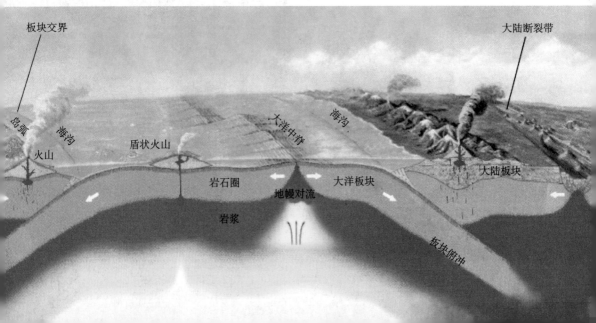

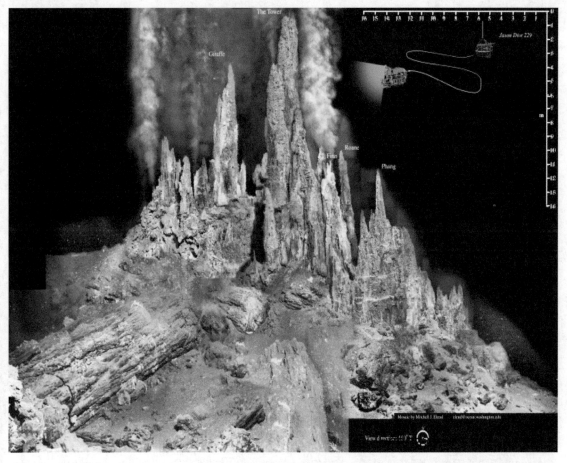

图 1 - 18　活动的地球的最新证据：美国科学家用水下机器人 ABE 发现，沿着大西洋洋中脊的热液喷口不断形成硫化物矿床，随着热液的喷出，硫化物矿床像树林一样在不断地长大。今天这种不断形成的新矿床，是地球现在还在活动的证据。2007 年 3 月起，中国科学家连续 3 年在西南印度洋洋中脊用 ABE 拍摄到了新发现的海底热液活动区的详细照片，确定了三组热液喷口位置，并且用电视抓斗取得了硫化物和生物样品

　　资料来源：中国大洋协会提供图片

图 1 - 17　地幔对流驱动板块运动。地幔对流是板块运动的主要驱动力，构造运动的基本能量来自地球内部，它们以对流的方式传递。地幔内的高温物质上升到岩石圈底部，并开始水平运动、冷却下沉及再加热上升，形成一个周而复始的物质循环

地球内部的运动——地磁场及其变化

地磁场是地球最重要的物理场之一，早在公元前 3 世纪，中国人就用司南在地面上探测到了地磁场的存在。公元 10 世纪，指南针用于航海。公元 17 世纪，英国科学家吉尔伯特（Gibert）提出了地球本身就是一个巨大的磁体的物理概念：磁力线从南极出来，再从北极回到地球。

地球磁场是怎样产生的呢？在地球内部的高温状态下，所有的永久磁体都会失去磁性，因此，地球磁场不可能是由其内部的永久磁体产生的。我们知道，电荷的运动会产生磁场，因此地球的磁场应该与地球内部的导电物质运动有关。地球内部导电物质的运动大小、方向

图 1 - 19 地磁场是地球最重要的物理场，中华民族最早认识到地球有磁场，于公元前 3 世纪发明了测量地球磁场的仪器——司南。司南由青铜地盘与磁勺组成。地盘内圆外方；中心圆面下凹；圆外盘面分层次铸有十天干、十二地支、四卦，标示二十四个方位。磁勺是用天然磁体磨成，置于地盘中心圆内，司南静止时，磁勺的勺柄指向南，勺头方向为北

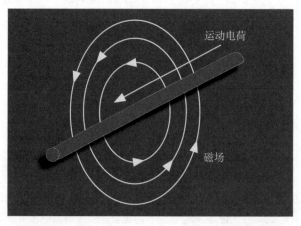

图 1 - 20 运动的电荷（电流）产生磁场的示意图

都可以在地球表面的磁场测量中反映出来，地球磁场是地球内部运动的脉搏。

1946 ～ 1947 年，科学家提出了地磁场来源的发电机学说，认为地球内部的导电物质在运动时产生了稳恒的电流，由这种电流产生了地球磁场。这种导电物质的运动主要发生在地核。地核分为内核和外核，内核是固态的，外核是液态的。它在高温、高压状态下导电率极高，黏滞系数很小，能够迅速产生对流运动、产生感应电流，从而产生磁场，这个过程就好像发电机一样，把物质运动能量转化成电磁能量。图 1 - 21 是地磁发电机的示意图，在地球磁场作用下，地核导电的铁等元素的运动产生了电流，电流又产生了它们自己的磁场，这是一个不断反馈的过程，只要产生运动的能量能保持下去，产生磁场的过程也会不断地维持下去。尽管"发电机"的细节目前还不十分清楚，但有一点十分明确，地球磁场是地球内部的相对运动产生的，没有内部的相对运动，就不会有地球磁场。

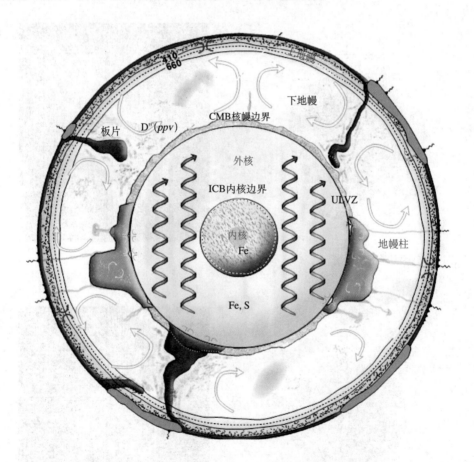

图 1 - 21　地磁场来源的地磁发电机示意图：在地球内部的高温状态下，由铁组成的固态内核，在由铁、硫等元素组成的液态外核中旋转，形成了一台巨大的"发电机"，产生了地球的磁场。"发电机"的细节目前还不十分清楚，但有一点十分明确，地球磁场是地球内部的相对运动产生的，没有内部的相对运动，就不会有地球磁场

资料来源：Garnero，Kennett，Loper，2005

地磁场记录了地球内部运动的变化

地磁场记录了地球内部运动状态的变化。我们不但可以从今天的地磁场记录了解到今天地磁场的变化，而且，还可以从不同时代生成的岩石中保留的磁性了解到过去地磁场的变化。当地下岩浆喷出地面并冷凝时或当沉积物在海底、湖底沉积时，当时的磁场的大小和方向就被记录在岩石中，当我们知道了岩石的形成年代后，就可以知道该时代地磁场的大小和方向。我们发现，在78万年以前，地球的磁极是和今天完全相反的，今天的北极是那时候的南极，这种地磁场的反转，在地质历史上发生过许多次，它反映了地磁发电机的运动是一种不稳定的运动，地磁场反转的记录为比较全球不同地点的事件发生次序提供了有用的时间标尺。

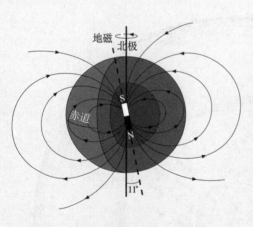

图 1－22　今天的地磁场

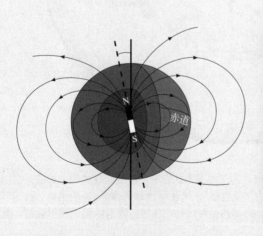

图 1－23　78 万年前的地磁场，注意其极性与今天的完全相反

在太阳系，有些星球和地球一样，有自己的磁场，如木星，木星的磁场强度是地球磁场的 20 ～ 40 倍。但更多的星球现在却没有（或几乎没有）自己的磁场，如火星、冥王星和月球等。根据月球表面磁场的直接测量，月球几乎没有自己的磁场，其磁场强度不及地球磁场强度的 1/1 000。

是否具有自己的磁场是判断一个星体是活的还是死的的重要标志。在地球内部的高温状态下，由铁组成的固态内核，在由铁、硫的元素组成的液态外核中旋转，组成了一台巨大的"发电机"，产生了地球的磁场。由此可见，星球自己的磁场是由其内部组成的导电流体相对运动而产生的。一个内部没有任何相对运动的星球，不管其组成如何，是不会有自己的磁场的。从宇宙演化的角度，一般来讲，星球有没有自己的磁场，标志着星球的演化程度。表 1 - 2 给出了太阳系中各行星是否有自己的磁场的情况。

表 1 - 2　太阳系中一些星球的磁场情况

星球	地球	金星	土星	木星	海王星	冥王星	水星	火星	月球	木卫3
有无磁场	有	无	有	有	有	无	？	无	无	有

资料来源：和张可可教授谈话记录

磁场是星球的脉搏。脉搏停止，从演化角度来说，星球就接近死亡了。磁场是星球内部导电流体的运动引起的。有磁场的星球，一定是活动的；没有磁场的星球，有可能星球内部运动的物质是不导电的，也有可能不是活动的，如月球，它就是一个死的星球。所以我们说，宇宙中只有一部分星球是活的，许多星球是死的。我们的地球是一个充满活力的年轻的星球。

1.3　地球活动的能量来源

地球系统主要受两种来源的能量所驱动：① 地球内部由增生作用和放射性元素衰变所留下的原始能量，这称为地球内部的能量；② 来自地球外部——主要来自太阳的能量。还有一些其他的能量，如重力能量和来自太空的小行星的撞击等。我们这里主要谈地球的内部能量、太阳能量。重力能量将在滑坡和泥石流灾害一章介绍。

地球内部的热提供了地震和火山的能量，来自太阳的能量导致了台风（飓风）灾害的产生，而重力是产生泥石流和滑坡灾害的主要原因。

图 1 - 24　地球内部的热提供了火山的能量
　　资料来源：USGS

图 1 - 25　重力是产生泥石流和滑坡灾害的主要原因。成都理工大学黄润秋等通过研究和广泛实践，认识到高边坡及其滑动面具有复杂的变形破坏演变过程，只有当变形达到一定程度，滑动面才会最终贯穿形成滑坡灾害。因此，通过追踪边坡变形的发展，评价其变形稳定性，并在滑动面形成和贯穿之前进行变形控制，就能有效地防止滑坡灾害的发生

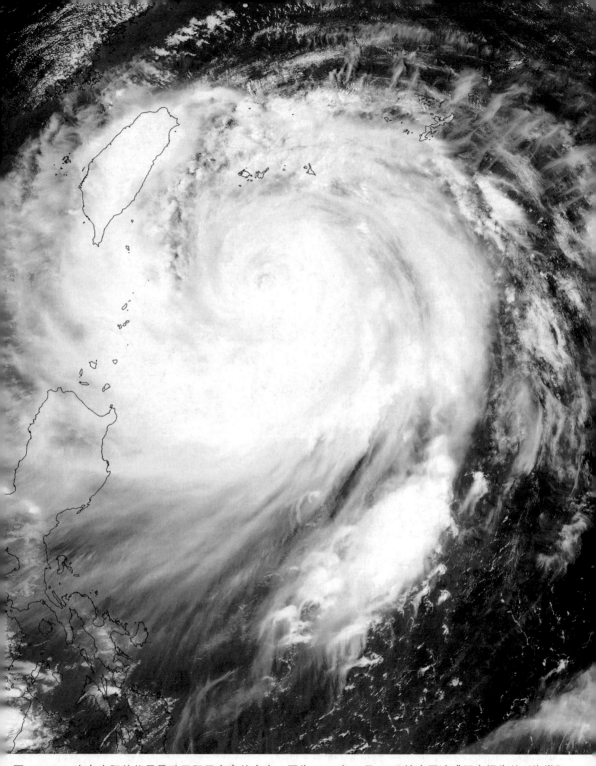

图 1 - 26 来自太阳的能量导致了飓风灾害的产生。图为 2005 年 7 月 17 日给中国造成巨大损失的 "海棠"
台风的卫星照片
　　资料来源：NASA/GSFC

San Francisco 1906: The large-scale destruction of this "boom city" by the earthquake and the following conflagration shook the insurance industry like no other catastrophe event in history.

图 1 - 27   1906 年美国旧金山大地震后的景象。地球内部的热提供了地震的能量
　　资料来源：Munich Re Group，2004

来自地球内部的能量

　　地球内部是个大锅炉，越往里面越热，热量从内部往外面散失，我们可以用热流 q 来表示地球内部在单位时间内、单位面积上向地球外部传播的热流量（单位：W/m^2），它是地热场最重要的表征。即：

$$q = -k(\Delta T/\Delta h)$$

　　式中：k 表示热导率，又称导热系数，它反映物质的热传导能力，单位是 W/(m·K)。地面附近大陆的平均垂直地温梯度是 30℃/km。根据全球热流量数据和有关资料得到：海洋平均热流是 80 mW/m^2，大陆平均热流是 62 mW/m^2，全球平均热流是 74 mW/m^2，洋中脊的热流很高，向外逐渐减少到与大陆相当。根据地球的表面积，我们可以得到全球热流值为 3.2×10^{13} W。

　　地球内部的能量，是驱动板块运动的动力源，全世界热点的分布现在仍然很多。地震能量主要来自地球内部，地球内部在不断运动，能量不断积累，最终通过地震释放。火山的能量也主要来自地球内部。

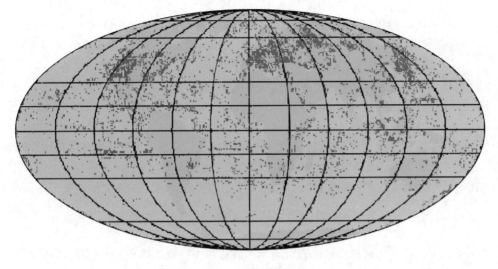

(a) 热流点

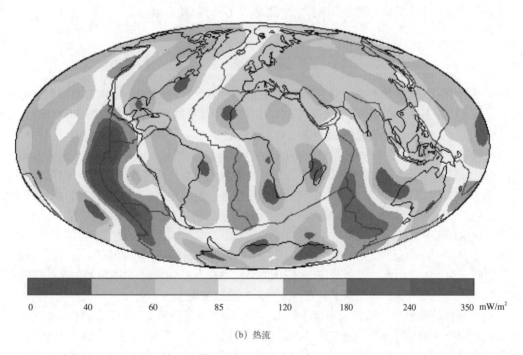

| 0 | 40 | 60 | 85 | 120 | 180 | 240 | 350 mW/m² |

(b) 热流

图 1 - 28　地球表面热流分布图。为了比较的方便，图中也给出了主要的板块边界和大陆的轮廓线。热流数据来自分布在海洋和大陆的 24 000 个测点的测量数据，测点以外系根据插值而得出（12 阶球谐函数）

资料来源：Pollack, Hurter, Johnson, 1993

能量、功、功率和热

一个物体受到力 F 的作用并且在力的方向上发生位移 d，就说力对物体做了功。在国际单位制中，功的单位是焦耳，符号是 J，1 J 就是 1 N 的恒力使物体在力的方向上发生 1 m 位移所做的功。

$$W = Fd$$

功和完成这些功的时间的比值叫作功率，功率的单位是瓦特，用 W 表示，1 W 表示 1 s 中完成 1 J 的功。不同单位制中功的单位还有：千瓦小时（kW·h）、电子伏特（eV）和尔格（erg）等。

$$1 J = 10^7 erg$$

一个物体能够对外做功，我们就说，这个物体具有能量，能量多少反映物体做功本领的大小。国际单位制能量的单位也是焦耳（J）。物体具有的能量主要有两种：动能和势能。

物体由于运动而具有的能量叫作动能，动能等于它的质量 m 跟它的速度 v 的平方的乘积的一半，即：

$$K_e = \frac{1}{2} mv^2$$

凡是由物体间的相互作用和相对位置所确定的能量叫作势能，最常见的是重力势能和弹性势能。以重力势能为例，在地面上方 h（m）高度质量为 m（kg）的物体具有的势能是：

$$P_e = mgh$$

热是改变物体温度的一种能力，热量的单位是焦（J），热功当量是：

$$4.186\ 8 J = 1 cal$$

地　热

由地球物质中所含的放射性元素衰变产生的热量，地球可以看作是一个内部热外部冷的球体。从地表以下平均每下降 100 m，温度就升高 3℃，例如，华北平原某一个钻井钻到 1 000 m 时，温度为 46.8℃；钻到 2 100 m 时，温度升高到 84.5℃。另一钻井，深达 5 000 m，井底温度为 180℃。

1981 年 8 月，在肯尼亚首都内罗毕召开了联合国新能源会议，有人估计，从地下 5 km 深度向下，挖出一块边长为 5 km 的立方体岩石，将这岩石放在地面上冷却，该岩石冷却释放的能量等于全世界 1981 年全年消耗的总能量。会议技术报告估计，全球地热能的潜在资源，相当于现在全球能源消耗总量的 45 万倍。地下热能的总量约为煤全部燃烧所释放出热量的 1.7 亿倍。丰富的地热资源等待我们去开发。

地球本身像一个大锅炉，深部蕴藏着巨大的热能。在地表附近，热的岩石中储存的热能，会被岩石中断层和裂隙中的流体带到地面，这些热能会以热蒸汽、热水等形式向地面的某一范围聚集，如果达到可开发利用的条件，便成了具有开发意义的地热资源。

地热资源按温度可分为高温、中温和低温三类。温度大于 150℃的地热以蒸汽形式存在，叫高温地热；90～150℃的地热以水和蒸汽的混合物等形式存在，叫中温地热；温度大于 25℃，小于 90℃的地热以温水（25～40℃）、温热水（40～60℃）、热水（60～90℃）等形式存在，叫低温地热。高温地热一般存在于地质活动性强的全球板块的边界，即火山、地震、岩浆侵入多发地区，著名的冰岛地热田、新西兰地热田、日本地热田以及我国的西藏羊八井地热田、云南腾冲地热田、台湾大屯地热田都属于高温地热田。中低温地热田广泛分布在板块的内部，我国华北、京津地区的地热田多属于中低温地热田。

太阳能

　　地球外部的能量主要来自太阳。太阳不断地向地球辐射能量，其中能量的 43% 是以可见光的频段（0.000 4 cm 紫光至 0.000 7 cm 红光）辐射到地球表面的，49% 的能量以红外线辐射到地面，起到加热作用，大约 7% 的能量是紫外线辐射。

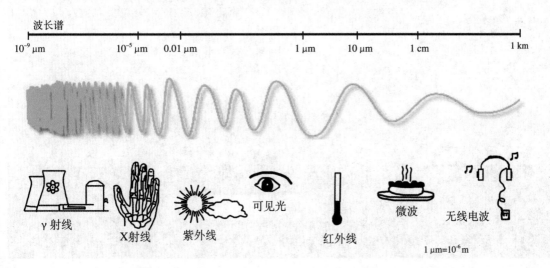

图 1 - 29　光波的波长覆盖的波长谱很宽：无线电（几百米）、微波（几毫米）、红外线（几微米）、可见光、紫外线、X 射线和 γ 射线。太阳向地球辐射能量，其中能量的 43% 是以可见光的频段（0.000 4 cm 紫光至 0.000 7 cm 红光）辐射到地球表面的，49% 的能量以红外线辐射到地面，起到加热作用，大约 7% 的能量是紫外线辐射

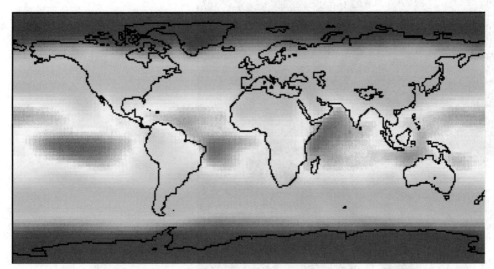

图 1 - 30　全球平均太阳辐射吸收量，全球全年平均约为 236 W/m²，赤道较多，向两极逐渐减少
资料来源：NASA

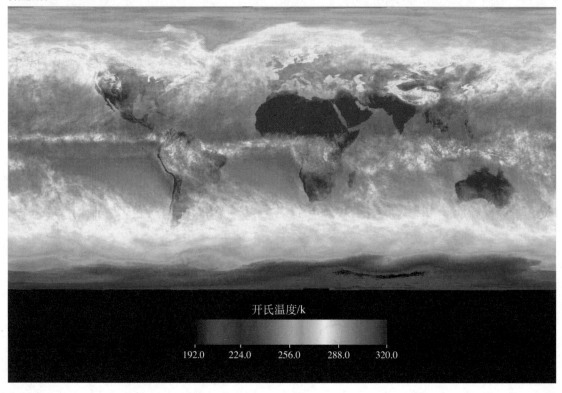

开氏温度/k

192.0　　224.0　　256.0　　288.0　　320.0

图 1 - 31　美国宇航局 Atmospheric Infrared Sounder（AIRS）卫星测得的 2003 年 4 月全球部分地区的平均温度（K），从图中的温度色标可以看出，温度由赤道向两极逐渐降低。图中赤道部分形成一个黄色的条带，这是因为赤道上方有大量的温度较低的云的原因

　　资料来源：NASA

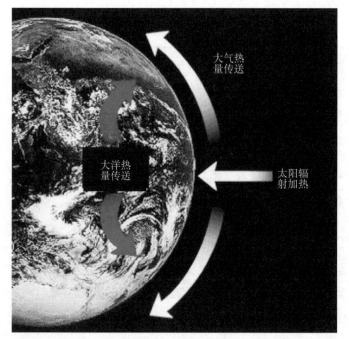

大气热量传送

大洋热量传送

太阳辐射加热

图 1 - 32　太阳辐射能量在赤道附近最大，由大气和水等输送到远离赤道的地方

　　地球表面过程最重要的能量来源是太阳。太阳每天向地球的大气层辐射太阳能，在赤道辐射的能量多，因此，赤道大气层的温度也高。整个大气层的平均温度从赤道向两极逐渐减少，温度的差别，再加上地球的自转，产生了大气层运动，可能形成台风、风暴潮等灾害，这也决定了天气和气候。同样地，由于地球赤道和两极地区受到太阳辐射的不同，产生了热量的不平衡，在海洋中产生了洋流。大气运动和洋流，就像一部巨大的热机，把热量由地球的这一部分传到地球的那一部分。

　　地球在接收太阳能的同时，也不断地向地球外面辐射能量。这是因为，按照黑体辐射定律，任何物体都在辐射。太阳是一个很热的星体，太阳表面温度高，辐射出去的能量的波长短，我们称之为短波辐射。而地球温度低，辐射的波长较长，我们将其叫作长波辐射。太阳辐射到地球的短波能量等于地球反射（短波）能量和地球长波能量之和，这就是太阳辐射的能量平衡关系。

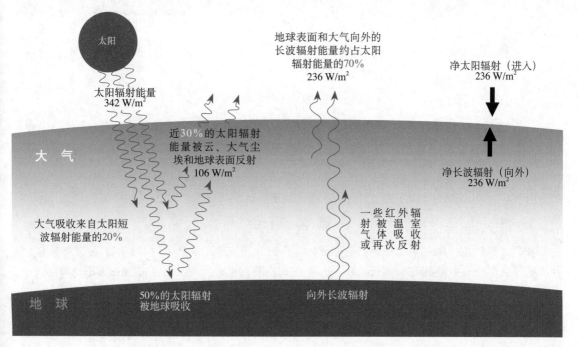

图 1－33　太阳辐射到地球的短波能量（100%），等于地球反射（短波）能量（30%）和地球向外辐射长波能量（70%）之和，这就是地球上太阳辐射的能量平衡关系

　　在太阳辐射的能量中，约30%的能量被地面附近的大气层、雪山和各种地面反射到空间中去，基本上与地球的活动关系不大，它是一种短波辐射。太阳辐射能量的47%被大气、海洋和陆地吸收，变成了热。海洋在吸收太阳能量方面有着特别的能力，它吸收太阳能，再以长波辐射形式放出来，平均来说，可以使大气层温度提高2℃。而大气吸收太阳能的本领最差，只相当于海洋顶层3 m深的水体的吸收量。太阳辐射能量的其余的23%，则用于驱动蒸发海水、降雨等水循环。整个地球表面的太阳能量分配关系见图1－34。

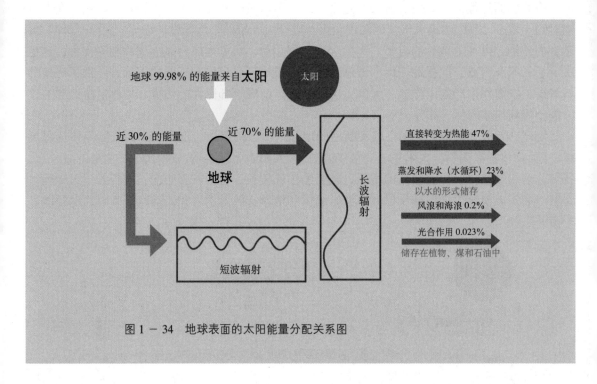

图 1 - 34 　地球表面的太阳能量分配关系图

黑 体 辐 射

　　我们周围的物体都在不断地辐射电磁波，这是由分子或原子的热运动引起的，所以叫热辐射，物体在室温时热辐射电磁波的波长比较长，不在我们的视觉范围内，但是温度如果在 500℃以上，它就能辐射可见光了。铁块烧热会变红，就是这个原理。

　　除了热辐射外，物体表面还会反射外界射来的电磁波。有的物体的反射能力比较小，在光线照射下看起来比别的东西看起来黑一些，假设有一类这样的物体，完全不能反射电磁波，我们就称其为绝对黑体，简称黑体。

　　实际上，自然界并不存在绝对黑体，任何物体都要向外辐射电磁波、辐射能量，这是由物体温度决定的物体的一种固有的特性。在 19 世纪末许多人作了大量研究，黑体辐射的波长并不是单一的，它同时辐射各种波长的电磁波。不同波长的电磁波，它们的强度也不一样。随着温度的升高，一方面各种波长的辐射强度都有所增加；另一方面，辐射强度的极大值向波长较短的方向移动，或者可以忽略地说，温度越高，辐射的电磁波的波长越短。烧红的铁块如果继续升温，就会达到"白"热，这是因为温度升高后，在它的辐射光中，波长较短的光，如蓝光、紫光所占的比率就会增加，更接近日光灯的各种颜色比例，因此看起来是白色的。

图 1 - 35　美国宇航局（NASA）The Clouds and the Earth's Radiant Energy System（CERES）卫星 2002 年 2 月 11 日拍的印度洋上空的能量辐射照片。左图是测得的地球向外的长波辐射，辐射的单位是：W/m^2，从图中可以看到在印度洋上空有四个热带风旋，风旋的地方有大量的云，这些云挡住了地球向外的长波辐射，有使地球变暖的作用。右方的图是地球反射太阳辐射的能量分布图，印度洋上空的这些云又极大地将太阳辐射反射了回去，又有使地球变冷的作用。从这两幅卫星照片，能清楚地看到地球接受太阳辐射，同时也向太空辐射能量

资料来源：美国宇航局 Langley 研究中心 Takmeng Wong 提供

表 1 - 3　向地球的辐射和由地球向外辐射的能量流

能量源	能量类型	能量大小/(10^{12}J·s^{-1})
太阳辐射		总和：173 400
	直接反射	52 000
	直接转化为热	81 000
	蒸发水	40 000
	海洋和大气中水的传输	370
	光合作用	30
地球内部向外的热流		总和：32.3
	热传导的热流	32
	火山和温泉	0.3
潮汐能量		3
三峡发电站	总装机容量为 2 250×10^4 kW （2011年9月数据）	0.020

　　太阳是地球外面的一部巨大的热机，它不断地改变着地球的表面，而人类就生活在地球的表面。这种变化，有时很慢，像岩石的风化和土地的沙漠化那样；有时很快，像台风和洪水泛滥。这些变化，都跟地球的外部能量过程有关。

太 阳 能

太阳不断地向宇宙空间辐射能量，辐射功率约为 3.8×10^{23} kW，其中二十亿分之一到达地球大气层。到达地球大气层的太阳能，30% 被大气层反射，23% 被大气层吸收，其余的到达地球表面，其功率为 8×10^{13} kW。也就是说太阳每秒钟照射到地球上的能量就相当于 500×10^4 t 煤。广义上的太阳能是地球上许多能量的来源，如风能、化学能、水的势能等。狭义的太阳能则限于太阳辐射能的光热、光电和光化学的直接转换。

太阳能资源丰富，既可免费使用，又无须运输，对环境无任何污染。它为人类创造了一种新的生活形态，使社会及人类进入一个节约能源、减少污染的时代。

但太阳能也有两个主要缺点：一是能流密度低，平均来说，北回归线附近，夏季，在天气较为晴朗的情况下，正午时太阳辐射的辐照度最大，在垂直于太阳光方向 1 m² 面积上接收到的太阳能平均为 1 000 W 左右；若按全年日夜平均，则只有 200 W 左右。而冬季大致只有夏季的一半，阴天一般只有 1/5 左右，这样的能流密度是不高的。二是其强度受各种因素（季节、地点、气候等）的影响而不能维持常量。这两大缺点大大限制了太阳能的有效利用。

图 1 - 36　在北京市平谷区挂甲峪村，一座座黄色二层小楼的屋顶都镶嵌了平板太阳能集热器，这是以太阳能等可再生能源方式解决居民的生活用能的有益尝试——炊事、生活热水和冬季采暖等。太阳能集热器采用嵌入式安装，与屋顶浑然一体，与整体环境十分协调；集热器作为建筑屋面瓦的一部分，具有防水功能；低温地板辐射采暖，使人们在冬季也有温暖的感觉。这是北京市在推进新农村建设的过程中启动的"亮起来、暖起来、循环起来"三项工程的示范工程

由于大量燃烧矿物能源，造成了全球性的环境污染和生态破坏，对人类的生存和发展构成威胁。在这样背景下，1992 年联合国在巴西召开"世界环境与发展大会"，会议通过了《里约热内卢环境与发展宣言》《21 世纪议程》《联合国气候变化框架公约》等一系列重要文件，把环境与发展纳入统一的框架，确立了可持续发展的模式。这次会议之后，世界各国加强了清洁能源技术的开发，突出了太阳能的地位。

目前，全球最大的屋顶太阳能面板系统位于德国南部比兹塔特（Buerstadt），面积为 40 000 m²，每年的发电量为 450×10^4 kW。

1.4　自然灾害的特点

在不断变化的地球上，诸如地震、火山喷发、滑坡、泥石流、洪水、风暴潮、海啸、冰雹等灾害，从全球范围来看每一天都会发生。但是灾害的大小、灾害的空间分布和灾害的重复发生时间却是千差万别的。

灾害的地理分布

有的地方发生了大地震，有的地方遭到了台风袭击，有的地方同时遭受了地震和台风灾害，也有的地方一种灾害都没有发生。图 1－37 是慕尼黑再保险公司提供的全球自然灾害分布图，这张图表明，自然灾害在地球上不是均匀分布的，特定种类的灾害集中发生在某些特定地区，它们和地球的能量过程有密切的关系。以地震为例，全世界 90% 的地震主要集中在两个地带：一个是环太平洋地带；另一个是从西太平洋开始，向西经过印度尼西亚、中国、中东直到地中海的喜马拉雅—地中海地震带。其他的一些地区，如南美洲和北美洲之间的加勒比海，南非和南极之间的南大西洋也都是地震和火山经常发生的地区。从地震发生的两大地震带和其他几个地区来看，地震多发生在特定的地区。应该强调的是，对于大多数地震（例如 90% 的地震）来说，其发生是有规律的，但对于其余的一小部分地震（例如 10%），它们经常发生在人们想象不到的地方。而这一小部分地震常发生在人类生活的大陆地区，给人类社会带来巨大的灾害。

和地震空间分布特点相似，其余种类的自然灾害分布，多数有规律，少数还找不着规律。科学发展到一定阶段时，规律性和随机性并存，是一个普遍的现象。

灾害的频度

对于一个给定的地区来说，可能几十年甚至几百年都没有发生过大的灾害，但是有一天，一场巨大的自然灾害突然就发生了。突发性是所有自然灾害的共同特性，如何定量地描述自然灾害的这种突然发生的特性呢？

首先，要给灾害定义一个可以测量的大小（关于各种灾害的大小，将在本书后面有关章节中具体介绍）的概念，例如，用震级表示地震的大小，世界上最大的地震是 9.5 级，唐山大地震为 7.8 级，3 级地震使人感到头昏等。然后，对于给定的地区，在足够长的时间段中统计出各种大小的灾害发生的平均重复发生时间，叫作重复发生周期。这种灾害大小和重复周期的统计关系，就可以描述自然灾害的突然发生的特性。

例如，对于 A 地区，3 级地震的平均重复周期是 1 天，意味着在一段比较长的时间内，3 级地震平均一天发生一次；5 级地震的平均重复周期是 1 年；7 级地震的平均重复周期是 300 年。对于另一个地区 B，3 级地震的平均重复周期是 1 年；5 级地震的平均重复周期是 300 年；7 级地震的平均重复周期是 10 000 年。从两个地区的地震大小和复发周期关系的比较

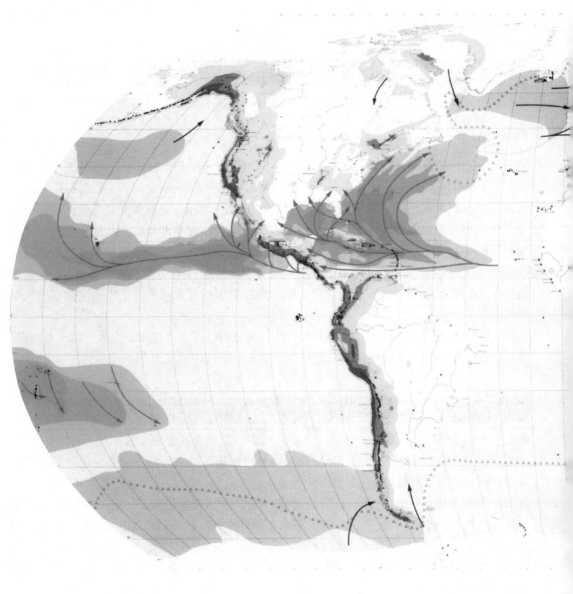

地震
区域0　　　MM Ⅴ级或Ⅴ级以下
区域1　　　MM Ⅵ级
区域2　　　MM Ⅶ级
区域3　　　MM Ⅷ级
区域4　　　MM Ⅸ级或Ⅸ级以上

50 年超越概率 10%——相当
于 475 年一遇的地震在普通底
土情况下可能的最大地震烈度
（MM：经修正的梅尔卡里地震
烈度表）

□　具有 "墨西哥城" 效应的大城市

火山
▲　最后一次爆发于公元 1800 年前
▲　最后一次爆发于公元 1800 年后
▲　异常危险的火山

海啸和风暴潮
∿　海啸灾害（地震海浪）
∿　风暴潮灾害
∿　海啸和风暴潮灾害

热带风暴和旋风
1级区　SS 1（118–153 km/h）
2级区　SS 2（154–177 km/h）
3级区　SS 3（178–209 km/h）
4级区　SS 4（210–249 km/h）
5级区　SS 5（≥250 km/h）

➤　热带风暴的主行进路线

图 1 - 37　全球自然灾害分布图。这张图表明，自然灾害在地球上不是均匀分布的，特定
种类的灾害集中发生在某些特定地区
　　　资料来源：Munich Re Group，1998

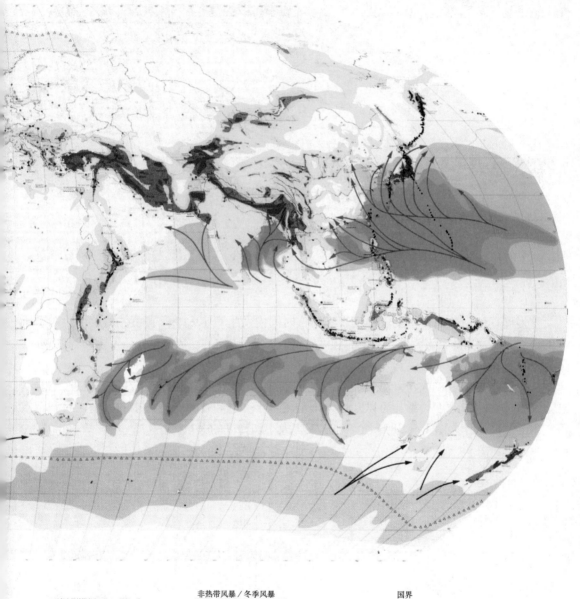

10年内超越概率为10%——百年一遇
的风暴最大强度（SS；萨费尔-辛普
森飓风强度表）

非热带风暴／冬季风暴

▭　主要发生在冬季的强烈非热带
　　风暴

➤　非热带风暴的主行进路线

其他自然灾害

△△　冰山漂浮的界线

▭　浮冰群（冬季最大限度）

▭　每年超越概率为 10%——10年
　　一遇高度>5 m的怒涛巨浪

国界

〰　国界

〰　有争议的国界
　　（对政治分界不具约束力）

城市

▫　居民 >100万

◎　居民在 10 万到 100万之间

○　居民 <10 万

▪▫·　首都

▫　慕尼黑再保险公司代表处

可以知道，A 地区的地震活动水平比 B 地区高，地震危险性大，而 B 地区地震发生的突发性比 A 地区要高。

表 1 - 4 死亡人数大于 10 的美国自然灾害事件

	1年内	10年内	20年内	重复周期/a
地震	11%	67%	89%	9
飓风	39%	99%	>99%	2
洪水	86%	>99%	>99%	0.5
龙卷风	96%	>99%	>99%	0.3

表 1 - 5 死亡人数大于 1 000 的美国自然灾害事件

	1年内	10年内	20年内	重复周期/a
地震	1%	14%	26%	67
飓风	6%	46%	71%	16
洪水	0.4%	4%	8%	250
龙卷风	0.6%	6%	11%	167

重复周期的倒数叫作频度，频度表示单位时间内发生一定大小灾害事件的数目。对于所有的自然灾害而言，灾害越大，发生的频度越低，重复周期越长；灾害越小，发生的频度越高，重复周期越短。

一个地区的灾害的大小和频度、重复周期的关系提供了该地区灾害的基本信息。例如，通过灾害的大小和频度关系，可以知道一个地区十年一遇和百年一遇洪水的大小，有利于做好灾害的预防工作。图 1 - 38 给出了地震灾害大小和频度的关系。

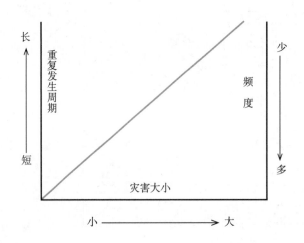

图 1 - 38 地震灾害大小与重复发生周期示意图

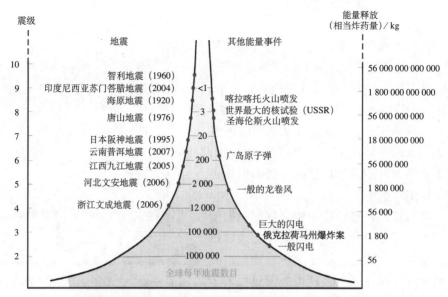

图 1 - 39　地震震级和频度之间的关系，大地震频度低，小地震频度高
资料来源：美国地震学联合研究会（IRIS）

灾害的大小和灾害发生的频度呈幂指数关系

大量的观测资料表明，灾害的大小 L 和灾害发生的频度 F（或灾害的平均发生周期 T）之间存在着定量的幂指数关系：F（正比于）L^{-D}，或，T（正比于）L^{D}。

式中：D 是一个与灾害类型和灾害地区有关的常数，它经常不是整数，在分形几何学中叫作分数维。

幂指数关系在灾害研究中有广泛的应用。如果我们用 $L_{1\,000}$，L_{100} 和 L_{10} 分别代表千年（$T = T_{1\,000} = 1\,000$ 年）一遇、百年一遇（$T = T_{100} = 100$ 年）和十年一遇（$T = T_{10} = 10$ 年）的洪水水位（用洪水水位表示洪水灾害 L 的大小），那么有：

$$(L_{1\,000}/L_{100})^{D} = (L_{100}/L_{10})^{D} = T_{1\,000}/T_{100} = T_{100}/T_{10} = 10$$

于是，

$$L_{1\,000}/L_{100} = L_{100}/L_{10} = 10^{1/D}$$

上式表明，千年一遇洪水水位与百年一遇洪水水位之比等于百年一遇洪水水位与十年一遇洪水水位之比。千年一遇洪水水位主要由历史资料得到，而百年一遇和十年一遇洪水水位则主要由现代仪器观测得到，上式将研究灾害的历史资料与现代仪器资料联系了起来。

上式还表明，如果常数 D 已知，我们可以由十年一遇洪水水位推论百年一遇洪水的水位：

$$L_{100} = L_{10} \times 10^{1/D}$$

自然界中有许多其他现象的事件大小和频度的关系也是幂指数关系，如天文学中星星的亮度与各种亮度星星的数目，地理学中河流的长度和数目等。研究这种幂指数关系及其背后的物理机制，一直是近代物理学的一个课题。幂指数关系将灾害学的研究与物理学联系了起来。

1.5 灾害类型

从时间尺度来看，地球上发生的过程大致有两种，一种是快速过程，另一种是缓慢过程。

有些过程在几分钟、最多几天内就完成了，而这些过程能给人类造成巨大的灾害，如地震、火山喷发、风暴潮等。对于这些快速过程的发生和发展，人们往往是无能为力的或者是能力不够或者是根本来不及作出反应。我们把这类快速过程叫作自然灾害。

另一类地球过程进行得很慢，如非洲撒哈拉的干旱可以延续十几年，还有更慢的地球过程，如温室效应、酸雨、地下水水质变化、臭氧层的破坏和全球变暖等。这类缓慢过程大多与全球变化有密切的关系。例如，当太阳向地球辐射的（短波）能量和地球向外辐射的（长波）能量之间的平衡关系被打破时，地球就增温。

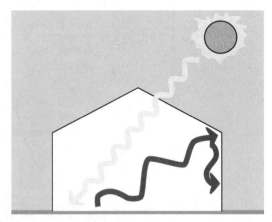

图 1－40　在温室中，短波的阳光能透过花房周围的玻璃，室内的长波辐射却逃不出去。大气也具有这种特性，我们称之为"温室效应"。大气中 CO_2 含量的增加减弱了地面向太空的长波辐射，使大气温度升高

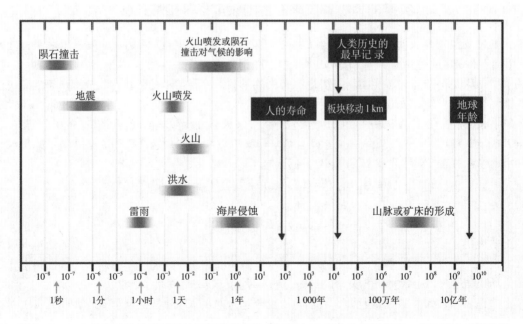

图 1－41　人类活动和地质过程的不同尺度。地质过程包含很宽的时间尺度：从几秒完成的地震到几千万年的造山运动。无论从社会上、经济上还是从政治上对人类来说，最重要的时间尺度是从几天到几年

(a)　(b)

而能量之间的平衡关系之所以被打破，是因为由于火山喷发或人类活动增加了地球大气层中的CO_2，妨碍了地球长波能量的辐射。

　　酸雨也是地球缓慢的过程的另一个例子。一次大型的火山喷发的SO_2的总量估计有$2\,000\times10^4\,t$之多。除了火山喷发外，人类的活动可以加速地球大气圈中CO_2和SO_2的含量，造成酸雨。有人出于对人类活动的重视，有时也把这种过程叫作人类活动引起的灾害。

　　地球的生态系统是很脆弱的。地球给予我们水、能源和资源，但是我们还给它的却是污水和污物。通过我们的社会和工农业活动，我们正在改变大气圈的成分，从而对气候、陆地生态系统和海洋生态系统构成了潜在的严重影响。然而，人类还在不断地、贪婪地向外扩张，企图占据世界上每个角落——包括那些原先不太适合我们居住的地方，这增加了人类遭受自然灾害袭击的可能性，并加重了维持生命的生物和地质系统的负担。

　　为了突出重点，本书主要讨论快速过程造成的灾害，本书中的自然灾害也仅指这种灾害。那种长期的与全球变化和人类活动有关的灾害，我们在气象灾害一章中作简要的介绍。

图1-42 酸雨对大理石的腐蚀：(a)被腐蚀后的德国波茨坦中心广场上的大理石雕像；(b)北京故宫中汉白玉柱子，近百年的腐蚀使得其上面的浮雕已经模糊不清了

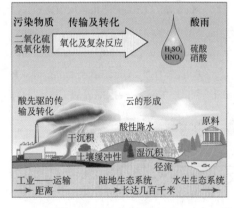

图1-43 煤燃烧产生的SO_2，NO_x可能会导致酸雨的形成，酸雨的形成是一个缓慢的过程，但人类的活动可以加速或者可以减缓这种变化

资料来源：中国数字科技馆

思考题

1. 相比于其他星球，地球具有哪些特点使得它适合人类居住？

2. 什么力量驱使地球内部产生高温，地球通过什么方式和外部进行热量交换？

3. 请举出一些证据来证实大陆漂移和海底扩张。

4. 地球的磁场是如何形成的？如何判断一个星球是活的还是死的？

5. 为什么其他类地行星没有像地球一样存在板块运动？

6. 地球内部能量和外部能量是如何进行循环的？

7. 灾害的大小和灾害发生的频度之间有什么关系？

8. 自然灾害应如何进行分类？

参考资料

陈颙，陈凌. 2005. 分形几何学 [M]. 北京：地震出版社

汪品先. 2003. 我国的地球系统科学研究向何处去 [J]. 地球科学进展，18（6）：837 — 851

中国科学院地学部"中国地球科学发展战略"研究组. 2002. 地球科学：世纪之交的回顾与展望[M]. 山东：山东教育出版社

Abbott P. 2008. Natural disasters [M]. 6th edition. New York：McGraw-Hill Companies

Garnero E J，Kennett B，Loper E D. 2005. Studies of the earth's deep interior—Eighth Symposium [J]. Physics of the Earth and Planetary Inteviors，153（1～3）：1 — 2

Grotzinger J，Jordan T H，Press F，et al. 2007. Understanding earth [M]. New York：W. H. Freeman and Company

Hubert M K. 1971. The energy resources of the Earth [J]. Scientific America，225：61 — 70

Munich Re Group，Munich，Germany. 1998. World map of natural hazards [R]. http://www.munichre.com

Munich Re Group，Munich，Germany. 2004. Megacities-Megarisks:trends and challenges for insurance and risk management [R]. http://www.munichre.com

Pollack H N，Hurter S J，Johnson J R. 1993. Heat flow from the earth's interior：analysis of the global data set [J]. Reviews of Geophysics，31（3）：267 — 280

相关网站

http://www.usgs.gov

http://www.nasa.gov

http://www.noaa.com

http://www.xinhuanet.com

地震是中国人民面临的一种主要的自然灾害。20世纪以来，全球因地震死亡人数是160万，而中国约60万。历史记载全球死亡超过20万人的地震有6次，其中在中国有4次。

中国地震局局长　陈建民　2006年7月26日

地　震　灾　害

① 地震
② 地震的特点
③ 地震灾害
④ 减轻地震灾害

作为人类面临的一种主要自然灾害，天然地震的历史源远流长。中国最早关于地震的报道是在公元前 1831 年，即公元前 19 世纪。更早的地震文字记载包括象形文字记载是在中东和阿拉伯地区，在这些地区，我们可以把地震记载追溯到公元前 40 世纪。地震给人们的印象就是一场灾难。大的地震导致历史上一些最重大的灾害，没有其他自然现象能在那样大的面积、那样短的时间里，造成那样大的破坏。如 1923 年的日本关东大地震使距震中 60 km 外的东京和横滨成为废墟，约 14 万人丧生；1556 年陕西华县大地震估计死亡人数近 83 万，当时"山川移易，道路改观，屹然而起者成阜，坎然而下者成壑，攸然而涌者成泉，忽焉而裂者成涧。民庐官廨、神宇城池，一瞬而倾圮矣"（明隆庆《华州志》）。地震甚至能使山川道路等地貌全然改观，其威力可见一斑。

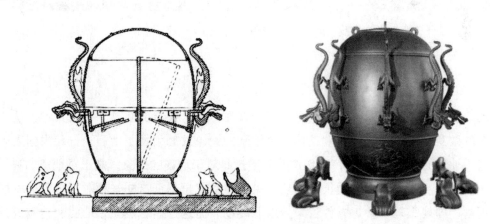

图 2 - 1　东汉张衡于公元 132 年创制了世界上第一台观测地震的仪器——候风地动仪。《后汉书·张衡传》记"阳嘉元年，复造候风地动仪，以精铜制成，圆径八尺，合盖隆起，形似酒樽，饰以篆文，山龟鸟兽之形。中有都柱，旁行八道，施关发机；外有八龙，首衔铜丸，下有蟾蜍张口承之。其牙机巧制，皆隐在樽中，覆盖周密无际。如有地动，樽则振，龙机发，吐丸而蟾蜍衔之，振声激扬，伺者因此觉知。虽一龙机发，而七首不动，寻其方向，乃知震之所在……" 公元 138 年，陇西发生地震，千里之外的洛阳并无感觉，但地动仪却测到了，许多人都不相信，几天后，驿马送来了消息，于是朝廷内外尽皆信服。可惜的是，公元 4 世纪，这台仪器在战乱中散失，至今失传

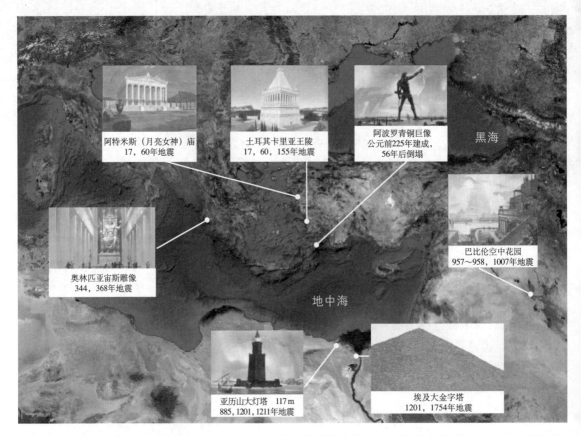

图 2-2　古代世界的七大奇迹都毁于地震灾害:埃及的大金字塔、巴比伦的空中花园、亚历山大灯塔、阿特米斯（月亮女神）庙、土耳其卡里亚王陵、阿波罗青铜巨像、奥林匹亚宙斯雕像

　　但是地震到底是怎么回事呢？这是人们一直在思考、探索的问题。古代日本人认为是一种鲇鱼的翻身造成了地震，印度人认为是地下的大象发怒引发了地震，古代中国人则把地震归因于抽象的"阴阳失调"，当然这些只不过是对于地震的想象。真正对地震的科学认识始于东汉 132 年张衡候风地动仪的出现。候风地动仪是基于这样一种对于地震的本质性的科学理解，即地震是一种远方传过来的地面震动。而这一概念建立了地震和地震波的直接联系，这一概念直到 18 世纪才被西方科学家所重新确认。候风地动仪的出现以及它所基于的这样一种科学思想实际上代表了地震科学的开始。而现代地震学则开始于 19 世纪末精密地震仪的出现。

　　从地震科学诞生之日起，它一直沿着两个方向发展，第一个方向是认识地震，第二个方向则是利用地震。我们先从第一个方向谈起。

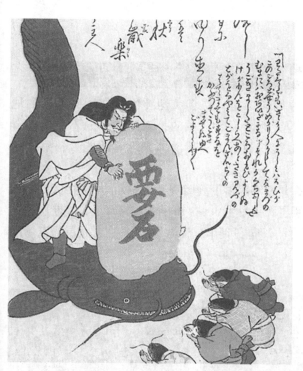

图 2－3　古代日本人民想象地震是由于一条巨大的鲇鱼翻身引起的，制止了鲇鱼翻身，就能避免地震灾害
　资料来源: 东京大学地震研究所

图 2－4　西方版画中记载的 1805 年意大利那不勒斯地震
　资 料 来 源: Jan T. Kozak Collection, Earthquake Engineering Research Center，http://nisee.berkeley.edu/elibrary/getimg?id=KZ247

2.1 地震

什么是地震

最早人们认为火山作用是地震的首要原因，但是，许多大地震发生在远离火山的地方。现在多数人认为，地震是由地下岩石的突然断裂而造成的，地球内部的不断运动造成地壳大规模变形是地震的根源，地壳沿地震断裂面的突然滑移是地震波能量辐射的直接原因。

1906年发生的旧金山大地震，为理解什么是地震提供了直接的观测事实。旧金山大地震发生在美国加州圣安德烈斯断层上，地震时，断层两盘发生3～4m的右旋错动（站在断层的一盘上，观测另一盘的运动，向右就叫作右旋运动，向左叫作左旋运动），垂直于断层的农场的篱笆明显被错开了3～4m的距离。

图2－5 （a）圣安德烈斯断层的航空照片；（b）跨圣安德烈斯断层的篱笆在1906年旧金山地震之后发生了3～4m的错动

资料来源：（a）Robert E. Wallace，USGS；（b）G. K. Gilbert，USGS

　　于是，美国工程师里德（Reid）根据这些观测结果，提出了地震的弹性回跳假说：地球深部的作用力使地震活动区岩石产生变形，随时间增加，变形渐渐变大。这种变形在很大程度上是弹性变形。所谓弹性变形，是指加力时岩石产生体积和形状变化，当力移去时其将弹回到它们的原状。旧金山地震前，包括圣安德烈斯断层在内的广大区域发生弹性变形，持续了几百年至几千年，积聚了弹性能量；地震时，圣安德烈斯断层发生错动，释放了积聚的能量，整个区域又回到原来的状态。

　　图 2 - 6 形象地表示了地震的弹性回跳假说。有一个垂直穿过断层、在两侧延伸许多米的篱笆。用箭头表示的构造力作用使弹性岩石应变。当它们缓慢地做功时，该线（篱笆）弯曲了，左侧相对右侧错动。这种应变作用不能无限地持续，那些软弱岩石或那些位于最大应变点的岩石早晚要破裂。这一破裂后将接着发生弹回或在破裂的两侧发生回跳，即在图 2 - 6 中断裂两侧的岩石中的 C 回跳到 C_1 和 C_2。

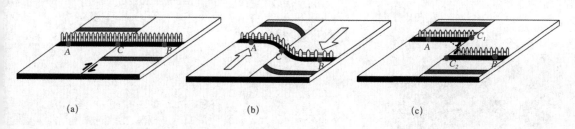

图 2 - 6　跨圣安德烈斯断层的篱笆断裂弹性回跳时造成的结果。（a）篱笆垂直穿过断层，地震前未发生变形；（b）构造力作用下横过断层的篱笆发生弯曲，A 点和 B 点向相反方向移动，移动的速度大约为每年几厘米，和人的手指甲的生长速度相当；（c）在 C 点发生破裂，在断裂两侧的岩石弹回到 C_1 和 C_2

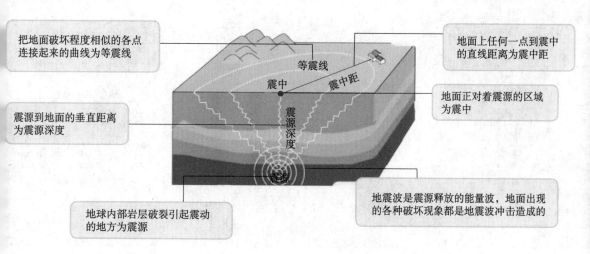

图 2 - 7　地震发生在地下深处，发生地震的地方叫作震源，震源离地面的距离叫作震源深度，地面上正对着震源的地方叫作震中

　　资料来源：人民教育出版社课程教材研究所，2004

图 2 – 8　地震造成的沿断层的位移错位，不仅出现在圣安德烈斯断层上，在全世界的许多地方都能见到。如 1739 年中国平罗地震断层顺时针运动就造成长城宁夏段的错位

资料来源: 王兰民提供图片

地震学界普遍认为，天然地震是地球上部沿一地质断层发生突然滑动而产生的，这种滑移沿断面扩展，其破裂传播的速度小于周围岩石中的地震剪切波波速，存储的弹性应变能使断裂两侧岩石回跳到大致未应变的位置。像钟表的发条，上得越紧存储的能量越大一样，岩石的弹性应变越大，存储的能量越大，地震变形的区域越长、越宽，滑移的距离越大，地震释放的能量就越多。

　按照震源的不同深度，通常把地震分成三类。
- 浅源地震：震源深度小于 70 km。
- 中源地震：震源深度在 70 ∼ 300 km 之间。
- 深源地震：震源深度大于 300 km。

全世界 90% 的地震震源深度都小于 100 km，仅有 3% 的地震是深源地震。浅源地震能够产生更大的地球表面的震动，因此，浅源地震的破坏力也最大。

地震的震源深度与板块边界有密切的关系。在板块的发散边界和转换型边界，发生的地震多是浅源或中源的；而在汇聚边界，发生的地震则多是深源的。随着海洋板块从海沟向大陆的俯冲，震源的深度也不断地增加。

地震波

地震发生时，震源区的岩石发生急速的断裂和运动，这种断裂和运动形成了一个产生弹性波的波源。由于地球介质的连续性，这种波动就向地球内部及表层传播，形成了地球中的弹性波。

体波

地震在地球内部会产生两种体波：P 波（primary waves）和 S 波（secondary waves）。

P 波是跑得最快的波，它可以在固体、液体和气体中传播。P 波与空气中的声波很相似，质点沿着波的传播方向作压缩和拉伸运动。

S 波跑得比 P 波慢，它只可以在固体中传播。在 S 波传播时，质点的运动方向与 S 波的传播方向互相垂直，介质中产生剪切应力。由于流体不能承受剪切应力，因此 S 波不能在液体和气体中传播。

P 波和 S 波的速度由介质的密度和弹性常数决定。

P 波的传播速度较 S 波快，在远离震源的地方，P 波先到，S 波次之。在没有边界的均匀无限介质中，只有 P 波和 S 波存在，它们可以在三维空间中向任何方向传播，所以叫作体波。但地球是有限的，有边界的。在界面附近，体波衍生出另一种形式的波，其只能沿着界面传播，只要离开界面即很快衰减，这种波被称为面波。面波有许多类型，它们的传播速度比体波慢，因此常比体波晚到，但振幅往往很大，振动周期较长。

面波

面波是沿地球表面附近传播的一种弹性波。面波传播的速度比体波慢。最重要的面波有两种：Rayleigh 波（R 波）和 Love 波（L 波），它们的命名是为了纪念这些波的发现者——英国科学家 L. Rayleigh 和 A. E. H. Love。

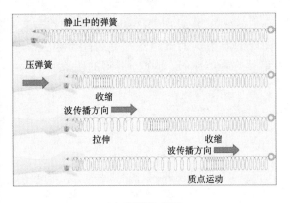

(a) 弹簧产生的P波

(b) 沿地表传播的P波

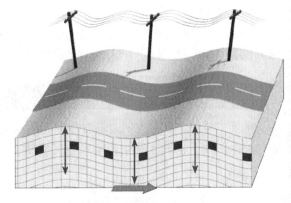

(c) 绳子产生的S波

(d) 沿地表传播的S波

图 2-9　地震在地球内部会产生两种体波：P 波（primary waves）和 S 波（secondary waves）。P 波传播比 S 波传播快，它的速度约为 S 波速度的 1.7 倍

图 2-10　Rayleigh 面波传播时，质点在沿着波传播方向的垂直的平面作逆时针的椭圆运动，波到来时，地面的运动和水面上的波浪运动一样（参看"海啸"一章中"波浪运动"一节）

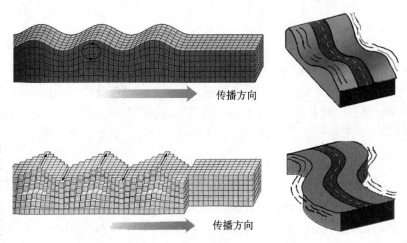

传播方向

图 2-11　Love 面波传播时，质点作水平运动，而且运动方向与波传播方向垂直，地面上质点运动最大，越往地下深处运动的幅度越小。Love 面波传播速度比 Rayleigh 面波快

传播方向

唐山地震时北京感到的两种地震波

唐山地震发生在 1976 年 7 月 28 日凌晨 3 点多钟。当时笔者（陈颙）住在北京前门附近一个非常破旧的二层木制结构的楼房里，楼房至少有 50 年历史了，除了外墙是砖砌的，地板和骨架都是木质的，一走起路来地板就发出"咯吱咯吱"的"呻吟"声。那时正好是夏天，天气出奇地闷热，让人难以入睡。我刚躺着一会儿，迷迷糊糊中就觉得床有些大幅度地上下跳动，地板甚至整个楼房都发出"咯吱"的声音。我立刻意识到"有大地震发生了"。长年从事地震工作的我被晃醒后没有立即下床，而是躺在床上开始数数"一、二、三……"数着数着床的晃动变小了。当数到"二十"的时候，突然又来了一次晃动，比第一次更厉害，整个楼层都像在忍受剧痛似的"哗哗啦"乱响。这短短的 20 秒间隔就是纵波和横波到达的时间差（地震通常会产生纵波和横波，纵波在地球介质中传播得快，最先到达我们脚下，引起地表的上下运动；横波跑得慢，我们感到的第二次强烈震动就是横波造成的，地面表现出水平方向运动。由于横波携带了地震产生的大部分能量，因此它对地表建筑物的破坏更为严重），反映了观测者和震源的距离，差 1 秒，表明约 8 km 远处发生了地震，20 秒则说明这次地震事件发生在约 160 km 处。于是，我有了一个初步判断：地震不在北京——在距离北京 160 km 的地方有大地震发生了。

这和雷雨、闪电的原理是一样的：天空两片雷雨云相遇时，发出闪电和雷声，闪电（电磁波）跑得快，雷声（空气中的声波）跑得慢，我们先看见闪电，后听见雷声，闪电和雷声之间的时间差，表示发出闪电和雷声的云距我们的距离。

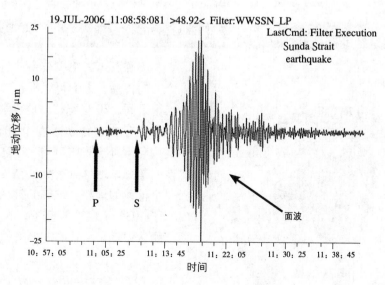

图 2 - 12　2006 年 7 月 19 日 10：57：36.8，印度尼西亚巽他海峡发生 M_s6.0 级地震（S6.5°，E105.4°），图为昆明地震台（KIM，震中距 31.6°，方位角 355.0°）的实际记录。纵轴是地震动的位移（单位：μm），横轴是时间

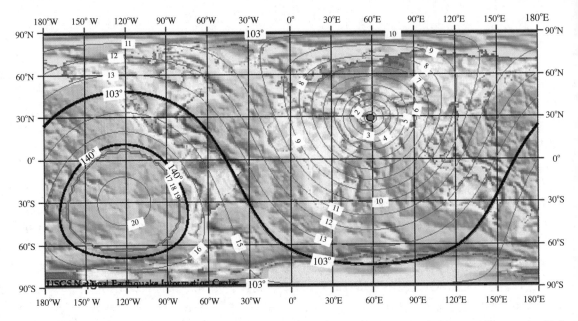

图2－13 2003年12月26日伊朗巴姆地震产生的地震波传到世界各地的理论时间（单位：min），图中103°~140°表示理论P波影区

资料来源：USGS，http://neic.usgs.gov/neis/eq_depot/2003/eq_031226/neic_cvad_t.html

地震作为地球内部的一种震动，发生的时候会产生一系列波动，即地震波，而地震波是目前我们所知道的唯一一种能够穿透地球内部的波。今天我们关于地球内部的知识都是怎么得来的呢？这在很大程度上要归功于地震波。19世纪，人们就已知道，地震是一盏照亮地球内部的明灯。

地震是照亮地球内部的一盏明灯

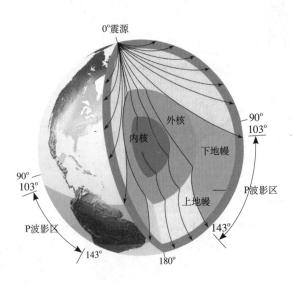

震源发出的地震波会通过地球介质向各个方向传播，人们可以在世界各地通过地震仪记录到。20世纪初，地震学家发现，大地震发生后，在距地震震中103°～143°的范围内记录不到地震P波（P波影区）。于是他们猜想，地球具有分层结构，地球内部有一个低速的地核，地震P波由于折射，到达不了103°～143°的范围。人们关于地球内部的认识就是从地震波得来的。

图2－14 20世纪初，地震学家发现，大地震发生后，在距地震震中103°～143°的范围内记录不到地震P波（P波影区）。于是他们猜想，地球具有分层结构，地球内部有一个低速的地核，地震P波由于折射，到达不了103°～143°的范围

图 2 - 15　人们挑选西瓜有个经验，用手拍打西瓜听听声音便可以判断西瓜的成熟情况，这是因为成熟度不同，西瓜震动时发出的音调和音色也不同。地球物理工作者的事业和拍西瓜很相似，只不过有时候通过人工地震手段让地球震动，有时候是地球自己发生地震产生震动，科学家则通过记录和"倾听"这些来自地球内部震动的交响乐——地震波，判断地球内部的结构和状态。迄今为止，地震波是唯一能够贯穿地球的波动

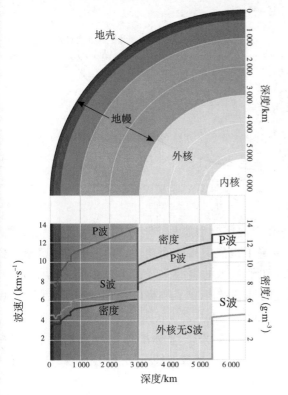

图 2 - 16　现在我们已经知道地球可以分为地壳、地幔和地核，地核又包括一个液态的外核和一个固态的内核。图中给出了各层的地震波速度。对地球内部的认识，都来源于天然地震波的资料和数据

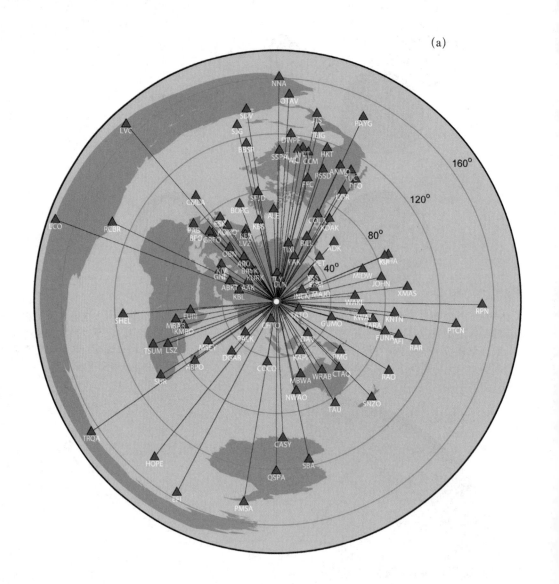

(a)

2008 年 5 月 12，四川省汶川县发生了 8.0 级地震，地震后 75 天内，记录到 2 万多次余震。汶川地震产生的强烈的地震波，不仅传遍了世界上每一个角落，而且地震引起的地面震动在经度远至 180°的地球另一端都可以达到毫米的量级，绕行地球多圈之后的地震面波还能被清楚观测到（图 2-17）。汶川地震的地震波穿透了地震内部，带来了大量的地球深部信息。

汶川 8 级地震释放的地震波能量约为 $10^{23.8}$ erg。如果 1 kg 标准炸药释放的能量约为 3×10^{13} erg（1 g 炸药释放的能量为 3～4 kJ），则汶川地震释放的能量相当于上千颗第二次世界大战期间在日本广岛或长崎爆炸的万吨级原子弹的能量。

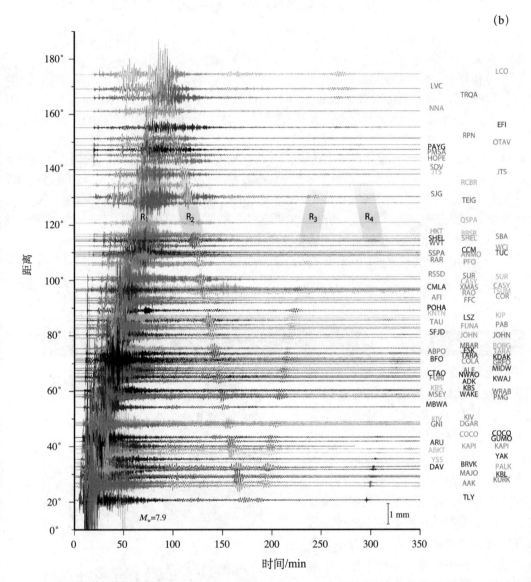

图 2 - 17　（a）记录到 2008 年中国汶川 8 级大地震产生的地震波的全球地震台站的位置和它们离汶川地震震中的距离（度）；（b）地震后 6 小时内各台站记录的 R 波的垂直向地面运动（峰—峰值，用 cm 表示），R1 是沿震中—台站大圆最短距离传播的波，R2 是沿同一个大圆最远距离传播的波，R3 与 R1 相同，只是多绕地球转了一圈，R4 与 R2 相同，也是多绕地球转了一圈

　　汶川地震后 200 多秒，P 波到达北京；振幅最大、破坏性最强的沿地球表面传播的地震面波由于速度慢，在 300 多秒后抵达 1 530 km 外的北京。北京地震台（BJT）记录到的地面震动的双振幅约 7 cm。

获得地球分层结构的大事年表

获得地球的这种分层结构的大事年表可简要列举如下：

1906 年奥尔德姆首先试图从地震波穿过地球的时间来推断整个地球内部构造。

1909 年莫霍洛维奇根据近震初至波的走时，算出地下 56 km 处存在一个间断面，间断面以上物质的平均速度为 5.6 km/s，以下物质的速度为 7.8 km/s。后来发现，无论是海洋还是大陆，绝大多数地区都存在这个间断面，通常称它为莫霍界面，其平均深度约为 30 km，莫霍界面以上的部分称为地壳，以下的部分被称为地幔。

1914 年古登堡（Gutenburg）根据地震体波的"影区"确认了地核的存在，并测定了地幔和地核之间的间断面，其深度为 2 900 km。这个数值相当准确，直到现在也改进不多。根据地核不能传播横波（地震波的一种，不能在液体中传播）的特性，地震学家又推断出地核是液态的。

1936 年赖曼通过对体波"影区"的进一步研究，发现了在液态的地核中还有一个固态的地球内核。

1996 年中国旅美学者宋晓东通过研究穿过地核的地震波，推断出内核旋转速度要比外核快。

地震波的多种应用

利用地震波的另外一个重要方面是地震勘探。地震勘探的历史可以追溯到 19 世纪中叶。早在 1845 年马利特就曾用人工激发的地震波来测量地壳中弹性波的传播速度，而在第一次世界大战期间，交战双方都曾利用重炮后坐力产生的地震波来确定对方的炮位，这些可以说是地震勘探的萌芽。由于地震勘探具有其他地球物理勘探方法所无法达到的精度和分辨率，所以在石油和其他矿产资源的勘探中，用地震波进行勘探是最主要和最有效的方法之一。各种矿产资源在构造上都会具有某种特征，如石油、天然气只有在一定封闭的构造中才能形成和保存。地震波在穿过这些构造时会产生反射和折射，通过分析地表上接收到的信号，就可以对地下岩层的结构、深度、形态等作出推断，从而可以为以后的钻探工作提供准确的定位。

图 2 - 18 利用地震波进行地下勘探。(a) 勘探用汽车在地面震动，产生地震波。向下传播的地震波被地下岩层界面反射，被地面上的仪器接收。(b) 地下深处的成像结果

利用地震还可以为国防建设服务。截至 2000 年 11 月，已经有 160 个国家正式签署了全面禁止核试验条约 (CTBT)。现在所面临的一个共同问题是，如何有效地监测全球地下核爆炸，而这正是地震学的用武之地。地下核爆炸和天然地震一样也会产生地震波，会在各地地震台的记录上留下痕迹。而地下核爆炸和天然地震的记录波形是有一定差异的，根据其波形不仅可以将它与天然地震区分开来（图 2 - 20），而且可以给出其发生时刻、位置、当量等。

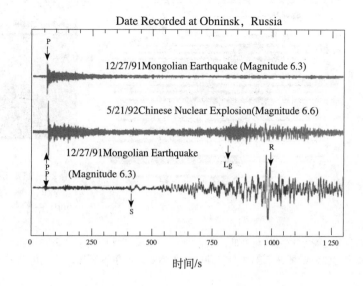

图 2 - 19　图中红色的是地下爆炸产生的地震波，其记录特征是"大头小尾"，蓝色的是天然地震产生的地震波，它的特征是"小头大尾"。利用记录到的地震波的特点，可以区分地下核爆炸和天然地震

图 2 - 20　全面禁止核试验条约 (CTBT) 的地震台站分布
资料来源：http://www.ldeo.columbia.edu/~richards/EARTHmat.html

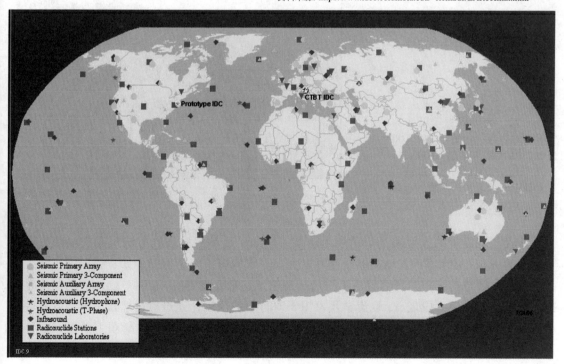

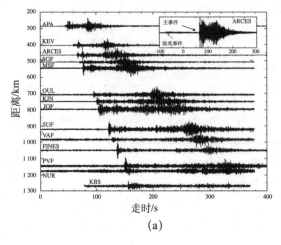

(b)

图 2 – 21 俄罗斯的库尔斯克号潜艇沉入巴伦支海时，没有人想到要去告诉地震学家。但是，2001 年 1 月，正是地震学家使这场灾难起因的争论最终得以结束。波罗的海地震台记录到了库尔斯克号上爆炸产生的可说明问题的震动。这一证据表明，这场悲剧是当潜艇在水面上时，艇上的一枚鱼雷意外引起的，随即在深部发生了几枚鱼雷爆炸。而俄罗斯当局早先将这一事件归罪于一艘不明身份外国潜艇的碰撞

资料来源：（a）Koper et al.，2001；（b）美联社（Associated Press，AP）

图 2 – 22 全世界每年记录的地震事件数目，1900 年约为 100 多次，20 世纪末超过 10 000 次，2006 年超过 100 000 次。这是由于地震台站的增多，反映了地震科学的迅速发展

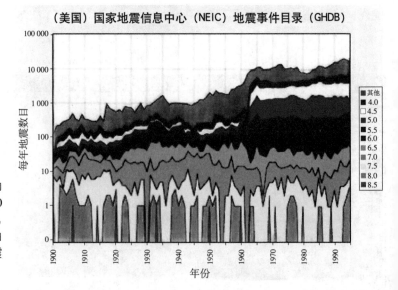

其实，地震学的应用还远不止以上这些。例如，目前用地震的方法预测火山喷发取得了很大的进步；对水库诱发地震的研究可以为大型水库提供安全保障，如在我国的三峡工程建设中，库区地震灾害的研究就是工程可行性论证的重要内容之一；对矿山地震的监测是保护矿山安全的重要手段之一；地震学还可用于对行星的探测，通过对行星自由振荡的研究可以揭示行星内部的大尺度结构。因此，地震学这门古老的学科，正不断获得活力，成为迅速发展的前沿学科之一。

(a)

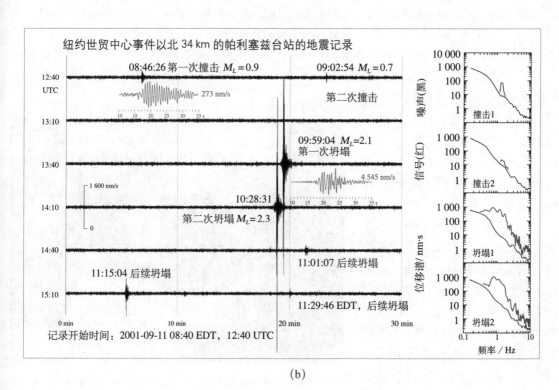

(b)

图 2 - 23　（a）2001 年 9 月 11 日，恐怖分子劫持民航飞机，撞向纽约世贸中心双塔大楼，导致大楼倒塌，3 200 多人死亡或失踪，经济损失多达数千亿美元，这是美国历史上最严重的恐怖袭击事件；（b）离美国世界贸易中心 34 km 的纽约地震台，记录了"9·11"事件的全部时间进程

资料来源：Kim et al.，2001

2.2　地震的特点

科学家们和公众询问地震的一个基本问题就是它的大小。表示地震大小通常有两种方法：一种是利用地震震级表示地震的大小；另一种是根据地震造成的破坏程度确定地震的大小。

地震的大小

地震作为一种自然现象，它有大有小，大可以大到山崩地裂、房倒屋塌，小可以小到人体根本感觉不到、只有灵敏的仪器才能记录到。如何表示地震的大小呢？

第一种方法，用地震所释放的能量来表示地震的大小，地震的震级（magnitude）表示地震所释放的能量的大小，震级大的地震，释放的能量就多。前面已经说过，地震所释放的能量可以用地震矩 M_o 来表示，即：

$$M_o = \mu AD$$

式中：μ 是介质的剪切强度，A 是断层面的面积，D 是断层两盘相互滑动的距离。用能量定义的震级叫作地震的矩震级 M_w。M_w 与地震矩 M_o 的关系是：

$$M_w = \log M_o / 1.5 - a$$

式中：a 是一个常数，它与 M_o 的单位选取有关。例如，金森博雄以"N·m"作为 M_o 的单位，$a = 6.06$。若以"dyn·cm"为单位，则 $a = 10.7$。实际确定的地震的震级，是根据地震仪记录到的地震波幅度的对数来进行标度的，这就是通常用到的里克特震级，即里氏震级。

地震释放的地震波能量 E 与震级 M 有下列关系（能量 E 以 erg 计）：

$$\lg E = 11.8 + 1.5M$$

从上式可以看出，不同震级地震的能量差别是很大的。震级每大一级，地震的能量就大 $10^{1.5}$（约 31.6）倍，即 2 级地震的能量约为 1 级地震的 31.6 倍，3 级地震的能量约为 1 级地震的 $10^{1.5+1.5}$（1 000）倍。所以，尽管小地震实际发生数目比大地震多得多，但总能量中的大部分仍是由大地震释放的。

图 2 - 24　几位著名地震学家 1956 年的合影，从左到右分别为：Frank Press，Beno Gutenberg，Hugo Benioff 和 Charles Richter。其中，里克特（Richter）是里氏震级的发明人

资料来源: Los Angeles Examiner

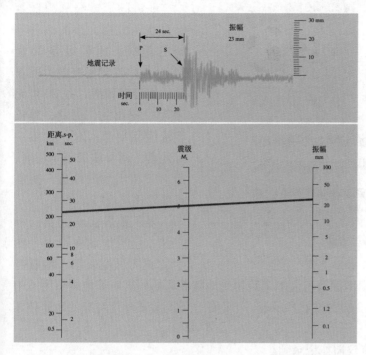

图 2 - 25　根据地震仪记录到的地震波幅度确定地震的里氏震级。由实际地震图测量出 P 波与 S 波的时间差（24 s），可以知道地震的震源距离（210 km），然后量出地震图上 S 波的最大振幅（23 mm），将两点连线，可以知道该次地震的震级为 5

地震的能量到底处于什么数量级上呢？我们可以来作几个比较。如果把 1945 年美国扔在日本广岛的原子弹（相当于 2×10^4 t 标准 TNT 炸药）埋在地下十几千米处让它爆炸，相当的震级是 5.5 级；而唐山地震则相当于 2 800 颗这样的原子弹在地下爆炸。可见地震的能量是十分巨大的。我们还可以把自然界中的各种现象在能量上作一个排序。图 2 - 26 是以 erg 表示的能量图。天上闪电的能量大概相当于 10^{16} erg。现在已知最大的能量大约为 10^{32} erg，6 500 万年前，一个直径为 10 km 的天外星体以 20 km/s 的速度撞到地球上，产生的大量灰尘，使地球变成了一个黑暗的世界，有的学者认为正是这场灾难导致了恐龙的灭绝。这个能量是现在我们所知道的最大的。在这样一个广阔的能量图中，地震（图中的紫点）大约位于其中部，例如唐山地震约相当于 10^{23} erg。可见，地震作为地球上的一种自然现象，它的能量对于人类社会乃至整个自然界的影响都是相当大的。

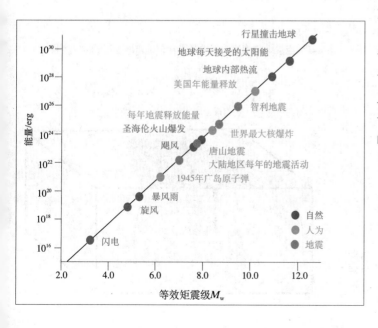

图 2 - 26　地震和自然界中能源释放能量对比

地震波能量计算公式:

$$\lg E = 11.8 + 1.5M$$

E: 弹性波能量,约相当于总能量的1/10

M: 震级

$\sqrt[3]{30}\,r$

$10\,r$

$M=1$ $M=2$ $M=3$

震级相差一倍,释放的能量相差很大

震级	相当能量的 TNT 炸药量/t	相当于 20 000 t 原子弹的颗数		
5.5	20 000	1	×	
6.0	120 000	6	×	
7.0	3 600 000	180	×	
7.8	56 000 000	2 800	×	
8.0	112 000 000	5 600	×	

图 2 - 27　地震的震级和能量

地震的矩震级和里氏震级是表示地震大小的两种不同的震级,矩震级是20世纪80年代发展起来的,而里氏震级要早得多,是20世纪30年代提出的,因此,里氏震级应用要早。对于大多中等地震,两种震级基本相同,而对于特别大的地震,矩震级描述比里氏震级要好。

表示地震大小的第二种方法,是用地震在地面上产生的破坏程度表示,地震越大,它产生的破坏就越大。我们把地面及房屋等建筑物受地震破坏的程度叫作地震烈度。中国和世界上多数国家一样,采用 12 级的地震烈度表。下面给出不同地震烈度对应的地面破坏情况(习惯用罗马数字表示)。

- 小于Ⅲ度:人无感受,只有仪器能记录到。
- Ⅲ度:夜深人静时人有感受。
- Ⅳ~Ⅴ度:睡觉的人惊醒,吊灯摆动。
- Ⅵ度:器皿倾倒、房屋轻微损坏。
- Ⅵ~Ⅶ度:房屋破坏,地面裂缝。
- Ⅷ~Ⅹ度:房倒屋塌,地面破坏严重。
- Ⅺ~Ⅻ度:毁灭性的破坏。

某地点的地震烈度表示地震导致该地点地面运动的猛烈程度:

$$I = I(M, R)$$

震级	5	5.7	6.3	7	7.7
震中烈度 ($R=0$)	Ⅵ	Ⅶ	Ⅷ	Ⅸ	Ⅹ

图 2 - 28　烈度是地震造成地面及房屋等建筑物的破坏程度,它也是表示地震大小的一种方法,地震越大,它产生的破坏就越大,地震烈度就越大。但是,烈度和震级不同。一个地震只有一个震级。而烈度表示的是地面及房屋等建筑物受地震破坏的程度,对同一个地震,不同的地区,烈度大小是不一样的。通常,距离震源近,破坏就大,烈度就高;距离震源远,破坏就小,烈度就低

地震的几种不同的震级

里氏震级 M_L 是里克特在 1935 年提出来的。它是以地震仪所记录到的地震波振幅为基础的。当地震震源大小一定时,距离震源愈远,地震波的振幅就愈小;当与震源的距离一定时,地震波的振幅与震源的大小成正相关。

里氏震级被定义为:一台标准地震仪(当时叫作伍德－安得生(Wood-Anderion)式地震仪,自由周期 0.8 s,倍率 2 800 倍,阻尼常数 0.8)在距离震中 100 km 处所记录的最大振幅 A(以微米计)的对数值:

$$M_L = \lg A$$

显然,100 km 外发生地震,地震仪记录真实地动为 1 μm,则该地震为零级地震。同样,从里氏震级的定义可以知道,如果地震和台站之间距离不变,地震震级大 1 级,地震产生的震动的振幅大 10 倍;震级大 2 级,振幅大 100 倍;震级大 3 级,振幅大 1 000 倍,依此类推。

但是地震并非都发生在距离台站 100 km 处,因此在计算地震震级时,我们必须考虑震中距 Δ(即震中与台站之间的距离,以"度"为单位)的修正,则上式可以修正为:

$$M_L = \lg A + 2.56\lg\Delta - 5.12$$

里克特还发现,上述里氏震级仅适用震中距小于 600 km 的地震,当震中距离超过 600 km 时,用面波来确定震级比较适合。1966 年苏黎世国际地震学会上进一步扩展了里氏震级,计算面波震级 (M_S) 时,除应考虑最大振幅之外,还须考虑周期 T 和震中距离:

$$M_S = \lg(A/T) + 1.66\lg\Delta + 3.3$$

里氏震级提出后约半个世纪,Kanamori 发展出由地震矩 (M_o) 计算地震的矩震级 (M_W) 的方法(矩震级的测定正文中已有介绍)。这种发展基于两个原因:第一,里氏震级是一种测量震级,而矩震级则是考虑地震机理的物理震级;第二,里氏震级难以测量特大地震。当 $M_W < 7.25$ 时,矩震级 M_W 的测量结果与用里氏面波测量的震级 M_S 的测量结果基本一致;但当 $M_W > 7.25$ 时,面波震级 M_S 开始出现"饱和",也就是测量出的面波震级 M_S 低于能反映地震真实大小的矩震级 M_W。而当 $M_W = 8.0 \sim 8.5$ 时,M_S 达到"完全饱和",也就是此时无论 M_W 如何增大,测量出的面波震级 M_S 不再跟着增大。所以,当测定大地震的震级时,如果采用 M_W 以外的其他震级标度,则会由于震级"饱和"而低估地震的震级。地震的矩震级对大地震"无饱和"现象。

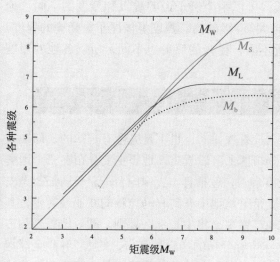

图 2 - 29 几种震级的关系

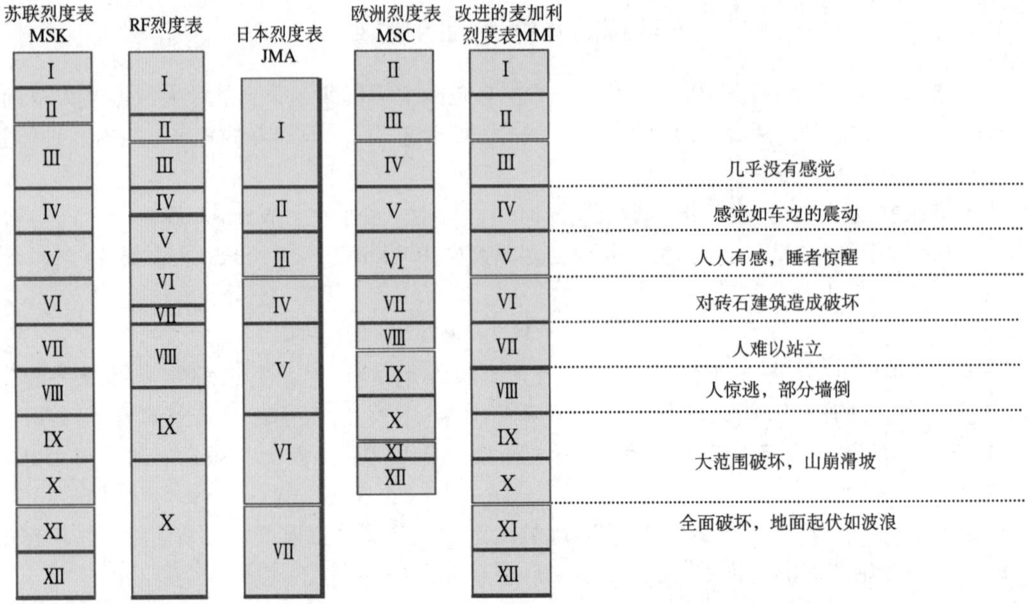

苏联烈度表 MSK　　RF烈度表　　日本烈度表 JMA　　欧洲烈度表 MSC　　改进的麦加利烈度表MMI

几乎没有感觉

感觉如车边的震动

人人有感，睡者惊醒

对砖石建筑造成破坏

人难以站立

人惊逃，部分墙倒

大范围破坏，山崩滑坡

全面破坏，地面起伏如波浪

图 2 - 30　世界上几种常用的烈度表：大多数国家使用 12 级烈度表。最早的 12 级烈度表是由意大利科学家 Mercalli 在 19 世纪提出来的，判断烈度主要利用 19 世纪地震后建筑物的破坏情况。以后，根据 20 世纪末期建筑物的发展，修改了判断烈度的标志，新的 12 级烈度表被叫作修改后的 Mercalli 烈度表，简称 MMI（Modified Mercalli Intensity）。中国使用的 12 级烈度表与 MMI 烈度表相近，烈度判断标志根据中国建筑的特色作了部分修改

　　震级和烈度都是表示地震大小的量，但是两者有很大的不同。震级是表示地震所释放的能量的大小，因此，一个地震只有一个震级。而烈度表示的是地面及房屋等建筑物受地震破坏的程度，对同一个地震，不同的地区，烈度大小是不一样的。距离震源近，破坏就大，烈度就高；距离震源远，破坏就小，烈度就低。可以举个例子说明震级和烈度的不同，地震震级好像不同瓦数的日光灯，瓦数越高能量越大，震级越高。烈度好像屋子里光亮的程度，对同一盏日光灯来说，各处距离日光灯的远近不同，受光的照射也不同，所以各地的烈度也不一样。

地震带

　　我们已经知道地震在地球上的分布不是完全没有规律的，也不是完全有规律的，即地震活动是规律性与随机性共存。从全球地震震中分布图上可以看出，地震主要分布在三个地震带上。第一，约 70% 的地震分布在环太平洋地震带上，包括日本、中国台湾、美国加州圣安德烈斯断层区等著名的地震活动区。第二个地震带是从地中海到喜马拉雅的欧亚地震带，其上地震分布的特点是比较分散，不像环太平洋地震带那么集中、那么规则，欧亚地震带约占全球地震的 15%。第三个地震带是沿着各大洋洋中脊分布的洋脊地震带，约占 5%。全球地震的这种成带分布可以用板块学说来解释。板块学说认为，地球的岩石圈是由若干刚性块体

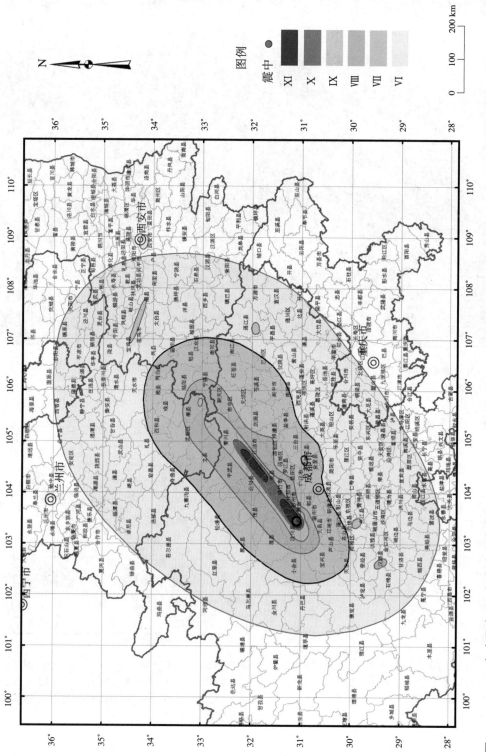

图 2－31　2008 年中国汶川 8 级大地震的烈度分布图，震中附近烈度为 XI 度。描述地震大小的两种方法可以通过地震震级和震中烈度联系起来：
5 级地震，震中烈度 VI～VII度；6 级地震，震中烈度 VIII度；7 级地震，震中烈度 IX～X 度；8 级地震，震中烈度 XI～VII度

图 2 - 32　全球地震震中分布图（1990～2000），图中红点代表地震的震中

资料来源: USGS

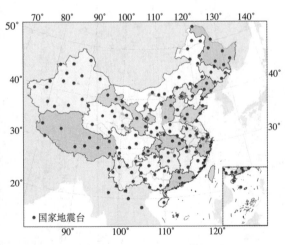

图 2 - 33　中国国家台网分布图：国家台站 145
个，台站间的平均距离为 250 km（西藏除外），其
他区域性台站的资料可以在网上查到：http://www.
csndmc.ac.cn

资料来源：中国地震台网中心

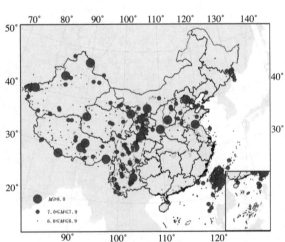

图 2 - 34　中国地震（M ≥ 6）震中分布图（公元
前 780 年至 2008 年，地震的大小见图左下方的图
标）。红色虚线部分表示南北地震带；蓝色虚线部分
表示横断山脉

组成的，板块内部相对比较稳定，各板块之间则发生俯冲、碰撞、剪切等多种作用，正是板块之间的相互运动造成了地震的孕育和发生，所以大多数地震都分布在板块的边缘地区。全球的地震基本上分布在这三个地震带上，但仍有约 10% 的地震不是那么有规律，而是分布在这些地震带之外、离板块边界相当远的地方。这就是所谓的"板内地震"，典型的如美国的新马德里地震带，该地区远离板块边界，却频繁发生大地震，中国大陆发生的地震也多属"板内地震"，其发生机制仍然是个未解之谜。

中国现代地震仪器观测始于 19 世纪末期。日本侵占台湾省后，在 1897 年建立了台北地震台，以后又陆续建立了台南台（1898）、台中台（1902）、台东台（1902）、恒春台（1907）。1904 年法国教会所属的上海徐家汇观象台增设了地震仪，建立了中国大陆第一个地震台。中国人自己建立的第一个地震台，是李善邦先生等 1930 年在北京建的鹫峰地震台。鹫峰地震台从 1930 年冬到 1937 年抗日战争爆发为止，共记录 2 472 次地震。现在中国大陆已有 145 个国家地震台（图 2 - 33），利用这些地震台，可以准确测定发生在中国大陆的全部 4 级以上地震的大小和位置。

在中国的地震震中分布图上（图 2 - 34）可以看到，大陆地震的震中分布有的地方密，有的地方稀，分布远不如海洋地震那样有规律。这正是大陆地震与海洋地震不同的地方。按照地震分布的密集，同时考虑地质背景，中国大陆地震也可以像海洋一样，划分出一些地震带来。例如，非常明显的一条南北地震带，它北起阿拉善地块，经山丹、民勤、银川与秦岭相遇，然后从天水，沿岷江上游而下，直至怒江、澜沧江，直到云南西部，全长达 2 000 km。又如，另一条是华北地震带，它始于西安附近，经华县，进入汾河河谷，再经临汾、太原、大同转而向东，过蔚县、怀来、延庆，直到渤海。中国大陆的地震震中分布比海洋要分散得多，这意味着，中小地震在大陆各地随机发生的可能性比海洋要大得多。

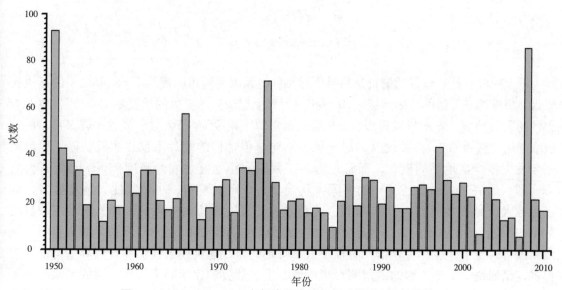

图 2 - 35　1950 ～ 2010 年间中国大陆每年 5 级以上的地震数目

地震的频度

根据位于伦敦的国际地震中心（ISC）的统计，从 1964 年开始到 1999 年，全球发生的各种大小的地震数目如表 2－1 所示。

表 2－1　国际地震中心（ISC）（1964～1999）地震数目统计表

震级	全球
8.0～8.9	9
7.0～7.9	251
6.0～6.9	3 087
5.0～5.9	10 286

资料来源：ISC，PDE

由于 20 世纪 60 年代之前，全世界的地震台站不多，许多小地震可能记录不到，所以国际地震中心只给出 1964 年以后的结果。美国科学家恩达尔等统计了全世界各国的地震记录结果，发现：从 1900 年以来，7 级地震的记录是完备的；1930 年以来，6.5 级地震的记录是完备的；1964 年以来，5.5 级地震的记录是完备的。表 2－2 是他们的统计结果。

表 2－2　恩达尔等 20 世纪（1900～1999）的地震数目统计

震级	全球	中国大陆地区
9.0～9.5	2	
8.0～8.9	79	3
7.0～7.9	1 607	59
6.0～6.9	5 260	122

注：1900 年以来，7 级以上地震该记录是完备的，而 7 级以下地震则有许多遗漏

以上的两种地震数目的统计，结果不尽相同，原因是所用的震级不同。ISC 用的是里氏震级，而恩达尔等用的是矩震级（20 世纪，世界上记录到的最大的地震是 1960 年发生在南美洲的智利地震，它的里氏震级为 8.9 级，而它的矩震级为 9.5。对于多数地震而言，两种震级是比较接近的）。两种统计的时间段也不同。但他们的统计不仅让我们获得了地球上一年发生多少次地震的概念，而且还告诉了我们大小地震之间的频度关系。地震有大有小，那么到底是大的多还是小的多呢？从表 2－2 可以看到，小地震比大地震要多，即震级越大、地震数目越少。实际上，这种多少是有一定比例关系的，即 9 级地震数目与8 级地震数目的比值等于 8 级地震数目与 7 级地震数目的比值，也等于 7 级地震数目与 6 级地震数目的比值，这样可以依此类推下去。有趣的是，这种现象我们在自然界中可以遇到很多，比如说，千年一遇的洪水与百年一遇的洪水数目的比值等于百年一遇的洪水与十年一遇的洪水数目的比值，天上的星星中一等星与二等星数目的比值等于二等星与三等星数

目的比值，等等。这些比值都是比例常数，都存在一个幂指数关系，这好像是自然现象的一个共同规律。而在地震学中这个现象被发现得很早，这就是著名的古登堡—里克特关系（G－R 关系），即若以 $N(M)$ 表示震级大于或等于 M 的地震数目，则 $N(M)$ 与 M 之间有幂指数关系：$\lg N(M) = a - bM$（其中 a，b 为常数）。从古登堡—里克特关系中可以很容易推出：$N(M+1)/N(M) = k$（k 为常数）。

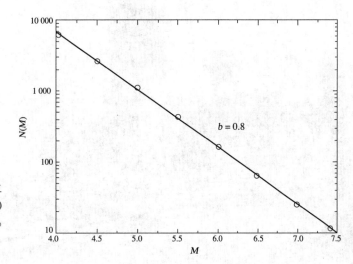

图 2 - 36　中国大陆 1970 年以来发生的震级大于或等于 M 的地震数据 $N(M)$ 与地震震级 M 的关系：$\lg N = a - bM$。其中 a，b 为常数：$a = 6.9$，$b = 0.8$

2.3　地震灾害

国外 10 次大地震

表 2 - 3　1900 年以来国外的一些重大地震灾害

年份	国家和地区 （震级）	死亡人数	经济损失 /（亿美元）
1906	美国旧金山（8.3）	60 000	＞5
1923	日本关东（8.9）	142 000	
1960	智利（9.5）	5 700	
1964	美国阿拉斯加（9.2）		
1994	美国北岭（6.7）	55	180
1995	日本阪神（6.8）	6 348	＞1 000
2001	印度古吉拉特邦（7.7）	＞20 000	＞45
2003	伊朗巴姆（6.6）	41 000	
2010	海地（7.0）	≈ 300 000	
2011	东日本（9.0）	≈ 5 000	

图2－37 1906年4月18日清晨5时20分，美国旧金山（38.0°N，123.0°W）发生8.3级地震，60 000余人遇难。震时全城起火，社会秩序一度混乱，抢劫杀人等恶性事件多有发生，全市进入紧急状态。近10万人逃离城市，经济损失超过5亿美元

资 料 来 源：San Francisco Public Library，http://webbiel. sfpl.org/multimedia/sfphotos/ AAA-4772.jpg

图2－38 1923年9月1日，日本关东平原的8.3级地震毁坏了东京和横滨的57.5万座住宅，根据官方的统计，有142 807人在地震以及地震引起的火灾中死亡、失踪。这张图是在东京地区唯一幸免于难的帝国旅馆上拍摄的

资料来源：USGS

图 2 - 39　1960 年 5 月 22 日下午 3 时 11 分，南美洲智利发生震级为 9.5 的地震，这是 20 世纪全球发生的震级最大的地震。震中烈度可达 12 度。其后两天之内，在南纬 36° 至南纬 48° 之间，沿海岸南北长 1 400 km 的狭长地带，发生上百次强烈余震，其中超过 8 级的 3 次，超过 7 级的 10 次。地震造成 5 700 人死亡，几十万座房屋被彻底摧毁。这次地震还引起了附近的火山喷发，地震引起的海啸席卷了整个太平洋地区。智利 Valdivia 质量很好的木架构房子，也因为太靠近震中而遭受巨大的破坏

资料来源: Pierre St. Amand，NGDC/NOAA

图 2 - 40　1964 年 3 月 27 日当地时间下午 5 时 36 分，20 世纪的第二大地震发生在美国的阿拉斯加，地震的矩震级为 9.2。阿拉斯加人烟稀少，所以地震造成的人员伤亡和财产损失不大。但这次大地震造成 520 000 km² 的地面大规模变形

资料来源: USGS，http://pubs.usgs.gov/gip/earthq1/alaska1a.gif

图 2 － 41　1994 年 1 月 17 日清晨 4 时 31 分，洛杉矶西北 35 km 的北岭市发生 M_w6.7 级地震（34.9°N，118.8°E），死亡 55 人，受伤 7 000 余人，直接经济损失 180 亿美元，这是迄今为止美国历史上损失最严重的地震

资料来源: J. Dewey, USGS

图 2 － 42　1995 年日本阪神地震使得大阪和神户的金融、信息、物流中心的功能受到严重影响，这方面的经济损失高达 500 亿美元。而这次地震造成建筑物和设施破坏等工程损失只有 480 多亿美元。这是在地震灾害史上，地震灾害的软损失（商业中断，金融、信息和物流中心的功能受到影响）第一次超过硬损失（工程损失）。图为 2011 年 3 月 23 日，日本北部山田市，一个灾民在雪中走过地震和海啸废墟

资料来源: Dr. Roger Hutchison，NGDC/NOAA

(a)　(b)

图 2 - 43　2001 年印度古吉拉特邦 7.7 级地震是迄今为止记录到的最大的板内地震之一，也是印度历史上伤亡最惨重的地震之一，估计死亡总数达 20 000 人。其造成的经济损失也使印度经济受到了沉重的打击

　　资料来源：（a）Paras Shah，AP；（b）Enric Marti，AP

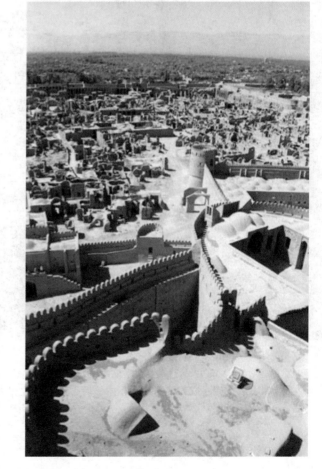

图 2 - 44　巴姆 (Bam) 城坐落在伊朗的东南面，是一座重要的历史古城。这座城市的重要特色在于它的所有建筑都是用泥土砖块、黏土、干草和木头建构而成。这座城市建于公元 224 年，久经战火，但一直屹立到 2003 年 12 月 26 日。巴姆位于"丝绸之路"的旁边，被誉为卡维尔盐漠中的"翡翠"，令众多电影导演和游客为之着迷

　　资料来源：USGS

图 2 - 45　2003 年 12 月 26 日清晨 5 时 28 分，天还未亮，伊朗巴姆城的民众都还在被窝中熟睡。突然间，天摇地动，以土砖建成的楼房，如积木般垮下（震中位置为 29.0°N, 58.3°E）时，整座城市烟尘弥漫，哀鸿遍野，数万名市民被压在碎瓦之中。地震瞬息消逝。尘埃落定后，巴姆已是一城废墟，等待着黎明的到来。27 日，IKONOS 卫星获得了这张卫星图，图中可以看到巴姆城的破坏。据报道，70％的建筑在这次地震中倒塌。地震后的巴姆城几乎被夷为平地。原有 9 万人口，其中 4.1 万人死亡，2 万余人受伤，无人有家可归

资料来源：NASA，http://veimages.gsfc.nasa.gov/19048/IkoIranquake_2003361_Irg.jpg

图 2 - 46 2011 年 3 月 11 日，日本仙台市以东 130 km 的太平洋海域发生 9 级地震，是日本有观测记录以来规模最大的地震。震源深度约为 24 km。震中距东京约 373 km，东京所在的关东地方在地震发生时的有感晃动时间长达 5 分钟。这次地震使日本本州岛向东移约 2.4 m，地球的地轴也因此发生偏移。日本气象厅宣布：震后日本全国包括富士山在内至少有 13 座活火山周边的地震活动开始活跃。日本政府在 2011 年 4 月 1 日的内阁会议中正式将该次地震带来的灾害统一命名为 "东日本大震灾"。截至 2011 年 8 月 15 日，地震造成至少 15 698 人死亡、4 666 人失踪、5 717 人受伤（轻、重伤），遭受破坏的房屋达 851 102 栋，为第二次世界大战后日本伤亡最惨重的自然灾害

图 2 - 47 大地震前，日本全国共有 18 个核电站、55 个反应堆，承担了全国 30% 左右的电力供应。福岛核电站（Fukushima Nuclear Power Plant）是目前世界上最大的核电站，由福岛一站、福岛二站组成，共 10 台机组（一站 6 台，二站 4 台），均为沸水堆。受东日本大地震和随即而来的地震海啸的影响，福岛第一核电站损毁极为严重，甚至起火爆炸，导致大量放射性物质泄漏到外部。2011 年 3 月 30 日，日本内阁官房长官枝野幸男宣布第一核电站的 1 ～ 6 号机组将全部永久废弃。2011 年 4 月 12 日，日本原子能安全保安院根据国际核事件分级表将福岛核事故定为最高级 7 级

图 2 - 48　被地震破坏的海地总统府。2010 年 1 月 12 日海地发生 7.0 级地震，震中位于首都太子港以西大约 16 km 处，震源距离地表约 10 km。首都太子港的大多数建筑均在地震中遭到损毁，其中包括海地总统府、国会大厦、太子港大教堂、医院和监狱。地震袭击了海地人口最密集的地区，估计超过 300 万人受到影响，死亡人数在 3 万至 50 万人之间。联合国驻海地稳定特派团团长、突尼斯人赫迪·安纳比 (Hedi Annabi) 在地震中不幸遇难。海地所处的位置是地震活跃地区。据法国历史学家 Moreau de Saint-Meryde 的资料记载，历史上 1751 年海地发生大地震，太子港"只有一座砖石建筑物没有坍塌"

中国的大地震

以下重点介绍五次中国的地震。

1920年宁夏海原——中国地震现场考察的开始

1920 年 12 月 16 日，宁夏（当时属甘肃）海原发生 8.5 级特大地震，伤亡和损失极其严重。除直接死于房屋、窑洞倒塌外，更有大量居民因缺少救济和医疗死于饥寒和瘟疫，约有 20 万人丧生。灾情惊动了全国上下。中外近百个地震台都记录到了这次能量巨大的地震。当时的《中国民报》记载了震后的悲惨场面："清江驿以东，山崩地裂，村庄压没，数十里内，人烟断绝，鸡犬绝迹。"死亡在万人以上的有 6 个县。其中以震中海原县最严重，达 7 万人，占该县总人数的一半以上。地震造成的自甘肃景泰兴泉堡至宁夏固原县硝口长达 215 km 的巨大破裂带，至今仍清晰可辨。海原地震的滑坡数量多、规模大。滑坡堵塞河道，形成众多的串珠状堰塞湖。

图 2－49 1920 年 12 月 16 日，中国西部海原发生 8.5 级大地震，地震产生的断层从一棵大树下面通过，断层运动将树劈为两半，并明显地产生了约 1 m 的右旋错距（海原地震博物馆提供照片）

图 2 - 50　1920 年海原大地震后，李善邦等于 1930 年在北京西山的鹫峰建立了地震台，该台自 1930 年冬到 1937 年抗日战争爆发为止，共记录 2 472 次地震。这是中国人自己建立的第一个地震台。图中为李善邦站在"地质调查所鹫峰地震研究室"前

当时的地质调查所所长翁文灏亲自带队前往现场调查，回来写出了"甘肃地震考"等论文。翁文灏所长认识到，地震现象不能只由地质学家通过宏观考察进行研究，还需要设立地震台进行观测，以便应用物理方法研究地震的本质。于是，他安排李善邦于 1930 年在北京西山的鹫峰建立了地震台，该台自 1930 年冬到 1937 年抗日战争爆发为止，共记录 2 472 次地震。这是中国人自己建立的第一个地震台。

1966年河北邢台地震——地震预报实践的开始

1966 年 3 月 8 日凌晨，河北省邢台地区隆尧县发生 6.8 级强烈地震。紧接着，3 月 22 日，在稍北的邢台地区宁晋县再次发生 7.2 级强烈地震。两次地震共有 8 000 余人丧生，40 000 余人受伤。这是新中国成立后首次发生在人口密集地区、人员伤亡和财产损失最为严重的一次地震。

这次地震灾情严重，除因震区人口密集外，还有两个特别原因。第一个原因是地基。邢台地区位于河北省南部，以西是太行山及山前地带，东部为巨厚的沉积平原，古河道密布，黄土沉积层很厚，地下水很浅，是有名的涝洼盐碱地区。因而该地区地基土壤饱含水分，加重了地震对建筑物的破坏。第二个原因是房屋特点。当地农村多为土坯房屋，房顶巨厚，秋季可以在房顶上晒粮食、用石碾子脱粒，毫无抗震措施。这些因素的综合作用使邢台地震造成的损失极为严重。前后两次地震的震中烈度分别达到Ⅸ度和Ⅹ度。地震造成了京广线铁路中断，其影响波及北京、天津、河北、山西、山东等省市。

图 2 - 51　邢台地震纪念碑。碑文如下：

一九六六年三月八日五时二十九分及二十二日十六时十九分，我区隆尧县白家寨、宁晋县东汪先后发生六点八级和七点二级强烈地震，震源深度十公里左右，震中烈度为九度强和十度，波及百余县、市，尤以隆尧、宁晋、巨鹿、新河为烈。震前，地光闪闪，地声隆隆。随后大地颠簸，地面骤裂，张合起伏，急剧抖动，喷黄沙、冒黑水。老幼惊呼，鸡犬奔突。瞬间，五百余万间房屋夷为墟土，八千零六十四名同胞殁于瓦砾，三万余人罹伤致残，农田工程、公路、桥梁悉遭损毁。灾情之重实属罕见，伤亡惨状目不忍睹。

震后，周恩来总理冒余震之险三次亲临现场，体察灾情，面慰群众，提出"自力更生、奋发图强、发展生产、重建家园"之救灾方针。李先念副总理暨中央慰问团亦即赶来，抚民心，励自救。党中央、国务院之深切关怀，使灾区人民没齿难忘。

省、地、县党政领导亲临现场指挥抗震救灾，组织发展生产，帮助灾民重建家园。

一方有难，八方支援。两万四千名中国人民解放军指战员星夜奔来，舍生忘死，排险救人，十指淌血活民命于绝境，搭棚架屋，废寝忘食而助民以安居，诚谓德高齐天。来自京、津、沪、石等市七千医护人员，含辛茹苦，救死扶伤，实乃情深若海。全国各族人民莫不伸出友谊之手，纷纷投函致电，捐款赠物，运来灾区的衣食用品、生产物资，难以数计。

对此，灾区人民无不感激涕零，由衷呼出"天大地大不如党的恩情大，千好万好不如社会主义好！"并化悲痛为回天之力，重整山河、创业建功。废墟举处，当年即粮棉丰登，新房排排，新村片片。

在周总理的亲自指挥下，三十多个科研单位、五百五十余名科技人员先后赶到地震灾区，进行我国有史以来规模最大的地震现场考察实验。从此，前所未有的地震预测预报工作在我国广为开展，专群结合，多路探索，使我国地震队伍迅速发展壮大，地震研究工作居于世界领先地位，邢台大地震堪为我国地震史上之里程碑。

抚今追昔，倏已廿载。如今灾区已是人笑年丰，地换新颜。然地震之惨痛教训，亲人之所遭不幸，终不能忘怀，党予人民救命之恩情，群众抗震卓绝之精神，永刻骨铭心。值此地震廿周年之际，特立此碑，以追怀亡者，激励今人，垂教后人。

极震区地形地貌变化显著，出现大量地裂缝、滑坡、崩塌、错动、涌泉、水位变化、地面沉陷等现象，喷水冒沙现象普遍，最大的喷沙孔直径达 2 m。地下水普遍上升两米多，许多水井向外冒水。地下冒出的水充满了低洼的田地和干涸的池塘，淹没了农田和水利设施。地面裂缝纵横交错，延绵数十米，有的达数千米。

中国地震工作者很早就对 1920 年的海原地震、1954 年的山丹地震进行过科学考察，对大地震前的地震活动和前兆现象进行过研究，但是真正意义上的中国地震预报科学实践却是从邢台地震开始的。

图 2 - 52　1966 年 3 月 8 日凌晨，河北省邢台地区隆尧县发生 6.8 级强烈地震。紧接着，3 月 22 日，在稍北的邢台地区宁晋县再次发生 7.2 级强烈地震。两次地震共有 8 000 余人丧生，40 000 余人受伤。这是新中国成立后首次发生在人口密集地区、人员伤亡和财产损失最为严重的一次地震

1975 年辽宁海城地震——第一次成功的地震预报

1975 年 2 月 4 日 19 时 36 分，我国东北部地区辽宁海城市及附近地区发生的 7.3 级地震，波及面积 9 000 km²，震区地动山摇，海城境内 2 734 km² 顷刻间房屋倒塌，受灾人口达 800 余万。这次地震发生在人口稠密、工业发达的地区，使工矿企业、交通、电力和水利设施以及民房等遭到了不同程度的破坏。震区 90 % 以上的房屋倒塌，按通常估计死亡人数会有 10 万人，由于成功的地震预报，数百万受灾人口中仅殁 1 328 人。

广为报道的 1975 年中国海城 7.3 级地震四阶段预报（长期、中期、短期和临震），曾令世界上许多人为之振奋。但因为当时的文件没有公布，而且预警发布详情也没有描述，海城地震的预报过程一直显得神秘。王克林

图 2 - 53　邢台地震后，中国开始了地震预报的实践。在邢台地震后，中国建成了第一个遥测台网，成立了中国地震局，建立了地震会商制度。图中记录的是地震后在邢台建立的第一个地震综合观测台站——红山地震台，科技人员正在用石头垒出“红山”两个大字

等（2006）通过对已解密的文档资料的研究和与主要见证人的访谈，重现了这一重要历史。他们的研究报告中关于海城地震的预报情况是这样写的："海城地震前有两次正式的中期预报，但未正式发布短期预报；地震当天，有一个县政府发布了具体的疏散令，而辽宁省地震工作者和政府官员的行动在实效上也构成了临震预报。上述行为拯救了成千上万的生命，但震区当时的建筑方式和傍晚发震的时间亦有助于减少地震的伤亡。灾区各地疏散工作极不均衡，由最底层的行政部门作出应急决策的情况较为常见。最重要的临震前兆是前震活动，但诸如地形变异常，地下水水位、颜色和化学成分的变化以及动物异常也起了一定的作用。"

图 2 - 54 海城地震成功预报 30 周年纪念碑

1976 年河北唐山地震——20 世纪死人最多的地震，预报受到挫折

1976 年河北唐山发生 7.8 级地震，灾情极为严重。

唐山市地处华北平原，自 1966 年邢台地震后，唐山市附近建立了许多地震台和地震前兆观测台站，然而，这些台站在唐山地震前并未观测到类似 1975 年海城地震的前兆现象，未能对唐山地震作出预报。地震预报的探索受到了挫折。

如果我们把占一次地震灾害损失 90% 的时间和空间定义为造成地震灾害的时间和空间，全球 20 世纪的统计资料表明，100 年内全世界所有地震造成灾害的时间不到 1 小时，所有地震造成灾害的空间不到地球表面积的 1/10 000。因此，巨大的地震灾害发生在短暂的瞬间和非常局限的空间内，这是地震灾害的显著特点，也是地震灾害有别于其他自然灾害的地方。

24 万余人在唐山地震中丧生。在这场空前的灾害救治救助行动中，人们也获得了不少经

图 2－55　唐山地震时的民兵纠察队，他们昼夜巡逻，保卫国家财产和维持社会治安

图 2－56　唐山地震对工厂的破坏

验和启示：大地震、大灾害后，社会存在短时间的无政府状态，尽快恢复社会秩序，采取非常措施保持社会稳定，对于有效减灾十分重要；争分夺秒对于救治伤员十分关键，事实表明，大地震发生后的第一个24小时是抢救伤员的黄金时间；树立"小灾靠自己，中灾靠社区，大灾靠国家"的救灾意识（联合国在21世纪伊始提出的减灾口号是：发展以社区为中心的减灾策略），在最大限度地减轻灾害方面是有效的。

图 2 - 57　唐山市中心的地震破坏情况

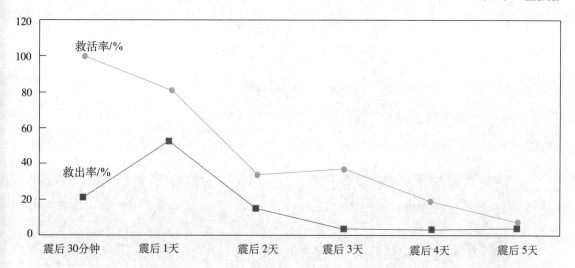

图 2 - 58　争分夺秒对于震后抢救伤员十分重要。唐山大地震后，交通堵塞极大地妨碍了伤员救治。图为震后几天救活率和救出率随时间的变化

本书作者亲历的唐山地震

本书作者之一（陈颙）是唐山地震后，最先进入唐山的地震工作者之一，并在唐山地震现场工作了几个月——一场巨大自然灾害后最难忘却的几个月。作为一名当时在最基层工作的科研人员，他对经历的唐山地震现场作了以下描述。

"地震后，我立即赶往唐山。从北京到唐山这一路给我的感觉是：地震的破坏就像扔了颗炸弹，破坏程度严重但破坏空间却非常有限。出发后 100 km 内，我没有看出沿途的农村房屋受到了多大程度的破坏，但是一进到距唐山约 20 km 的丰润地区，情况就出现了变化——路边的砖房开始开裂。由此可以看出，唐山地震虽然造成了巨大破坏，但破坏最严重的区域的半径也就在 20 km 左右。天津、北京市也遭到不同程度的破坏，但主要是高层建筑，地震对老百姓民房的破坏还是很有限的。

从丰润再往唐山，情况就惨不忍睹了。整个唐山市变成了一片废墟。很多幸存者沿着马路呆呆地坐在废墟堆边，没有声音也没有眼泪——他们的眼泪早已哭干了。一座房子倒了会产生很大的灰尘；一座城市倒了，却不知道会扬起多高、多厚的灰尘？幸存者快变成黑人了，只有眼珠又大又白，满面的灰尘好像刚从土里钻出来。那是夏天的凌晨，很多百姓睡觉时都没有穿衣服，房屋倒塌后，无法从废墟中找寻自己的衣服，只好到附近的商店或别的地方抓来一件衣服。经常看得到一个街区的人们全都穿一种工作服，而另一个街区的全部都穿另外一种工作服。唐山地委 7 名常委遇难，政府大楼也受到了严重破坏。

震后，唐山的交通堵塞十分严重，抢劫等不良现象时有发生。针对这种非常的情况采取了许多非常措施后，情况很快发生了根本性变化。第一，严格的交通管制。没有通行证的汽车一律不许进入唐山市；市内凡是两车相对堵塞马路又不相让的，毫不客气地将它们翻到路边的废墟里，腾出道路来。第二，严格的治安管理。街上的人特别是出城的人，凡是手上戴两个手表的或是骑自行车且车架上拉着箱子的，都被认为有抢劫的嫌疑，一律扣留。"

图 2 - 59　唐山地震纪念碑。于 1986 年建成，碑名是前中共中央总书记胡耀邦同志题写的。纪念碑高 76 m，寓意 1976 年那个刻骨铭心的日子；纪念碑由四根棱柱组成，柱子的四个平面、八根平面交界线寓意四面八方，以纪念唐山地震后来自四面八方的支援。纪念碑部分碑文如下：

　　唐山乃冀东一工业重镇，不幸于一九七六年七月二十八日凌晨三时四十二分发生强烈地震。震中东经一百一十八度十一分，北纬三十九度三十八分，震级七点八级，震中烈度十一度，震源深度十一公里。是时，人正酣睡，万籁俱寂。突然，地光闪射，地声轰鸣，房倒屋塌，地裂山崩。数秒之内，百年城市建设夷为墟土，二十四万城乡居民殁于瓦砾，十六万多人顿成伤残，七千多家庭断门绝烟。此难使京津披创，全国震惊，盖有史以来危害最烈者。

　　然唐山不失为华夏之灵土，民众无愧于幽燕之英杰，虽遭此灭顶之灾，终未渝回天之志。主震方止，余震仍频，幸存者即奋挣扎之力，移伤残之躯，匍匐互救，以沫相濡，谱成一章风雨同舟、生死与共、先人后己、公而忘私之共产主义壮曲悲歌。

　　地震之后，党中央、国务院急电全国火速救援，十余万解放军星夜驰奔，首抵市区，舍生忘死，排险救人，清墟建房，功高盖世。五万名医护人员及干部民工送物资，解民倒悬，救死扶伤，恩重如山。四面八方捐物赠款，数十万吨物资运达灾区，唐山人民安然度过缺粮断水之绝境。与此同时，中央慰问团亲临视察，省市党政领导现场指挥，诸如外转伤员、清尸防疫、通水供电、发放救济等迅即展开，步步奏捷。震后十天，铁路通车；未及一月，学校相继开学；工厂先后复产，商店次第开业；冬前，百余万间简易住房起于废墟，所有灾民无一冻馁；灾后，疾病减少，瘟疫未萌，堪称救灾史上之奇迹。

　　自一九七九年，唐山重建全面展开。国家拨款五十多亿元，集设计施工队伍达十余万人，中央领导多次亲临指导。经七年奋战，市区建成一千二百平方米居民住宅，六百万平方米厂房及公用设施。震后新城，高楼林立，通衢如织，翠荫夹道，春光融融。广大农村也瓦舍清新，五谷丰登，山海辟利，百业俱兴。今日唐山，如劫后再生之凤凰，奋翅于冀东之沃野。

图 2 - 60　唐山地震时滦河大桥被破坏，天津至唐山的交通中断

2008年四川汶川地震——破坏性最强、波及范围最广的一次地震

2008 年 5 月 12 日，四川省汶川县发生了 8.0 级地震。7 万人在这次地震中遇难，近 2 万人失踪，37 万多人受伤，4 600 多万人受灾，灾区面积高达 44×10⁴ km²，经济损失达 8 450 亿元人民币。汶川地震是新中国成立以来发生的破坏性最强、波及范围最广的一次地震。

地震造成了大量房屋和基础设施的严重损毁，还引发了滑坡、塌方、泥石流等严重的次生灾害。这次地震震动强度巨大，是普通的降雨根本无法相比的，引起了严重的滑坡和土石流等地质灾害，规模大，数量多，影响严重，大面积的山体滑坡堵塞河道形成较大堰塞湖 35 处。地震引发的地质灾害损失几乎与地震灾害损失相当，这在地震灾害史上是极为少见的。

汶川地震造成了公路、铁路、电网、通信等生命线工程的巨大破坏。在调查汶川地震震害的过程中，发现了一个意想不到的事实。汶川地区山高谷狭，属典型的阿尔卑斯地貌。这种地区修公路不外乎两种方法：盘山公路和桥洞公路。2008 年汶川地震引发了龙门山及邻近山区约 3 万余处崩塌、滑坡、堰塞湖等灾害，地表灾害和地震灾害相叠加，造成盘山公路严重破坏，给抢险救灾和灾后重建带来了巨大的困难。而汶川地震震害调查表明：所有的公路隧洞无一完全坍塌，虽有破坏，但修复后还能继续使用；6 600 多座高架桥，破坏的只占1.09%。今后用桥洞公路取代一部分盘山公路，可能是减轻西部山区公路灾害的一种途径。

汶川地震后，国家领导人在第一时间赶到灾区主持救灾工作；短短几天中，调集十万军队进入灾区救灾；灾情发布快速、及时、透明和公开；地震催生了中国志愿者大军，中国人民团结、互助的精神，以及在灾难面前表现出来的坚定和勇敢感动了世界。如此高效神速的救灾，在历史上是没有的。

汶川地震后不到一个月，国务院组织了中国中东部的 19 个省对汶川地震重灾区的县市进行一对一的对口支援，具体是：山东省—北川县；广东省—汶川县；浙江省—青川县；江苏省—绵竹市；北京市—什邡市；上海市—都江堰市；河北省—平武县；辽宁省—安县；河南省—江油市；福建省—彭州市；山西省—茂县；湖南省—理县；吉林省—墨水县；安徽省—松潘县；江西省—小金县；湖北省—汉阳；重庆市—崇州市；黑龙江省—剑阁县；天津市—陕西省的地震重灾区。这种对口支援的方式产生了很好的灾后重建效果（图 2 - 63）。

图 2 - 61 地震后，汶川县映秀镇被地震破坏的航空照片（姚大伟摄）

图2-62 烈度 X 度区的 (a) 汶川县百花公路桥和 (b) 龙洞子隧道。这些应用现代技术构建的高架桥和隧道虽有破坏，但修复后还可使用

　　汶川地震给工程师们留下的东西也是太多太多了，无论是在生命线工程方面，还是在各类建筑和基础设施的设计规范、建筑施工等方面。这些宝贵的用生命换来的经验已经用于汶川的重建。恩格斯有两句名言："没有哪一次巨大的历史灾难不是以历史的进步为补偿的。""一个聪明的民族，从灾难和困难中学到的东西会比平时多得多。"在地震学的历史上，如此巨大地震在原地重现的可能性极小，因此，汶川将有一段百年以上的地震平静时期。汶川地震中几万同胞生命的代价绝不会白白付出。利用现代的科学技术，将汶川建设成为一座美丽的、全世界抗御地震最安全的城市，以告慰这次灾难中遇难同胞的亡魂。

图 2 - 63　地震后重建的新北川。在山东省的对口支援下，北川新县城的三年重建计划，仅用两年就提前完工了（郭迅摄）

图 2 - 64　贵州地震救援队在汶川地震极震区搜救幸存者

资料来源: 中国地震局

2.4　减轻地震灾害

中国不是世界上地震最多的国家

根据国际地震中心提供的地震目录对 1964 ～ 1998 年间中国大陆、日本、伊朗、土耳其、新西兰、中国台湾、希腊等国家和地区 6 级以上地震发生情况进行的不完全统计，全世界发生地震最多的国家的前三名分别是印度尼西亚、美国和日本，中国大陆排第五，即便包括台湾地区在内，全中国的地震活动在全球也不是最多的。

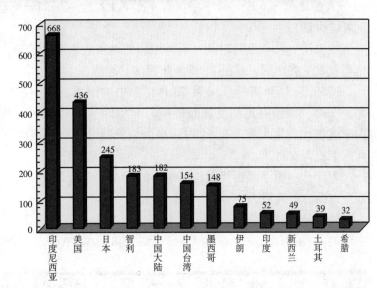

图 2 - 65　1964 年 1 月 1 日～ 1998 年 12 月 31 日部分国家和地区 6 级以上地震次数对比

表 2 - 4　1964 年 1 月 1 日至 1998 年 12 月 31 日部分国家和地区 6 级以上地震统计表

序号	统计区域	地震发生次数		总数
		6.0~6.9	大于7.0	
1	印度尼西亚	647	21	668
2	美国	423	13	436
3	日本	223	22	245
4	智利	174	9	183
5	中国大陆	173	9	182
6	中国台湾	138	16	154
7	墨西哥	131	17	148
8	伊朗	63	12	75
9	印度	49	3	52
10	新西兰	46	3	49
11	土耳其	34	5	39
12	希腊	31	1	32

中国是地震灾害最严重的国家

20 世纪以来，全球因地震死亡人数是 160 万，而中国约 60 万。历史记载全球死亡超 20 万人的地震有 6 次，其中中国有 4 次（中国地震局局长陈建民 2006 年 7 月 26 日对新华社记者的讲话）。

如果从更长一点的时间来看，中国的地震灾害更为严重。例如，人类历史上死人最多的地震就发生在中国，这是 1556 年陕西华县地震。

1556 年（明·嘉靖）12 月 23 日，关中大地震，震中在陕西华县、渭南、华阴一带。河北、安徽、湖南等地都受波及影响，面积达 90×10^4 km²，其中有 28×10^4 km² 属于破坏区。由于这次地震发生在午夜 12 时正当人们熟睡之时，死伤惨重。当时的记载说：“官吏军民压死八十三万有奇。”

为什么中国不是世界上地震最多的国家，但却是地震灾害最严重的国家呢？我们可以从三个方面分析其原因。

第一，全球地震大多数发生在海洋，对人类造成灾害的主要是发生在大陆的那些地震，中国的陆地面积仅为全球的 1/14，但中国的大陆地震占全球大陆地地震的 1/4 ～ 1/3。20 世纪地球科学板块理论的建立，使得人们对于海洋有了比大陆更多的了解。目前，科学家对大陆地震的认识远远比不上对海洋地震的了解。

但是，为什么同样的大陆地震发生在美国和日本，灾害比中国要小得多呢？因此，光有以上这一点还不足以说明问题。造成中国地震灾害严重的第二个原因是中国建筑物质量较差。

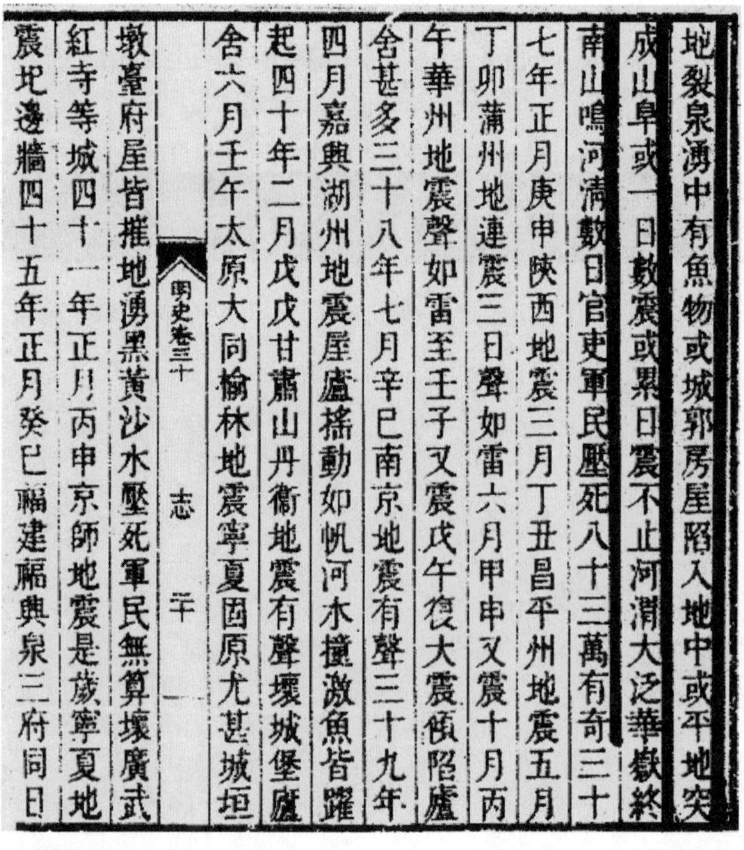
地裂泉湧中有魚物或城郭房屋陷入地中或平地突成山阜或一日數震或累日震不止河渭大泛華嶽終南山鳴河清數日官吏軍民壓死八十三萬有奇三十七年正月庚申陝西地震三月丁丑昌平州地震五月丁卯蒲州地連震三日聲如雷六月甲申又震十月丙午華州地震聲如雷至壬子又震戊午復大震傾陷廬舍甚多三十八年七月辛巳南京地震有聲三十九年四月嘉興湖州地震屋廬搖動如帆河水擁激魚皆躍起四十年二月戊戌甘肅山丹衛地震有聲壞城堡廬舍六月壬午太原大同榆林地震寧夏固原尤甚城垣

明史卷三十　志　平　一

墩臺府屋皆摧地湧黑黄沙水壓死軍民無算壞廣武紅寺等城四十一年正月丙申京師地震是歲寧夏地震圮邊牆四十五年正月癸巳福建福興泉三府同日

图 2 － 66　明史记载：1556 年陕西地震导致 83 万人死亡

如 2003 年，分别发生在日本、美国和伊朗的三次地震造成的死亡人数差别极大。死亡人数差别极大的原因就是这三个国家建筑物质量的不同。高质量建筑能化解地震灾害。一般来说，发达国家的建筑质量要比发展中国家好许多。

表 2 - 5　2003 年发生在三个国家的地震造成伤亡人数的比较

	9月日本北海道近海 $M=8$	12月22日美国加州 $M=6.3$	12月26日伊朗巴姆 $M=6.6$
死亡	0	2	>41 000
受伤	500	100	>20 000

第三个原因是，在中国等许多发展中国家，灾害意识差，依赖思想强。

上述三个原因中，第一个是自然方面的原因。唐山地震后，一位文学家写道："一座拥有百年历史的城市，只因地球瞬间颤动，就被夷为平地。骨肉之躯的创造者，钢筋混凝土的建筑群，在自然灾害面前显得那样不堪一击。人类只有这个时候，才真正感到自己力量的弱小。"目前。人们还无法阻止地震发生，人类必须做好"与灾共存"的准备，但认识、了解地球，趋利避灾，科学发展，构建和谐，是人类面临的机遇和挑战。后两个原因是人类自身方面的原因，我们完全可以做得更好，最大限度地减轻地震灾害。

地面上结实—高质量的建筑能化解地震灾害

地震时人员伤亡主要是由建筑物倒塌造成的，因此，高质量的建筑能够有效地减少人员伤亡。

何谓高质量的建筑呢？首先，要对各地可能发生地震的危险程度进行估计，并根据这种地震危险性区划，确定建筑物的设防标准。如根据地震危险性区划，北京未来 50 年受到烈度Ⅷ度以上地震破坏的概率是 10%，于是，在北京修建的建筑物的抗震基本烈度为Ⅷ度。在一个地震很少发生的地方，盖非常抗震的建筑物，势必浪费大量的财力物力，是不必要的；反之，在一个地震经常发生的地方，盖一个不抗震的建筑，一旦地震来了，势必有大量的人员伤亡，这种做法是极其不负责任的。按地震设防标准建造建筑物，是高质量建筑物的第一层含义。

其次，设防标准一旦确定，必须要按照建筑设计规范的要求，进行设计和施工，保证建筑物能达到这种标准。建筑规范凝聚了现代建筑科技的最新成果，是保证房屋等建筑物安全的重要保证。2001 年国家颁布《建筑抗震设计规范》（GB 50011—2001）的重要思想，就是保证"小震不坏，中震可修，大震不倒"。以北京为例，按照抗震规范建造的房屋，在地震烈度Ⅶ度时，不坏；在地震烈度Ⅷ度时，出现的轻微破坏，可以进行修复；Ⅸ度时，建筑物可能破坏严重，但不倒塌，可有效地保护人民生命安全。不仅如此，《建筑抗震设计规范》在我国引入了隔震、消能的规定，允许在有特殊使用要求和高烈度（Ⅷ，Ⅸ）地区的多层砌体、混凝土框架和抗震墙房屋中使用。

满足以上两个要求的，就可以称为是高质量的建筑了。遗憾的是，中国由于经济实力有限等多方面的原因，很长的一个时期，国家没有地震区划图，也没有正式发布的抗震建筑规范。在这种情况下，地震造成巨大的人员伤亡和经济损失，也就不足为怪了。

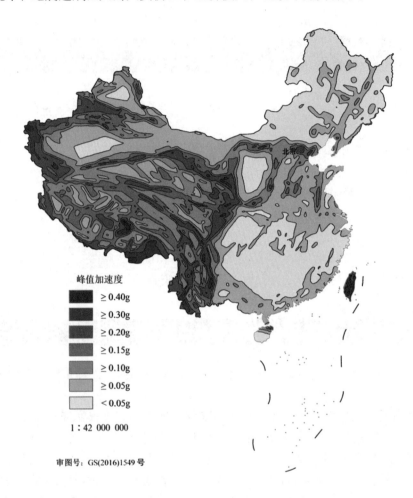

峰值加速度

≥ 0.40g
≥ 0.30g
≥ 0.20g
≥ 0.15g
≥ 0.10g
≥ 0.05g
< 0.05g

1 : 42 000 000

审图号: GS(2016)1549 号

图 2 - 67　中国地震动峰值加速度区划图（2018）

资料来源: USGS

这种情况在唐山大地震后有了改变。1990 年中国颁布了全国地震区划图（2003 年又颁布了新版区划图）；2001 年，《建筑抗震设计规范》也颁布了。但是，对于一个幅员广大、人口众多的国家，中国在建造高质量建筑物方面欠的债实在是太多了，人口多、城市的高风险、建筑差、农村的不设防等情况还会持续相当长一段时间。因此，尽管高质量建筑能化解地震灾害，是减轻地震灾害的根本性的工程措施，但是为了最大限度地减轻今天的地震灾害，还是需要施行许多有效的非工程措施。

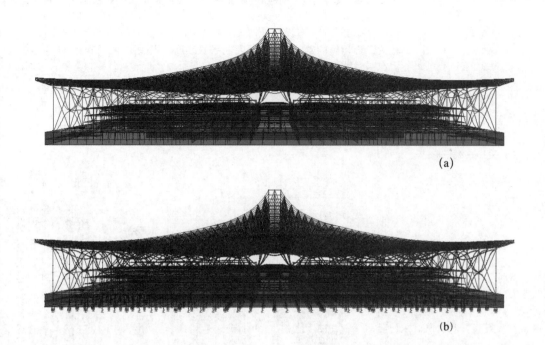

(a)

(b)

图 2-68　（a）2008 年汶川地震前昆明新机场的结构设计图；（b）汶川地震后，昆明新机场设计中增加了隔震、消能装置，机场建在由 1 811 个隔震弹簧垫上，大大增强了机场防御地震的能力，现在机场已经建成并投入使用（云南省地震局供图）

公众明白——减灾重要的社会措施

　　提高社会公众对地震的科学认识和对灾害的防灾意识，对于减轻地震灾害是十分重要的。大陆地震的成因和预报至今仍是世界性的科学难题。海城地震的预报主要是依据大地震前出现的许多小地震（成为前震）而作出的，但全世界大地震具有前震的不足总数的 10%。因此，目前预报地震的能力尚不足 10%，社会公众应对这种预报能力有客观、科学的认识，不应相信各种"地震谣言"，地震工作者应该实事求是地向公众说明这一点。目前，地震工作者也不具备辟谣的能力。

　　唐山地震后，笔者陈颙很快到达了灾区，并在地震灾区工作了几个月。笔者亲眼看到，尽管农村倒塌的房屋很多，但死亡人数比例却不高。原因就是：一个村庄就是一个小的社区，社区里有村委会组织，街坊邻居也彼此熟悉，大家自救和互救意识强，能够互相救援。又由于村落内多是平房，若有人被埋到废墟里，只需拿根木棍合力一撬，就可把人救出来撤离危险区，因此，社区的自救能力很强。《中华人民共和国防震减灾法》中增强公民的防震减灾意识，提高公民在地震灾害中自救、互救的能力的规定，十分重要。

中华人民共和国
防震减灾法

图2－69 《中华人民共和国防震减灾法》由中华人民共和国第八届人民代表大会常务委员会第二十九次会议通过，并从 1999 年 3 月 1 日起施行。该法是中国历史上第一部减轻地震灾害的法律，全面阐述了预防为主的减灾方针、减灾工程措施的建设内容，规定了各级政府、人民团体、科研机构和全体公民在减轻地震灾害中的任务、责任和义务。汶川地震后，对该法进行了修改，新法从 2009 年 5 月 1 日开始实施

图2－70 有些媒体为了追求新闻效应，有时登一些关于地震预测的道听途说的不可靠的消息，如有一年，《香港时报》刊登了八月下旬闽南将有八级强震的消息，在社会上引起了极大的不安。事实上，这样的消息是没有科学根据的，是不符合实际情况的，是破坏社会稳定的。这种做法违反了《中华人民共和国防震减灾法》中有关地震监测预报的法律规定

图2－71 "据后来统计，驻唐部队一万多人，仅占唐山救灾总兵力的 20%，然而，他们抢救出被埋压的居 民 人 数 达 15 893 人，占救灾部队抢扒出的总人数的 96%。这从另一个侧面说明，当地的力量，一旦组织起来，就会成为救灾的主要力量，即使对于特大型灾害也是如此"（唐山市政协文史资料委员会，1995）

本章最后，谈谈作为个人，在地震中应该注意什么。

1556 年华县大地震后，一个叫秦可大的文人在《地震记》中总结的躲避地震灾害的经验是："卒然闻变，不可疾出，伏而待定，纵有覆巢，可冀完卵。"这是说：当面临一次大地震时，人们往往来不及躲，最好就近寻个安全角落（如柜或土炕的一侧），伏在地上，注意保护头部和脊柱，等待震动过去再迅速撤离到安全地方。简单地说，就是伏而待定。古时的这种经验，从今天的角度来看，也是有参考意义的。

地震时，每个人处的环境不同，因此，究竟采取什么措施，也是因人因地而不同的。最重要的，是保持冷静，努力保存自己，自己保住了，才有能力去救别人。

在包括中国在内的许多东方国家，国人灾害意识差、依赖思想强是个普遍性的问题。所以，作为整个社会，提倡灾害意识、发展灾害文化是十分重要的事情。

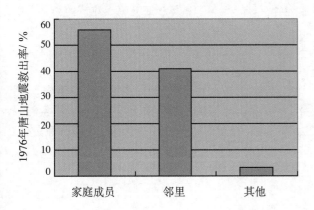

图 2 - 72　《中华人民共和国防震减灾法》规定："各级人民政府应当组织有关部门开展防震减灾知识的宣传教育，增强公民的防震减灾意识，提高公民在地震灾害中自救、互救的能力。""唐山地震救灾的实例证明了这一规定是非常重要的。社区在救灾中发挥了重要的作用，唐山地震被压在废墟下的人员，多数是家庭成员和邻居救出来的"（唐山市政协文史资料委员会，1995）

图 2 - 73　海城地震前，营口新华影剧院的布告。这种震前的地震预报极大地减少了人员伤亡。《中华人民共和国防震减灾法》第二章是"地震监测预报"。1975 年辽宁海城地震的成功预报拯救了成千上万的生命。《中华人民共和国防震减灾法》规定："国家对地震预报实行统一发布制度。地震短期预报和临震预报，由省、自治区、直辖市人民政府按照国务院规定的程序发布。任何单位或者从事地震工作的专业人员关于短期地震预测或者临震预测的意见，应该报国务院地震行政主管部门或者县级以上地方人民政府负责管理地震工作的部门或者机构按照前款规定处理，不得擅自向社会扩散"

市民地震应急

地震灾害的伤亡主要由建筑物造成，因此，地震发生时应迅速反应，及时采取保护自己的措施。

应急要点：

住在平房的居民遇到地震时，如室外空旷，应迅速头顶保护物跑到屋外，来不及跑时可躲在桌下、床下或坚固的家具旁。

住在楼房的居民，应选择厨房、卫生间等开间小的空间避难，也可以躲在内墙根、墙角、坚固的家具等易于形成三角空间的地方；要远离外墙、门窗和阳台，不要使用电梯，更不能跳楼。

尽快关闭电源、火源。

正在室内活动时（上课、工作、游乐等），应迅速抱头、闭眼，在讲台、课桌、工作台和办公桌下等地方躲避。

正在室外活动时，应注意保护头部，迅速跑到空旷场地蹲下，尽量避开高大建筑物、立交桥、远离高压电线及化学、煤气等工厂或设施。

正在野外活动时，应尽量避开山脚、陡崖，以防滚石和滑坡，如遇山崩，要向远离滚石前进方向的两侧跑。

驾车行驶时，应迅速躲开立交桥、陡崖、电线杆等，并尽快选择空旷处立即停车。

身体遇到地震伤害时，应设法清除压在身上的物体，尽可能用湿毛巾等捂住口鼻以防尘防烟，用石块或铁器等敲击物体与外界联系，不要大声呼救，注意保持体力，并应设法用砖石等支撑上方不稳定的重物以保护自己的生存空间。

资料来源：北京市突发公共安全事件应急委员会办公室．首都市民防灾应急手册．北京：北京出版社，2006：42 - 43

1. 人类古代建筑奇迹指的是哪七个建筑？除金字塔外，它们都毁于地震灾害，说出它们被摧毁的年代。（参看图 2-1）

2. 地震是怎么发生的？请和一块木板的破坏作比较。（参看图 2-6）

3. 为什么说"地震是照亮地球内部的一盏明灯"？举例说明。

4. 2004 年印度尼西亚发生矩震级为 9 级的地震，几千千米外的北京记录到这次地震的地震波：振幅约 2 cm，周期约 60 s。为什么这么大的震动，居住在北京的居民没有感觉？（参看图 2-14，对周期很长的震动，人的感觉十分不敏感）

5. 唐山地震释放的能量有多大？（提示：地震释放的地震波能量 E 与震级 M 的关系为 $\lg E = 11.7 + 1.5M$，单位为 erg，唐山地震震级 M 为 7.8 级）

6. 为什么说"一个 7 级地震释放的能量，等于 32 个 6 级地震释放的能量，等于 1 000 个 5 级地震释放的能量"？（提示：参考思考题 5 的公式）

7. 北京一般建筑物的设防烈度是Ⅷ度。对于大多数浅震，6 级地震震中烈度是Ⅷ度；50 km 外地震，能够产生Ⅷ度破坏的，地震震级要达到 8 级；100 km 外地震，能够产生Ⅷ度破坏的，地震震级要达到 9 级。由这个例子说明：什么是地震的震级？什么是地震破坏的烈度？震级和烈度有什么关系？

8. 人类历史上死亡人数最多的是哪次地震？

9. 举出世界上曾遭受过严重地震灾害的几个大城市。

10. 当你感到地震时，你应该做什么，不应该做什么？

参考资料

陈颙，刘杰，陈棋福，等. 1999. 地震危险性分析和震害预测 [M]. 北京：地震出版社

丁国瑜，卫一清，马宗晋. 1993. 当代中国的地震事业 [M]. 北京：当代中国出版社

李善邦. 1981. 中国地震 [M]. 北京：地震出版社

人民教育出版社课程教材研究所. 2004. 普通高中地理课程标准实验教科书 地理 选修5 自然灾害与防治 [M]. 北京：人民教育出版社

唐山市政协文史资料委员会. 1995. 唐山大地震百人亲历记 [M]. 北京：社会科学文献出版社

Chen Y, Booth D C. 2011. The Wenchuan earthquake [M]. Berlin：Springer

Engdahl B, Villasenor A. 2002. Global seisnicity：1900 - 1999 [A] //Lee W H K, Kanamori H, Jennings P C, et al. International Handbook of Earthquake and Engineering Seismology, Part A. Amsterdam：Academic Press

Gutenberg B, Richter C F. 1954. Seismicity of the earth and associated Phenomenon (2nd Ed) [M]. Princeton：Princeton University Press

Kim W Y, Sykes L R, Armitage J H, et al. 2001. Seismic waves generated by aircraft impacts and building collapses at World Trade Center, New York City [J]. EOS, 82 (47)：565 - 571

Munich Re Group, Munich, Germany. 2003. Nat Cat SERVICE : a guide to the Munich Re database for natural catastrophes [R]. http://www.munichre.com

Wang K, Chen Q F, Sun S, et al. 2006. Predicting the 1975 Haicheng Earthquake [J]. Bulletin of the Seismological Society of America, 96 (3) : 757 − 795

相关网站

http://www.csi.ac.cn

http://www.usgs.gov

http://www.iris.org

2011 年 3 月 11 日，日本东部海域发生 9 级大地震，地震引发的海啸波高达几十米，席卷了日本本州东部，由此造成的核电站泄漏事故震惊了全世界。这次地震海啸是日本有历史记录以来最大的自然灾害事件。

3 海 啸 灾 害

3 海啸灾害

2004 年 12 月 26 日，印度尼西亚苏门答腊岛附近海域发生南亚地区 40 年来最强烈地震，震级高达 9 级。这次地震引发的巨大海啸，波及东南亚和南亚的印度尼西亚、印度、泰国、斯里兰卡、马来西亚、缅甸、马尔代夫等近十个国家，造成极其严重的灾害，遇难人数超过 25 万。

下面介绍：什么是海啸？它是怎么形成的？为什么海啸具有这么大的破坏力？如何减轻海啸灾害？

3.1 海啸的物理

什么是海啸

海啸是由海底地震、火山喷发、泥石流、滑坡等海底地形突然变化所引发的具有超长波长和周期的大洋行波。当其接近近岸浅水区时，波速变小，振幅陡涨，有时可达 20 ~ 30 m 以上，骤然形成"水墙"，瞬时侵入沿海陆地，造成危害。海啸的英文词"tsunami"来自日文（tsu 的汉字是津，表示港湾；nami 的汉字是波，表示波浪），是港湾中的波的意思。

大部分海啸都产生于深海地震。深海发生地震时，海底发生激烈的上下方向的位移，某些部位出现猛然的上升或者下沉，导致其上方海水巨大地波动，原生的海啸于是就产生了。地震几分钟后，原生的海啸将分裂成为两个波，一个向深海传播，另一个向附近的海岸传播。向海岸传播的海啸，受到大陆架地形等影响，与海底发生相互作用，速度减慢，波长变小，振幅变得很大（可达几十米），在岸边造成很大的破坏。

海啸与一般的海浪不一样，海浪一般在海面附近起伏，涉及的深度不大，而深海地震引起的海啸则是从深海海底到海面的整个水体的波动，其中包含的能量惊人。要认识海啸的形成和海啸的特点，必须从海水的波动谈起。

图3－1 《富岳三十六景》被誉为日本的经典画作，系由日本著名画师葛饰北斋描绘的由关东各地远眺富士山景色的三十六幅作品。图为其中的《神奈川冲浪里》,《神奈川冲浪里》被称为三十六景中的第一景，它描绘的是日本东海岸的海啸

　　资料来源：Katsushika Hokusai

图3－2 2004 年印度尼西亚地震引发的印度洋海啸造成的破坏照片：印度泰米尔纳德邦纳加帕蒂纳姆地区的港口码头，一艘被海啸的大浪冲上岸的渔船静静地卧在码头上。海啸造成该地区 5 000 多人死亡，90% 的渔船被毁

　　资料来源：USGS

海水中的波动

海水表面的振荡和起伏，叫作海浪。实际上，所有的水体的表面都有振荡和起伏，即波浪。

我们称波浪中最高的地方为波峰，最低的地方为波谷。相邻的波峰（或波谷）之间的距离叫作波长（λ），波峰与波谷高低相差的距离叫作波高。

站在岸上看海浪一个接着一个地涌向岸边，如果一个固定点的海浪的一个起伏的时间为 T，则海浪的传播速度 v 可以由 T 和波长 λ 算出：

$$v = \lambda / T$$

夏天在海边看海，就可以计算出海浪的传播速度。如果两个相邻的浪之间的距离为 200 m（$\lambda = 200$ m），两个海浪冲上岸边的间隔时间是 10 s（$T = 10$ s），则岸边海浪的传播速度是：

$$v = 200 / 10 = 20 \text{ (m/s)}$$

海浪不断地向前传播，但海水的质点却并不向前传播。为了说明这一点，你可以做个实验。扔一块泡沫塑料在海水中（实验后一定记得把它捡出来放到垃圾堆中，注意保护环境），它会随着海水的运动而上下起伏。当一个大浪打过来时，海浪向前传播，而泡沫塑料并不随海浪传播，只是在原地上下运动。

多数海水中的波都是表面波（声波除外）：海水质点运动在海面最大，海面向下运动越来越小。运动随深度的衰减程度，在很大程度上取决于波长，一般来说，在深度 h 的质点运动幅度 $A(h)$ 与海面上的运动幅度 A_0 之间存在指数关系：

$$A(h) = A_0 e^{-h/\lambda}$$

式中：λ 是海水表面运动的波长；e 是自然对数的底，e ≈ 2.718。

在深度为一个波长的地方，海水运动的振幅为海面上振幅的 $1/e$（约为 1/3）；在深度为 2 倍波长的地方，振幅为海面上振幅的 $1/e^2$（约为 1/7）；在深度 3 倍波长的地方，振幅为海面上振幅的 $1/e^3$（约为 1/20）。由此看来，海水运动随深度衰减是非常快的，在海面下 3 个波长的深度，运动幅度就只有海面上的 1/20，人们常说，海底永远是平静的，就是这个道理。值得注意的是，对于运动随深度衰减来说，波长是一把非常重要的尺子。对小波长（例如几米）的运动，海水的运动基本上局限在海面附近，深处的海水几乎不运动；而对大波长（例如几千米或几十千米）的运动，海面以下的海水几乎发生了整体性的运动。由此可见，在确定海水运动时，波长是一个非常重要的参数。

图 3 - 3 说明了海浪运动和海水中质点运动的关系。海水中质点的运动在海面最大，越往深处运动越小，在超过一个波长的深度，质点运动的振幅仅为海面上振幅的 $1/e$（约为 1/3）。所以，尽管海面上惊涛骇浪，海底却是平静的。海面上海水质点在作圆周运动，越往深处，圆周运动的幅度越小。海面上波浪究竟涉及多少海水质点，完全取决于海浪的波长。波长越长，

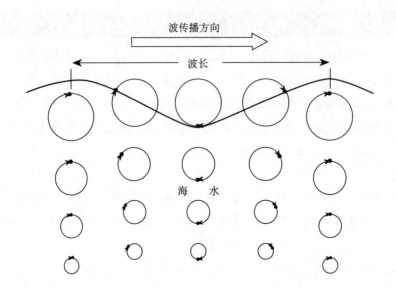

图 3 - 3   海水质点运动在海面最大，海面向下运动越来越小

参与运动的海水越多，波长很短，就可能只有海水表面薄薄一层水参与了海浪的运动。

人们很早就想利用海浪运动来发电，从上面介绍的海浪运动可以知道，波长长的海浪，包含更多的海水运动，因此，其运动的动能要比波长短的海水运动大得多。

不仅如此，在确定波传播的特性方面，波长也是一个重要的参数。如用 H 代表海水的深度，λ 代表波长，当 $\lambda \gg H$ 时，这种非常长的波长的重力波在流体力学中有一个专门的名词，叫作浅水波。海啸就是海洋中的浅水波。

浅水波之所以被重视，是因为它有两个非常显著的特点。第一，通常波动都包含多种频率的振动。不同频率的波动传播速度不同，这叫作色散，因此，传播过程中波的形状会不断地改变。但是，浅水波没有色散，所有频率的波都跑得一样快，浅水波传播时，形状不会改变；第二，浅水波传播的速度只与海水深度有关，海水越深，传播得越快，如用 v 表示浅水波的传播速度，用 g 表示重力加速度，用 H 表示海水深度，则有：

$$v = \sqrt{gH}$$

当风吹过地上薄薄的一层水时，水面会起波浪，它有自己的波长和周期，薄薄的一层水的厚度与水波的波长相比，是很小的，它的传播速度与水厚度的平方根有关。海啸与此有些相同，只不过海啸的激励来自海底地震或火山造成的激烈运动，而且海水的深度很大。但是普通海洋上由于风引起的波和海啸波就很不相同了，风造成的水面波的周期很短，波长也很小，传播速度慢。但海啸波的周期可达 1 小时，波长可达 700 km，这样就决定了海啸有一些非常独特的特点。

利用简单的力学方法推导海啸波的传播速度

海啸波是一种水波，它的波长远远大于海水深度 H，与波长短的波不同，它几乎是整个海水水柱的整体运动。

若海浪高为 h，则推动水体水平运动的压力差为 ρgh（ρ 是海水密度，g 是重力加速度），乘上海水深度 H，得到了水平作用力 $F = \rho ghH$。假定只研究一个波长 λ 之内的水体，被推动水体的质量为 $m = \rho \lambda H$，根据牛顿定律：$F = ma$，可以算出：

$$a = gh/\lambda = \mathrm{d}v/\mathrm{d}t$$

于是得到海啸波的速度：$v = ght/\lambda$。取一个周期 $t = T$，则：

$$v = ghT/\lambda$$

v 表示海水运动的水平速度，如果用 V 表示海水垂直方向的运动速度，根据海水体积不变的连续性原理，$v\lambda = VH$。当一个周期（波长）过去，水面下降 h，即 $V = h/T$，由前面的分析，得：

$$v = ghT/\lambda = \lambda h/(HT)$$

则
$$T = \lambda/\sqrt{gH}$$

即
$$v = \sqrt{gH}$$

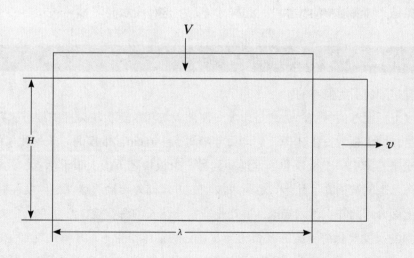

真正的海啸波速度推导，应用流体力学的公式，但上述简单的推导也能得到相当准确的结果。

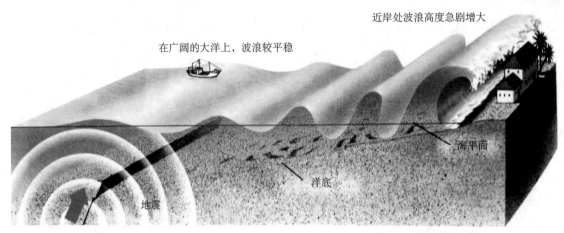

在广阔的大洋上，波浪较平稳

近岸处波浪高度急剧增大

海平面

洋底

地震

海啸形成的波浪开始很小，但当
它靠近岸边时就变成滔天巨浪

地震使海底震动，造成洋底
板块运动，洋底微微抬升

图 3 - 4　在深海，海啸的波长很长，速度快。当海啸波传播到近岸浅水水域，波长变短，速度减慢。海啸波在大洋中传播时，波高不到 1 m，不会造成灾害，但进入浅海后，因海水深度急剧变浅，前面的海水波速减慢，后面的高速海水向前涌，就像无数汽车不断地发生追尾一样，结果波高急剧增加，最大波高可达几十米。这种几层甚至十几层楼高的"水墙"冲向海岸，仿佛用剃头刀剃头一样，扫平岸边的所有房屋、建筑、树木、道路、堤防和人畜等，留下光秃秃的地面，破坏力极大

海啸是一种海洋中的浅水波，怎样才能产生这种浅水波呢?

海啸的产生条件

地震是如何引起海啸的?

印度尼西亚苏门答腊岛近海是印度—澳洲板块和欧亚板块碰撞的地方，在 5 000 km 长的弧形地带，两大板块发生碰撞，平均每年缩短 5 ～ 6 cm。地震时，长期积累的弹性能量瞬间释放了出来，其中一个板块急剧地逆冲到另一个板块之下，上千千米长、几百千米宽、几千米深的海水瞬间被抬高了几米，然后以波动的方式向外传播。这就是印度洋海啸产生的过程。

从上面介绍的知识可以知道，要产生非常长波长的海啸波，必须有一个力源作用在海底，这个力源的尺度要和海啸波的波长相当，在它的整体作用下，才有可能产生海啸。因此，海啸的产生需要满足三个条件:深海、大地震和开阔并逐渐变浅的海岸条件，下面分别加以说明。

深海:如果地震释放的能量要变为巨大水体的波动能量，那么地震必须发生在深海，因为只有在深海海底上面才有巨大的水体。发生在浅海的地震产生不了海啸。

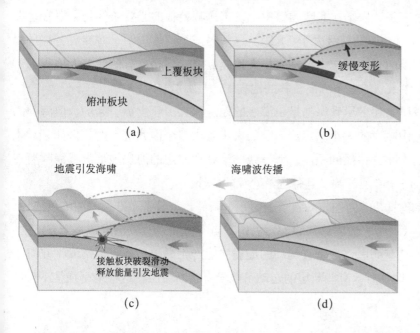

图 3 - 5 海啸的产生过程：(a) 俯冲板块向上覆板块下方俯冲运动；(b) 两个板块紧密接触，俯冲造成上覆板块缓慢变形，不断积蓄弹性能量；(c) 能量积蓄到达极限，紧密接触的两个板块突然滑动，上覆板块 "弹" 起了巨大的水柱；(d) 水柱向两侧传播，形成海啸，原生的海啸分裂成两个波，一个向深海传播，一个向附近的海岸传播。向海岸传播的海啸，受到大陆架地形等影响，与海底发生相互作用，速度减慢，波长变小，振幅变得很大（可达几十米），在岸边造成很大的破坏

大地震：海啸的浪高是海啸的最重要的特征。我们经常将在海岸上观测到的海啸浪高的对数作为海啸大小的度量，叫作海啸的等级（magnitude）。如果用 H（单位为 m）代表海啸的浪高，则海啸的等级 m 为：

$$m = \log_2 H$$

各种不同震级的地震产生的海啸高度见表 3 - 1。

表 3 - 1　地震震级、海啸等级和海啸浪高的关系

地震震级	6	6.5	7	7.5	8	8.5	8.75
产生的海啸的等级	−2	−1	0	1	2	4	5
可能影响的最大高度/m	<0.3	0.5~0.7	1.0~1.5	2~3	4~6	16~24	>24

表 3 - 1 是从全球近百年资料得到的经验关系。目前知道的海啸的最高浪高在 30 m 以上，是 1960 年智利大地震引起的，它对应 5 级海啸，这是海啸的最高等级。1958 年 7 月，在美国阿拉斯加州发生 8.3 级地震，在 Lituya 湾，因地震引发的山崩，使约 $4\,000 \times 10^4\,\mathrm{m}^3$ 的土石瞬间落入 Lituya 湾，由于海湾的特定的地形条件，产生的巨浪把船送上 450 ft[①]高的山顶，这成为海啸史上的奇观。从表 3 - 1 可以看出，只有 7 级以上的大地震才能产生海啸灾害，

---

① 1 ft = 0.304 8 m，下同

小地震产生的海啸形不成灾害。太平洋海啸预警中心发布海啸警报的必要条件是：海底地震的震源深度小于 60 km，同时地震的震级大于 7.8 级。这从另一个角度说明了海啸灾害都是深海大地震造成的。值得指出的是：海洋中经常发生大地震，但并不是所有的深海大地震都产生海啸，只有那些海底发生激烈的上下方向位移的地震才产生海啸。

开阔并逐渐变浅的海岸条件：尽管海啸是由海底的地震和火山喷发等引起的，但海啸的大小并不完全由地震和火山喷发的大小决定。海啸的大小是由多个因素决定的，例如：产生海啸的地震或火山喷发的大小、传播的距离、海岸线的形状和岸边的海底地形等。海啸要在陆地海岸带造成灾害，该海岸必须开阔，具备逐渐变浅的条件。

海啸的产生是一个比较复杂的问题，具备了上面三个条件，就具备了产生海啸的可能性。事实上，只有一部分地震（占海底地震总数的 1/5 ～ 1/4）能产生海啸，其原因还不十分清楚，多数人认为，只有那些伴随有海底强烈垂直运动的地震才能产生海啸。地震通常发生在海底以下 10 ～ 30 km 的深处，地震时，有些断层的运动可能没有错断海底，这种地震往往不会产生海啸。

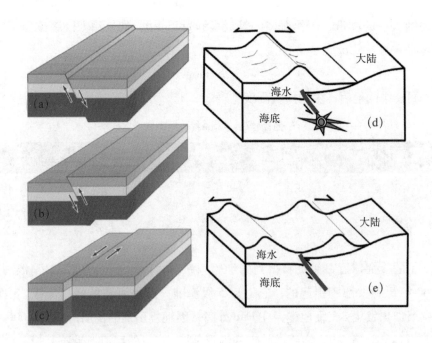

图 3 - 6　地震时，地震断层的运动方式主要有三种：（a）断层的一盘向下以较小的角度下滑到另一盘之下，这叫作正断层；（b）断层的一盘向上逆冲到另一盘之上，这叫作逆冲断层；（c）断层的两盘相对水平运动，这叫作走滑断层。三种运动方式中，逆冲断层的垂直方向运动最大，正断层其次，走滑断层几乎没有垂直运动。海啸主要是由海洋中发生的逆冲断层的地震引起的：（d）当逆冲断层运动时，海底突然发生很大的垂直运动，造成整个海水急剧抬升；（e）水体波动并向外传播，于是产生海啸

海啸的类型

海啸大致可分为两类：一类是近海海啸，也叫作本地海啸。海底地震发生在离海岸几十千米或一二百千米以内，海啸波达到沿岸的时间很短，只有几分钟或几十分钟，很难防御，灾害极大。另一类是远洋海啸，是从远洋甚至横越大洋传播过来的海啸波。远洋海啸波是一种长波，波长可达几百千米，周期为几个小时，这种长波在传播过程中能量衰减很少，因而能传播到几千千米以外并仍能造成很大的灾害。但由于海啸波达到沿岸的时间较长，有几小时或十几小时，早期海啸预警系统能有效减轻远洋海啸灾害。

在后文介绍海啸灾害的例子中，1755 年里斯本地震海啸是本地海啸，而 1960 年智利地震在夏威夷造成的海啸灾害则属于远洋海啸的例子。

值得指出的是，近海海啸和远洋海啸的分类是相对的。如 2004 年 12 月 26 日，印度尼西亚苏门答腊岛附近海域发生 9 级强烈地震，引发了巨大的海啸，地震的震中就是海啸波的发源地。海啸波从发源地到印度尼西亚的班达亚齐（受灾最严重的地区）只需要几十分钟，对于印度尼西亚来说，这是本地海啸；但是对于其他地区和国家，如印度、泰国、斯里兰卡、马来西亚、缅甸、马尔代夫等国来说，海啸波传播需要好几个小时，这是远洋海啸。

3.2　海啸的特点

海啸波的波长非常长

海啸是水中一种特殊的波，它最大的特点就是超长波长。我们往水里扔一个石子，也会产生一个波动，但波长也就几厘米到几米。我们知道声波也能在水里传播，潜水艇不长眼睛却能走得好好的，就是通过发射和接收声波知道周围环境的，声波波长和手指头一样长。涨潮或者退潮的那些潮汐也是波，台风来的时候，两个浪之间的距离就是波长。但这些波的波长都是有限的。

美国宇航局（NASA）1971 年发射的 Jason 1 号测高卫星（贾森 1 号卫星），它的主要使命就是测量海面高程的变化，探测范围大概是卫星正下方约 5 km 直径的区域，精度为厘米级。2004 年 12 月 26 日苏门答腊岛发生 9 级大地震并引发灾难性的海啸，在地震后 2 小时，这颗卫星恰好沿着 129 轨道由南向北穿过印度洋，这时海啸波也正好在印度洋上传播。测高卫星在天上飞了二十几年，就没有逮到几个海啸，这次就凑巧了，于是这颗运气不错的卫星，刚好测量到了海啸波传播时的海面变化（Gower，2005）。从卫星的测量数据可以看出：海啸的波长为 500 km，海啸波造成的海面高程最大变化约为 0.6 m（Gower，2005）。500 km 的波长，高度差却不到 2 m，海啸就像一面大镜子，往外传播过程中是风平浪静的。

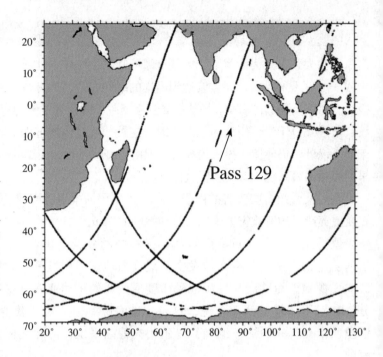

图 3 - 7　Jason 1 号测高卫星在地震后 2 小时沿 129 轨道由南向北穿过印度洋，接近印度的孟加拉湾（Bay of Bengal），这时海啸波正好在印度洋上传播。测高卫星可以测得卫星正下方约 5 km 直径区域的海面的高度变化，精度为厘米级。十分难得的是，在这样凑巧的时间和这样凑巧的地点，在海啸波上方运行的 Jason 1 号测高卫星测量到了海啸波传播时的海面变化

资料来源：Gower, 2005

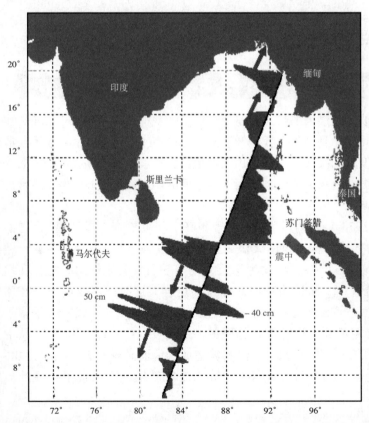

图 3 - 8　Jason 1 号测高卫星在地震后 2 小时沿 129 轨道由南向北穿过印度洋，这时海啸波正好在印度洋上传播。测高卫星发现海啸波造成的海面高程最大变化约为 0.9 m，海啸波的波长约为 500 km

资料来源：NASA

图 3 - 9 班达亚齐（Banda Aceh）是印度尼西亚亚齐省的首府，是一个海滨城市，距 2004 年 12 月 26 日印度尼西亚大地震震中约 250 km，当日地震引发的海啸对于这个地方而言，属于本地海啸。10 m 高的海浪席卷了灾区村庄和海滨度假区，其海啸灾害十分严重。美国 Digital Globe 网站发布了一系列卫星遥感照片，图为"快鸟"卫星拍摄的班达亚齐地震海啸前后对比遥感图像。这一组遥感图像清楚地表明了印度尼西亚遭受 2004 年 12 月 26 日特大地震和海啸灾害最重的地区之一的班达亚齐的破坏情况，从中可见这次地震破坏之大（海岸已经缩小，部分海岸消失，海边建筑完全被地震和水灾摧毁，露出了泥土和岩石）

资料来源：DigitalGlobe

能量大

地震使海底发生剧烈的上下方向的位移，某些部位出现猛然的上升或者下沉，使其上方的巨大海水水体产生波动，原生的海啸于是就产生了。我们可以用该水体势能的变化来估计海啸的能量。作为对印度尼西亚苏门答腊岛近海地震海啸能量的保守估计，假定该次地震使震中区 100 km 长、10 km 宽、2 km 厚的水体抬高了 5 m，其势能的变化为：

$$E = mgh = 10^{24} \text{ erg}$$

我们知道，地震释放的地震波的能量 E 与地震的震级 M 之间有关系式：

$$\lg E = 11.8 + 1.5\, M$$

而印度尼西亚苏门答腊岛近海地震的震级 $M = 8.7$，所以这次地震释放的地震波能量约为：

$$E = 10^{25} \text{ erg}$$

海啸的能量相当地震波的能量的 1/10 左右。海啸的能量是巨大的，为了说明这一点，我们可以举一个例子。一座 100×10^4 kW 的发电厂，一年发出的电能为：

$$E = 3.15 \times 10^{23} \text{ erg}$$

因此，印度尼西亚苏门答腊岛近海地震产生的海啸能量大约相当于 3 座 100×10^4 kW 的发电厂一年发电的能量。

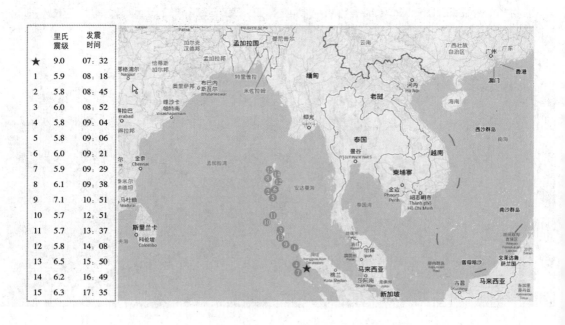

图 3 - 10　2004 年印度尼西亚大地震（红点）及其主要的 15 次余震（震级和发生时间由图中的左表给出）。余震区南北方向延伸约 1 000 km，东西方向宽 100 km。人们经常用余震区的大小来估计主震破裂变形区的长度和宽度。在计算海啸能量时，假定该次地震使震中区 100 km 长、10 km 宽、2 km 厚的水体，抬高了 5 m，这是非常保守的估计

资料来源：Park et al.，2005

传播速度快

前文已经提到海啸波的速度为：

$$v = \sqrt{gH}$$

式中：v 是海啸波的速度，g 是重力加速度（9.8 m/s^2），H 是海水的深度。太平洋海水平均深 5 500 m，取 H = 5 000 m 代入上式，得到海啸波速度为 232 m/s，即约为每小时 835 km，这是跨洋喷气式飞机的速度。如果考虑近海岸的情况，取 H = 100 m 代入上式，则海啸波的速度为 31.3 m/s，即约为每小时 112.7 km，这是高速公路汽车的速度。

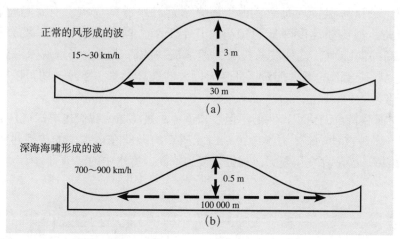

图 3 - 11 （a）风吹水面造成的水面波：波长 30 m，传播速度 15 ～ 30 km/h；（b）深海中的海啸波：波长几百千米，传播速度 700 ～ 900 km/h

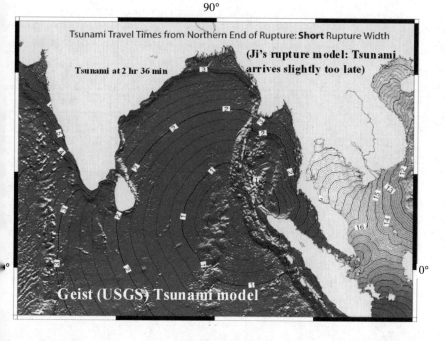

图 3 - 12　用美国地质调查局 Geist 模型计算得到的海啸传播时间图，图中白色方块中的数字表示海啸波传播到该地所需要的时间（单位：h）。请注意：印度尼西亚地震产生的海啸波传到斯里兰卡和印度只需 2 ～ 3 小时，这与喷气式飞机的速度一样快；尽管印度尼西亚离越南不远，但由于陆地的阻挡，海啸波要绕地球一圈后才能到达越南沿海，需要 12 ～ 16 小时

资料来源：USGS

　　自然灾害中经常要谈到风暴潮，风暴潮也是一种严重的自然灾害。在北美、加勒比海地区和东太平洋地区它们被叫作飓风，在西太平洋地区被叫作台风，在印度被叫作旋风。产生于赤道附近热带的风暴潮具有极大的能量。风暴潮在海面上运动时，伴随着狂风、暴雨和巨浪，冲到陆地后，仍然保持着狂风和暴雨。对比海面波浪、风暴潮（水面波）与海啸，就会体会到海啸传播速度快的特点。海啸传播速度快，每小时可达 700～900 km，这正是越洋波音 747 飞机的速度，而水面波传播速度较慢，风暴潮要快一点，但最快的台风速度也只有 200 km/h 左右，比起海啸还是要慢得多。海啸的周期可达一小时，其波长极长，可达几百千米，在其几百千米的一个波长内，海面波浪很小，风平浪静，对航行的船只影响很小。一旦海啸接近海岸，由于海岸附近海水深度较浅，而海啸波的传播速度与海水深度有关，其传播速度降低到每小时几十千米，前进受到阻挡，就会形成十几米至几十米的浪高冲向陆地。这种波长极长、速度极快的海啸波，一旦从深海到达了岸边，前进受到了阻挡，其全部的巨大能量，将变为巨大的破坏力量，摧毁一切可以摧毁的东西，造成巨大的灾难。

　　为了加深对海啸特点的认识，我们不但要知道什么是海啸，我们也要知道什么不是海啸。

　　海水中有许多种波动，流体力学中说：海水质点的振动在海水中的传播过程就是波动。质点振动要能维持，必须存在恢复力。根据恢复力不同，海水中的波动可分为：

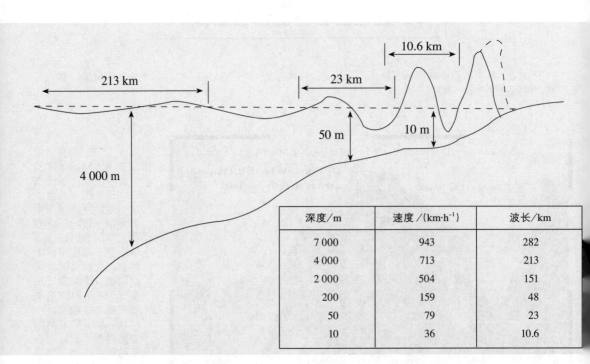

深度/m	速度/(km·h⁻¹)	波长/km
7 000	943	282
4 000	713	213
2 000	504	151
200	159	48
50	79	23
10	36	10.6

图 3－13　传播速度与海水深度明显有关，是海啸波最重要的特点。根据上面介绍的波的速度与海水深度平方根成正比的计算公式，可以算出：4 000 m 水深，海啸波速度为每小时 713 km，波长 213 km；10 m 水深，速度每小时 36 km，波长 10.6 km

- 重力波（不论质点以什么方式离开平衡位置，重力总为恢复力）。
- 潮汐波（由日、月引力所产生）。
- 涟波，又称毛细波（由流体表面张力引起的微小的波）。
- 声波（由于流体本身的可压缩性引起）。

图 3 - 14　美国国家气象中心的海啸预报标志，形象地表示出了海啸波的特点：在深海，海啸波波长很长，但波高很低，接近岸边时，波长越来越短，而波浪的波高越来越高

无论是流体力学中的波动，还是自然灾害中的波动，它们与海啸都不相同，海啸有其独特的特点。尽管风暴潮和海啸都会造成海水的剧烈运动，但两者很不相同。它们的不同性质，决定了认识和减轻其灾害的方法也不同。

海啸与海浪和风暴潮的不同

（1）成因不同。风暴潮是由海面大气运动引起的，而海啸是由海底升降运动造成的，前者主要是海水表面的运动，而后者是海水整体的运动。

（2）波长不同。海啸的波长长达几百千米，而风暴潮的波长不到 1 km。和海水的平均深度（几千米）相比，海啸波长要大得多，水深达数千米的海洋，对于波长几百千米的海啸，犹如一池浅水，所以海啸波是一种"浅水波"。而风暴潮波长比海水的深度小得多，所以是一种"深水波"。

（3）传播速度不同。海啸传播速度快，每小时可达 700 ~ 900 km，这正是越洋波音 747 飞机的速度，而水面波传播速度较慢，风暴潮要快一点，最快的台风速度也只有 200 km/h 左右，比起海啸要慢得多。

（4）激发的难易程度不同。海浪或风暴潮很容易被风或风暴激发，而海啸是由海底地震产生的，只有少数的大地震，在极其特殊的条件下才能激发起灾害性的大海啸。有风和风暴，必有风暴潮；而有大地震，未必一定产生海啸，大约十个地震中只有一两个能够产生海啸。尽管对只有极少数地震能够产生海啸已经有了不少解释，但至今，这还是一个需不断研究的问题。

3.3　海啸灾害

中国人民早就知道海啸灾害，常用成语"山崩海啸"来形容最强烈的自然现象和最严重的自然灾害。同样，在世界各国的历史上，也有许多关于海啸灾害的记录。

历史上的海啸灾害

地球上 2/3 的面积是海洋，海洋中，最大的是太平洋，它几乎占地球面积的 1/3。太平洋的周围是地球上构造运动最活跃的地带，其孕育着大量的地震、火山，因此，太平洋是最容易发生海啸的地方，人们对海啸的研究、海啸灾害的预警系统都集中在太平洋。

在人类的灾害史上，海啸从来就是一种巨大的自然灾害。海啸携带着巨大的能量，形成几米甚至几十米的巨浪以极大速度冲向陆地。它在滨海区域的表现形式是海面陡涨，骤然形成"水墙"，伴随着隆隆巨响，瞬时侵入滨海陆地，吞没良田、城镇、村庄，然后海水又骤然退去，或先退后涨，有时反复多次，有极其巨大的破坏力。1946 年，3 700 km 外的阿拉斯加的阿留申群岛发生地震，海啸传到夏威夷，造成极大破坏，159 人死亡。历史记载破坏最大的海啸发生在 1755 年，当时葡萄牙近海发生大地震，引发 5 m 浪高的海啸席卷里斯本，约 250 000 居民中死亡 60 000 人。

下面介绍一些历史上重要的海啸灾害，着重介绍 1755 年里斯本地震和海啸以及 1960 年智利大地震及其引发的夏威夷海啸的灾害情况。

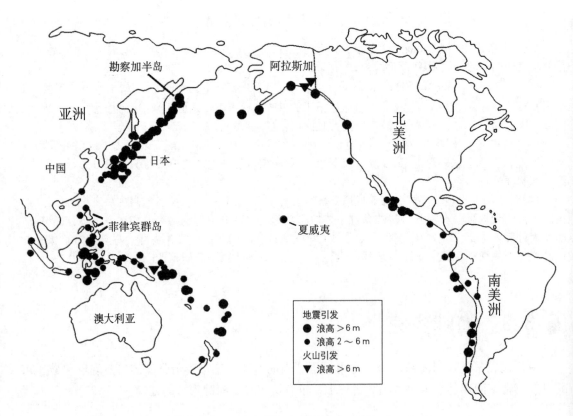

图 3 - 15　1900～1983 年，浪高超过 2.5 m 海啸在太平洋的发源地

表 3 - 2　历史上破坏巨大的海啸

日期	发源地	浪高/m	产生原因	备注
1755年11月1日	大西洋东部	5～10	地震	摧毁里斯本，死亡60 000人
1883年8月27日	印度尼西亚 Krakatau	40	海底火山喷发	30 000 人死亡
1896年6月15日	日本本州	24	地震	26 000 人死亡
1933年3月2日	日本本州	>20	地震	3 000 人死亡
1946年4月1日	阿留申群岛	>10	地震	159 人死亡，损失2 500万美元
1960年5月13日	智利	>10	地震	智利：909 人死亡，834 人失踪；日本：120人死亡；夏威夷：61 人死亡
1964年3月28日	美国阿拉斯加	6	地震	阿拉斯加州死亡119 人，损失1亿美元
1992年9月2日	尼加拉瓜	10	地震	170 人死亡，500 人受伤，13 000 人无家可归
1992年12月2日	印度尼西亚	26	地震	137 人死亡
1993年7月12日	日本	11	地震	200 人死亡
1998年7月17日	巴布亚新几内亚	12	海底大滑坡	3 000 人死亡
2004年12月26日	印度尼西亚	>10	地震	超过250 000 人死亡
2011年3月11日	日本东海岸	20	地震	约5 000人死亡

1755年里斯本地震和海啸

1755 年的葡萄牙是个海洋大国，它的首都里斯本当时人口有 25 万，是当时世界上最为繁华的城市之一。11 月 1 日，许多正在教堂参加宗教仪式的居民注意到吊灯摇晃。强烈的地震以及随后而来的海啸袭击了里斯本。幸存者对里斯本地震的效应有以下描述：首先城市强烈震颤，高高的房顶"像麦浪在微风中波动"。接着是较强的晃动，许多大建筑物的门面瀑布似的落到街道上，留下荒芜的碎石成为被坠落瓦砾击死者的坟墓。接着，海水几次急冲进城，淹死毫无准备的百姓，淹没了城市的低洼部分。随后教堂和私人住宅起火，许多起分散的火灾逐渐汇成一个特大火灾，大火肆虐 3 天，大部分建筑物被摧毁，大量珍贵文物被全城大火烧毁。

这次地震的影响范围很大，英国、北欧和北非都感觉到了强烈的震动。关于里斯本1755 年地震震级，最近估计是在 8.4 ～ 8.7 之间。它是由于非洲板块和欧亚板块的相互碰撞而产生的。

　　里斯本大学的研究小组对这次地震和海啸进行了深入的研究，他们收集了有关的大量历史文件，从中找出了与地震有关的文件 720 件，与海啸有关的 82 件（Baptistal et al., 1998, 2003）。通过分析海啸的记录，他们发现：里斯本不是第一个被海啸袭击的城市。地震发生在海里，地震产生的海啸从地震震中出发，首先袭击离它近的地方，然后向外袭击较远的地方。但是，海啸在各地的高度，却不是越近的地方越高，它主要取决于被袭击海岸城市附近的海底地形，而不取决于离震中的距离。

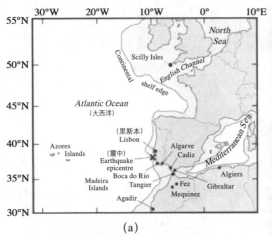

(a)

(b)

(c)

(d)

图 3 - 16 （a）1755 年的大地震发生在里斯本（Lisbon）附近大西洋中（图中画叉的地方）；（b）里斯本是葡萄牙的首都，地震和海啸前的里斯本是当时世界上最为繁华的海港城市之一（版画）；（c）灾后里斯本的歌剧院；（d）灾后里斯本的市政厅（http://nisee.berkeley.edu/kozak/index.html），彩照摄于 1993 年

　　资料来源：Pacific Earthquake Engineering Research Center, University of California, Berkeley

图 3 - 17　1755 年 11 月 1 日，里斯本近海大地震产生的海啸袭击了北塔古斯河岸（North Tagus River）

　　里斯本这个富足都市基督教艺术和文明之地的破坏，触动了世界的信念和乐观的心态。许多有影响的作家提出了这种灾难在自然界的位置问题。著名法国哲学家伏尔泰亲身经历了这次海啸灾难。他在其小说《公正》一书中写下了他观察里斯本地震后的感慨的评论："如果世界上这个最好的城市尚且如此，那么其他城市又会变成什么样子呢？"伏尔泰的感慨涉及哲学中人与自然的关系问题，是人定胜天，是听其自然，还是敬畏自然、和谐共存呢？

1960年智利大地震及其引发的夏威夷海啸

　　智利是个多地震的国家。有趣的是，最早描述智利地震和海啸的人中，有一个是写《物种起源》的达尔文（Charles Darwin），人们都知道他在自然演化方面的贡献，却很少有人知道他在地震和海啸方面的工作。1835 年达尔文乘贝格尔（Beagle）号军舰环球旅行时，正好途经智利，亲眼目睹了那年智利大地震产生的海啸。

图 3 - 18　1835 年，达尔文乘贝格尔号军舰环球旅行时，来到了智利的 Magelian 海峡（a），远处是 Sarmiento 山前的由深变浅的海岸（b）。在那里，他经历了一次巨大的海啸。达尔文在他的探险日记中记载了 1835 年这次智利大地震产生的海啸：紧接地震后的巨浪和海啸，以迅雷不及掩耳之势席卷了港口。从三四千米的海上可以看到一层层涌动的巨大如山的波浪，以一种缓和的速度慢慢逼近港口，到近处时则变得非常有力、快速，一下子就扫平了岸上的房屋和树木。巨浪的力量如此惊人，就连 4 t 重的大炮也被移走了 15 ft。达尔文感慨：人类无数时间和劳动所创造的成果，只在一分钟内就被毁灭了

资料来源：Darwin C，1913

　　125 年后，1960 年在智利近海又一次发生了大地震，它是人类有仪器之后记录到的地球上最大的地震，它的震级是 9.5，这是迄今为止所有地震震级的最高值。这次智利近海地震产生了巨大的海啸。

(a)

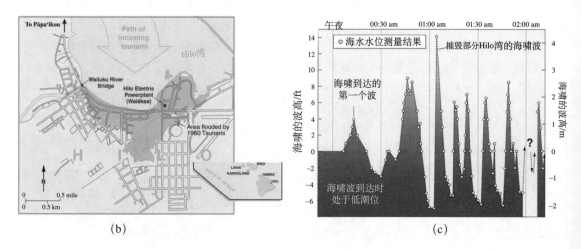

(b)　　　　　　　　　　　　　　　　　(c)

图 3 - 19　1960 年智利近海 9.5 级地震产生的巨大的海啸袭击了夏威夷。(a) 岸边马路上原来竖立了一只巨大的时钟，海啸袭击摧毁了时钟的支架，时钟倒落在地上，时钟的指针永远地记下了海啸第一次袭击的时刻：1960 年 5 月 23 日凌晨 1 时 4 分。现在人们把这只倒落的时钟，制成了一个纪念碑，纪念 1960 年发生在夏威夷的海啸事件。(b) 夏威夷的一个名叫 Hilo 的城市的沿海低洼地区受到海啸波袭击，造成 61 人死亡，282 人受伤。(c) 海啸的第一次袭击夏威夷发生在 5 月 23 日凌晨，随后的几次海啸波以 30 分钟左右的间隔，接连几次不断袭击，而且威力一次比一次大。第三次的海啸波最大，它在凌晨 1 时 4 分登陆，摧毁了岸边的建筑和设施。夏威夷的验潮站记录了海啸袭击夏威夷的全过程

图 3 - 20　1960 年智利地震产生的海啸波袭击日本的情形

资料来源：Brian F Atwater，Macro Cisternas V，Joanne Bougeois，et al.，1999

　　1960 年夏威夷发生海啸时，第一次海啸波并不大，居住在海边的居民纷纷都跑到高处，所以几乎没有人员的伤亡，一看海水退了，许多人又回到原来的家中，没有想到的是，约 30 分钟后，还有更大的海啸波袭击，61 人不幸遇难。如果大家知道海啸波不止一个，提高警惕，这样的悲剧就不会发生，这说明了普及海啸科学知识的重要性。在第一次海啸波之后，日本的居民也跑到高处躲避海啸波，并保持着高度的警惕，没有得到通知前，没有一个人回家，他们在高处足足等了 4 小时。正是日本民众的海啸知识的普及，大大减少了人员的伤亡。

2004年印度尼西亚地震海啸灾害

2004 年印度尼西亚苏门答腊岛附近海域深海大地震发生在印度—澳洲板块和欧亚板块的俯冲带上（图 3 - 21），两个板块几乎互相垂直于俯冲带运动，每年俯冲的水平速度分量为 52～60 mm/a，地貌学证据表明：俯冲的距离约为 20 km，说明俯冲作用已进行了很长的时间。这个俯冲带宽 100～400 km，是众所周知的地震活动区，历史上发生过许多地震活动。

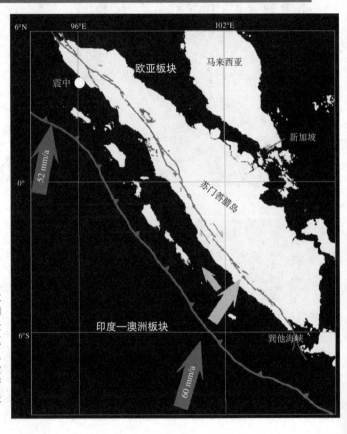

图 3 - 21 印度尼西亚苏门答腊岛附近海域深海大地震发生在印度—澳洲板块和欧亚板块的俯冲带上（红线所示，箭头表示俯冲带向苏门答腊岛倾斜，白圈代表这次地震的震中），两个板块几乎互相垂直与俯冲带运动，每年俯冲的水平速度分量为 52～60 mm/a，地貌学证据表明：俯冲的距离约为 20 km，说明俯冲作用已进行了 200 万年

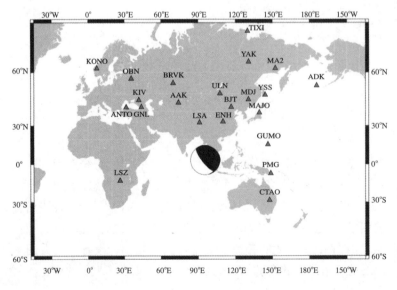

图 3 - 22 由部分亚洲地震台站（图中红三角符号）测定的 2004 年 12 月 26 日地震的震源机制（黑白球），黑白球的分界线表示地震断层的走向，白色表示断层的西南盘向下俯冲，黑色表示断层的东北盘上升。断层两盘的相对运动基本是垂直方向的。这是对产生海啸的地震的基本要求

哈佛大学测到的 2004 年印度尼西亚苏门答腊岛附近海域深海大地震的参数如下。

发震时刻：2004 年 12 月 26 日 8 时 58 分 55 秒。

震中坐标：3.9°N，95.9°E。

震源深度：28.6 km。

震中处海深：1 500 m 以上。

震级：M_w 9.0。

震源错动方式：断层面走向 129°，倾角 83°，滑动方向和水平面倾角 87°（表明断层两盘几乎是垂直相互运动的）。

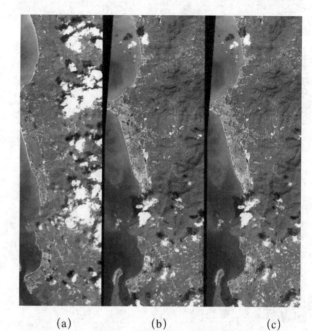

(a)　　　　　(b)　　　　　(c)

图 3 - 24　印度尼西亚地震海啸袭击的国家和地区：印度尼西亚、斯里兰卡、泰国、印度、马来西亚、孟加拉、缅甸、马尔代夫等国，遇难者总数 2 周内已超过 25 万人。图片（a）、（b）分别为泰国普吉岛受灾前（2002 年）、后（2005 年）的卫星照片，图片（c）中红色区域是高程小于 10 m 的地区

资料来源：NASA/JPL

图 3 - 23　安德鲁·吉帝拍摄的"临时停尸间"。这张图片反映的是在印度尼西亚海啸中，医务工作者将泰国的一座寺庙用作临时停尸间，正在使用干冰来防止遇难者的遗体腐烂

图 3 - 25　印度洋地震海啸后，印度尼西亚班达亚齐尸横遍地，迷人的海滩在灾难过后已经成为"露天停尸间"，到处都可以看见尸体，其状惨不忍睹

资料来源：Achmad Ibrahim，法新社（2004）

　　这次印度尼西亚苏门答腊岛附近海域的地震发生在水深超过 1 000 m 的深海，震级高达 9 级，是近 50 年来全世界发生的特大地震，也是印度洋地区历史上发生的震级最大的地震。它符合断层面相互垂直错动等产生海啸的条件，因此产生了巨大的海啸。

　　这次地震的震中为无人居住的海洋，故地震本身造成的伤亡不大多。但地震产生的海啸袭击了几百、几千千米外的不设防的人口密集的海岸带，故灾害严重。这次印度洋地震引发的海啸波及印度尼西亚、斯里兰卡、泰国、印度、马来西亚、孟加拉、缅甸、马尔代夫等国，遇难者总数 2 周内已超过 25 万人。

　　对于印度尼西亚来说，这次海啸属于近海海啸，或称本地海啸。班达亚齐是印度尼西亚亚齐省的首府，是一个海滨城市，距 12 月 26 日大地震震中约 250 km，其海啸灾害十分严重。印度尼西亚总统苏西洛 26 日晚宣布当天上午苏门答腊岛附近海域发生的强烈地震为国难，并对在地震及其引发的海啸中的死难者表示哀悼。地震发生后约半小时，其引发的海啸首先袭击了苏门答腊岛北部亚齐省的班达亚齐、美伦和司马威等海滨城市，在海边的人们纷纷被冲上岸来的巨浪卷入大海。数百人在海啸中丧生，其中包括很多儿童。当地的一名美联社记者看见巨浪扫荡过后，连树梢上都挂有尸体，迷人的海滩在灾难过后已经成为"露天停尸间"，到处都可以看见尸体，其状惨不忍睹。

图 3 - 26 2004 年 12 月 28 日，印度泰米尔纳德邦的古达罗尔，一位妇女为在海啸中丧生的亲人悲伤不已
资料来源：Arko Datta（2004 年荷赛奖获得者，印度），路透社

除了印度尼西亚，这次地震海啸还袭击了印度洋的许多沿海国家和地区，造成了巨大的灾难。联合国负责人道救援工作的副秘书长埃格兰 12 月 27 日在纽约联合国总部说，这是联合国救灾史上第一次面对这么多国家受灾，救灾难度史无前例。印度尼西亚地震海啸灾难如此严重，是因为这次地震、海啸是印度洋地区百年不遇的特大天灾。而且，由于印度洋深海大地震不多，历史海啸灾害记载也不多，所以，人们对于海啸灾害的预防不足，也没有建立必要的海啸预警系统，这可能是这次海啸灾害之所以巨大的另一个原因。

图 3 - 27 2004 年印度洋海啸造成的斯里兰卡火车出轨事故，死亡人数估计在 1 700 人左右，这是世界上最严重的火车事故，死亡人数超过 1981 年发生在印度的火车出轨事故，那一次飓风将印度比哈尔邦境内的一列火车刮到河里，夺走了 800 人的性命
资料来源：USGS

日本的海啸

太平洋是滋生地震海啸的"温床",全球 70% 的地震分布在环太平洋地震带上。在这个特殊的地震圈里,靠近太平洋俯冲带的日本最容易受到海啸的侵扰。公元 684～1983 年,日本共发生 62 次损失严重的海啸。最著名的是 1896 年的"明治海啸"和 1933 年的"昭和海啸",此外还有 1983 年发生在日本海、影响波及日本海沿岸地区包括朝鲜半岛和苏联的地震海啸。

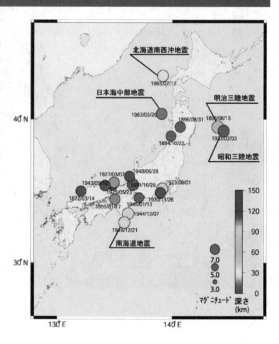

图 3 - 28　日本几次主要地震引发的海啸灾害,多数海啸来源于太平洋一侧,如著名的"明治海啸"和"昭和海啸"
　　　　资料来源:日本气象厅

图 3 - 29　(a)1896 年 6 月在岩手县记录到了明治时代以来最高的海啸水位,高达 38.2 m;(b)记录海啸水位的白色标识,上面为明治三陆海啸(1896 年),下面为昭和三陆海啸(1933 年)
　　　　资料来源:日本防灾教育研究所(http://www.bo-sai.co.jp)

1896 年 6 月 15 日，明治二十九年，日本东部发生了 8.5 级大地震，随后地震引发了大海啸，30 分钟后，海啸到达沿岸冲击歌津、三陆、宫古、田野烟等市县。三陆町绫里记录到了明治时代以来最高的海啸水位，高达 38.2 m，同时夏威夷也记录到海浪高为 2.5～9 m。这次地震造成 21 909 人死亡，房屋损失 8 526 栋，倒塌 1 844 栋，船舶损失 5 720 艘。日本历史上称这次海啸为"明治海啸"，与"明治维新"齐名。

1933 年 3 月 3 日，在明治三陆地震震中附近发生 8.1 级大地震，不过和 1896 年地震不同的是，这次地震是正断层引起的，而明治地震是逆断层。这次地震造成 3 064 人死亡，流失船只 7 303 艘，房屋损坏 4 972 栋。

在日本地区，通常产生灾害的海啸来源于太平洋一侧，但 1983 年 5 月 26 日的海啸发生在日本海，并且造成了人员的伤亡，这在历史上还是第一次。沿日本海从北海道到九州都观测到了这次海啸。海啸在日本海沿岸引起了高达 6 m 的海浪，波及了日本海沿岸地区，包括朝鲜半岛和苏联。该海啸发生时，苏联远东一些港湾中停泊的船只按海啸警报和防御预案全部立即驶往外海，从而无一船舶受损。海啸到达朝鲜半岛，在其东部的一些岛屿上造成了 3～5 m 的海浪，造成了 2 人失踪、51 艘船受到损害，但这已是朝鲜历史上最大的海啸灾难。倒霉的是日本，死者和失踪者 104 人，伤者 324 人，建筑物全损半损 3 049 栋，船舶沉没 / 流失 706 艘。灾害造成的经济损失约达 1 800 亿日元。更不幸的是时隔 10 年后，1993 年的北海道南西冲地震同样发生在日本海并引发了海啸，这次海啸给朝鲜带来了 33 艘船只的损失，但日本仍有 230 人死亡或失踪。

2011 年 3 月 11 日日本地震海啸

2011 年 3 月 11 日，日本宫城县首府仙台市以东太平洋海域发生 9 级大型逆冲地震，并引发日本本州东海岸的近海海啸，波高最高 40 m。此次地震是日本有观测记录以来规模最大的地震，引起的海啸也是最为严重的。

图 3 - 30　2011 年东日本大地震产生的近海海啸的浪高分布图。第一波海啸浪高用黄线—红线表示，后续海啸浪高用绿线—蓝线表示

　　2011 年日本地震海啸有一个特点，即海啸产生的近海海啸十分惊人，而产生的远洋海啸却极为微弱。在日本本州的东海岸，本地海啸产生的浪高惊人，图 3 - 30 黄色、红色的线条表示第一次海啸波冲到岸上的高度，绿色、蓝色代表后几次海啸波的高度，可以看出近海海啸十分惊人，许多地方都超过了 16 m（标尺的长度）。与此形成鲜明对照的是，这次地震产生的远洋海啸浪高很小：在夏威夷不到 0.5 m，在智利只有 0.3 m。而 1960 年的智利地震引起的远洋海啸要大多了，例如它在千里之外引起夏威夷的海啸波高可达 21 m 之多。这次海啸对日本的东海岸造成了极其严重的破坏。

　　2011 年日本的海啸是由海底大地震引起的，但海啸造成的灾害却超过了地震的灾害。许多自然灾害发生之后，常常会诱发出一连串的次生灾害，这种现象被称为灾害的连发性或灾害链。在特定的环境下，次生灾害会与原生灾害相当，有时甚至会超过原生灾害。2008 年汶川地震引起的山崩、2011 年东日本地震引起的海啸，都是这种灾害链的典型例子。

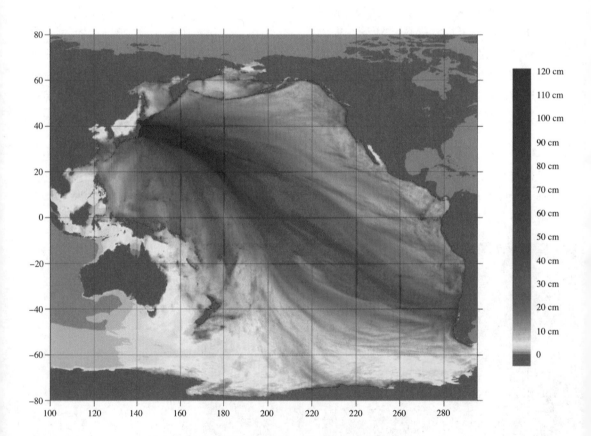

图 3 - 31　2011 年东日本地震引起的海啸波高在全世界的分布图

图 3 - 32 2011 年，日本地震海啸后，近海的破坏情况

图 3 - 33 仙台机场（距地震震中约 200 km，距海岸约 50 km）停机坪被海啸破坏

图 3 - 34　卫星图像合成了日本地震海啸前后的对比图，(a) 为 3 月 11 日地震海啸之前的情形，(b) 为地震海啸后的景象

中国的海啸

中国处于太平洋的西部，海岸线漫长。中国受海啸的影响大不大？中国的海啸灾害严重不严重？回答这些问题之前，让我们先来看看中国的近海产生海啸的可能性（图3-35）。

再来看看太平洋地震产生的远洋海啸对中国海岸的影响。亚洲东部有一系列的岛弧，从北往南有堪察加半岛、千岛群岛、日本群岛、琉球群岛、菲律宾群岛等。这一系列的天然岛弧屏蔽了中国的大部分海岸线。另外，中国的海域大部是浅水大陆架地带，向外延伸远，海

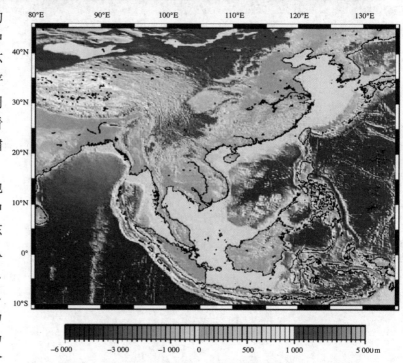

图 3 - 35 中国的近海，渤海平均深度约为 20 m，黄海平均深度约为 40 m，东海约为 340 m，它们的深度都不大，只有南海平均深度为 1 200 m。因此，中国大部分海域地震产生本地海啸的可能性比较小，只有在南海和东海的个别地方发生特大地震才有可能产生海啸

底地形平缓而开阔，不像印度尼西亚地震海啸影响的许多地区那样，海底逐渐由深变浅，中间没有一个平缓的缓冲带。因此，中国受太平洋方向来的海啸袭击的可能性不大。1960 年，智利发生 9.5 级大地震，产生地震海啸，对菲律宾、日本等地造成巨大的灾害，但传到中国的东海，在上海附近的吴淞验潮站，浪高只有 15～20 cm。2004 年印度尼西亚地震海啸，海南岛的三亚验潮站记录的海啸浪高只有 8 cm。

中国历史上曾有过海啸的灾害记录，最严重的一次发生在 1781 年的高雄，史书——徐泓所编的《清代台湾天然灾害史料汇编》记载："乾隆四十六年四五月间，时甚晴霁，忽海水暴吼如雷，巨涌排空，水涨数十丈，近村人居被淹……不数刻，水暴退……"中国还有 1867 年台湾基隆北的海中发生 7 级地震引起了海啸的记载。但历史记录中虽有多次"海水溢"的现象，但经常把海啸与风暴潮混在一起，历史记录的大部分"海水溢"现象，是风暴潮引起的近海海面变化，而不是海啸。值得指出的是，1604 年福建泉州海域发生 7.5 级地震，1918 年广东南澳近海发生的 7.3 级地震，都是发生在海洋中的大地震，但都没有产生海啸。这再次说明，全世界发生在海洋中的地震，只有一小部分会产生海啸。

表 3 - 3　中国历史上的海啸记载一览（李善邦，1981）

序号	时间	记事（史料）	出处	备注
1	173年6月28日至7月27日的某日	熹平二年六月，北海地震，东莱、北海海水溢	后汉书·灵帝纪	
2	1076年10月31日至11月28日的某日	熙宁九年十月，海阳、潮阳二县海潮溢，坏庐舍；溺居民	宋史·五行志	与1640年海啸在同一地方，其他无史料
3	1347年9月17日	至正七年十月，八月壬午（十二），杭州、上海海岔，午潮退而复至	元史·五行志	
4	1353年8月1日	至正十三年七月丁卯（十二），泉州海水一日三潮	元史·五行志	
5	1362年7月14日	至正壬寅（二十二年）六月二十三日，夜四更，松江近海处潮忽骤至，人皆惊，因非正候，至辰时正潮至，遂知前者非潮。后据泖湖人谈，泖湖素常无潮通过，忽水面高涨三四尺，类潮涨，某时亦在上述时间，又平江、嘉兴亦如是	辍耕录（松江志异）	泖湖在太湖外，其下以吴淞江与海相连，位于松江之西，承诸水，类湖泽
6	1509年6月17日至7月16日的某日	正德四年六月，地震，海水沸。正德四年己巳夏，地震，海水沸	光绪六年嘉定县志。光绪八年宝山县志。光绪十五年罗店镇志	
7	1640年9月16日至10月4日的某日	崇祯十三年，秋八月，海溢，地屡震。崇祯十三年庚辰，地屡震，海潮溢	乾隆揭阳县志。嘉庆二十年澄海县志。光绪十年潮阳县志	
8	1670年8月19日	康熙九年七月己未（五），地震，有声，海溢，滨海人多溺死	乾隆十三年、同治一年苏州府志	
9	1867年12月18日	同治六年十一月二十三日，台湾基隆大地震，全市房屋倒坍，且伴有海啸，附近火山口流出热水，死者颇多	日本地震史料756~757页	
10	1917年1月25日	民国六年正月初三，地大震，海潮退而复涨，渔船多遭没	民国十八年同安县志	

　　我国台湾位于环太平洋地震带，地震多发生在台湾东部海域，但台湾东部海底急速陡降，不利于从东部传来的海啸波浪积累能量形成巨浪，因此即使远洋大海啸也难以成灾，比如1960年的智利9.5级大地震引发的海啸虽跨越太平洋在夏威夷及日本造成重大灾情，但台湾并没有受到影响。台湾北部和西部如果在海底浅处发生近源大地震则可能造成海啸灾害，如1867年在基隆北部的海中发生7级地震引起海啸，有数百人死亡或受伤。资料记载此次海啸影响到了长江口的水位，江面先下降135 cm，然后上升了165 cm，因此这次是海啸当无疑问。此外，还有许多疑似海啸记载，最严重的一次发生在1781年的高雄。据记载这次台湾海峡地

震海啸，淹没了 120 km 长的海岸线，共死亡 50 000 余人。但中国史料并未记载这次海啸是否伴随地震发生，此外福建、广东两省也未见对这件大事的记载，因此这有待史学家进一步查证。

总之，由于海底地形的特点，台湾受远洋海啸影响不大，而像 1867 年基隆北部的海中发生 7 级地震引起近海海啸等类似地震发生，将给台湾带来重大灾害，也即近距离海底地震造成的海啸是台湾面临的主要威胁。

虽然中国的海岸受海啸的影响不大，但中国东部海岸地区地势较低，许多地区，特别是许多经济发达的沿海大城市只高出海平面几米，受海浪的浪高影响极大。从成灾的角度来看，小海啸、大灾难的情况完全是有可能的，绝不可以掉以轻心，我们一定要有忧患意识，做好灾害预防工作。

人们为了抗御灾害，就制定了建筑物的抗灾规范，针对不同自然灾害，有不同的规范，通常的做法是选取标准最严格的一种规范。例如，香港地区的抗台风规范的要求很高，其按照抗御台风规范建造的建筑一般也能抗御地震，因此就不需要再有抗震规范了。考虑到海啸袭击中国东南沿海的可能性较小，若能严格按照抗御台风和风暴潮的规范来建造建筑物，其多数情况下也能抗御海啸灾害。

图 3 - 36　我国台湾东部海域陡峭的海岸地形，不利于远震海啸波浪的堆积。但是台湾东部的堆积物形成不稳定的斜坡，一旦发生大规模海底山崩，很有可能引发致灾的海啸
资料来源：Lo，Chen，Fan，1997

3.4 减轻海啸灾害

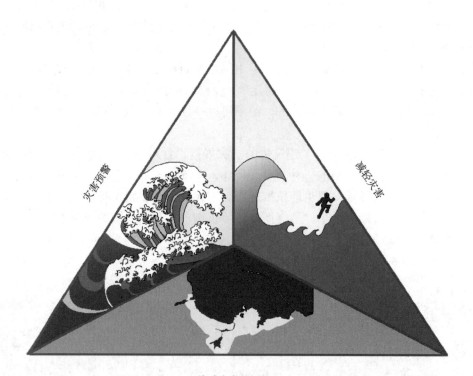

海啸灾害的评估

图 3 - 37 减轻海啸灾害主要有三个途径：海啸灾害的评估（hazard assessment）、灾害
早期预警（warning guidance）和发生灾害后力争把灾害减到最小（mitigation）

海啸灾害的评估（hazard assessment）

为了减轻海啸灾害，我们最关心的问题是：哪些地方会受到海啸灾害的袭击，灾害会有
多大？海啸灾害多少年一次，频度如何？知道了这些，就可以有的放矢地进行灾害的预防。
这通常叫作灾害的区域划分，也叫作灾害的预测。

海岸地区海啸灾害的大小，主要受海底地貌和陆地地形的影响，如果海水水深由海洋向
陆地减小得很快，而且海岸陆地平坦且海拔高度很低，那么即使是不大的海啸波，也容易形
成大的海啸灾害。因此，在沿海进行的建设应尽量避开这些地方。如果已进行了建设，则要
采取必要的预防措施。

海啸的灾害区划，有全球尺度的，有国家尺度的，也有一个城市或一个地区等较小尺度的。

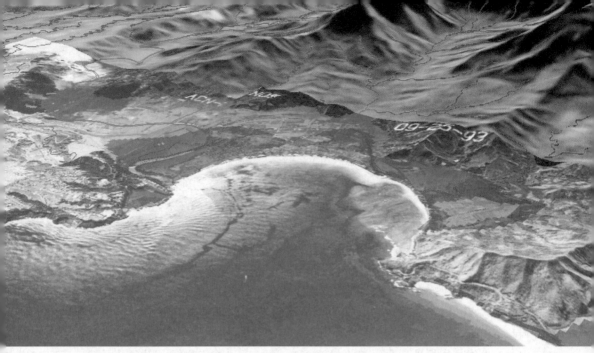

图 3 - 38　城市一个区域的海啸灾害区划：暗红颜色的地区是易受灾地区（Visualization of tsunami impact for Fiji Prime Minister）

资料来源：Jim Buika，Pacific Disaster Center（2005 年 1 月 25 日在中国—亚洲地震海啸研讨会上的演讲，北京）

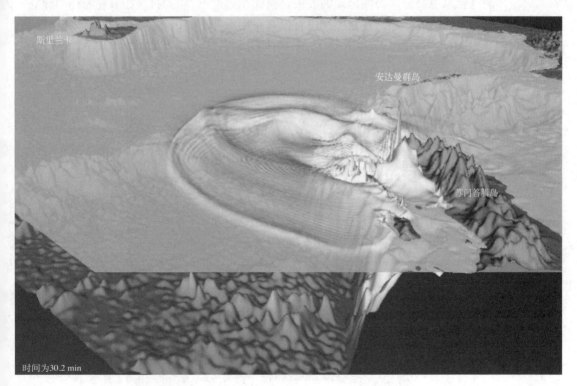

图 3 - 39　对苏门答腊岛地震海啸波进行的计算机模拟

资料来源：USGS，http://walrus.wr.usgs.gov/tsunami/sumatraEQ/

海啸早期预警系统（early warning system）

海啸是向外传播的,因此,知道了海中发生地震的地点或知道某处实际测得了海啸的发生,就可以利用海啸传播需要时间, 及时向其他地方发出海啸警报。例如, 智利附近地震产生的海啸向外传播, 海啸传到夏威夷需要 15 小时, 传到日本则需要 22 小时。

根据海啸从发源地向外传播的道理, 1965 年, 26 个国家和地区进行合作, 在夏威夷建立了太平洋海啸警报中心（Pacific Tsunami Warning Center, PTWC, http://ptwc.weather.gov/）, 许多国家还建立了类似的国家海啸警报中心。一旦从地震台和国际地震中心得知海洋中发生地震的消息, PTWC 就可以计算出海啸到达太平洋各地的时间, 并发出警报。中国于 1983 年参加了太平洋海啸警报中心, 对于来自太平洋方面的海啸, 我们是有防备的。

建立海啸早期预警系统的科学依据有两个：第一, 地震波比海啸波跑得快。地震波大约每小时传播 3×10^4 km（每秒 $6 \sim 8$ km）, 而海啸波每小时传播几百千米。如果智利发生地震并引起了海啸, 智利地震的地震波传到上海用不了 1 小时, 其产生的海啸波传到上海则需要 23 小时。这样, 根据地震台上接收的地震波, 我们不但知道智利发生了大地震, 而且知道二十几个小时后海啸波会到达。第二, 海啸波在海洋中传播时, 其波长很长, 会引起海水水面大面积升高（台风也会造成海面出现大波浪, 但面积远远不及海啸）, 如果在大洋中建立一系列的观测海水水面的验潮站, 就能够知道有没有发生海啸、其传播的方向如何等关键问题。

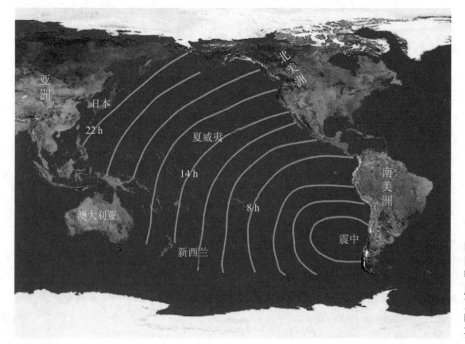

图 3 - 40　智利附近地震产生的海啸向外传播到各地所需的时间, 传到夏威夷需要 15 小时, 传到日本则需要 22 小时

图 3 - 41　太平洋海啸警报中心（Pacific Tsunami Warning Center，PTWC）台站 1949 年建于夏威夷，主要提供太平洋地区的海啸预警服务

　　值得指出的是，海啸的产生是个复杂的问题，有的地震会造成海啸，而大部分海洋中的地震不产生海啸，因此，经常发生虚报的情况。例如，1948 年，檀香山收到了警报，采取了紧急行动，全部居民撤离了沿岸，结果根本没有海啸发生，为紧急行动付出了 3 000 万美元的代价。1986 年当地又发生了一次假警报，损失同样巨大。从 1948～1996 年，太平洋海啸预警中心在夏威夷一共发布 20 次海啸警报，其中 15 次是虚假警报，只有 5 次是真警报。从夏威夷的预警来看，虚报的比例大约有 75%。近几年，随着历史资料的深入分析和数值模拟技术的发展，虚报比例有所下降。当前，有关海啸早期预警的工作主要集中在下面四个方面：海啸产生的机理，相关的数学模型，安装多个深海海底地震仪（OBS）组成的监测系统和预警信息的快速发布。

　　印度洋海啸后不久，2005 年 1 月 13 日，联合国秘书长安南在路易港举行的小岛屿国家会议上呼吁，建立一个全球灾害预警系统，以防范海啸、风暴潮和龙卷风等自然灾害。安南说，这场海啸的悲剧再次告诉人们，必须作好预防和预警。他说："我们需要建立一个全球预警系统，范围不仅包括海啸，还包括其他一切威胁，如风暴潮和龙卷风。在开展这项工作时，世界任何一个地区都不应该遭到忽视。"

安南还说，这场海啸造成的悲剧让人们深感震惊和无奈之余，"也让我们看到了一种大自然无法消灭的东西：人类的意志，具体而言，就是同心协力重建家园的决心"。联合国教科文组织（UNESCO）11 日在此次小岛屿国家会议上宣布将与世界气象组织（WMO）合作，共同建立一个全球性海啸预警系统，因为仅仅在印度洋建立预警系统并不够，地中海、加勒比海与太平洋西南部都面临着海啸的威胁。预警系统只有是全球性的，才能真正有效。

印度洋海啸造成的严重灾害，使人们对预警系统有了新的认识：

- 建立全球的预警系统比建立各国和区域的预警系统更有效和更经济。
- 由于海啸发生频率很小，建立综合的各灾种的综合性预警系统更合理。
- 预警系统应采用最先进的技术。
- 预警系统不是万能的，本地海啸的预警比远洋海啸要困难得多，因此，为了最大限度减轻灾害，除预警系统外，一定不要忽视灾害的预防和救援。

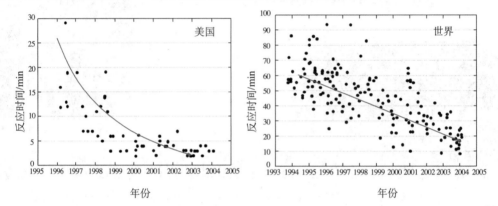

图 3 - 42　随着人们对海啸的认识水平的提高和重视，海啸预警反应时间还在变短，美国从原来的 25 分钟减少为 3 分钟，世界平均从原来的 60 分钟减少为 15 分钟

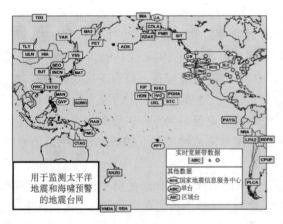

图 3 - 43　太平洋周围建立的监测地震发生的地震台网。这个台网能监测到太平洋海底发生的任何大地震，并通过无线电通知沿岸的所有国家和地区

图 3 - 44　太平洋地区建立的监测海水高度的验潮站网。连续不断地监测大面积海水水面的变化，可以了解海啸的产生和传播

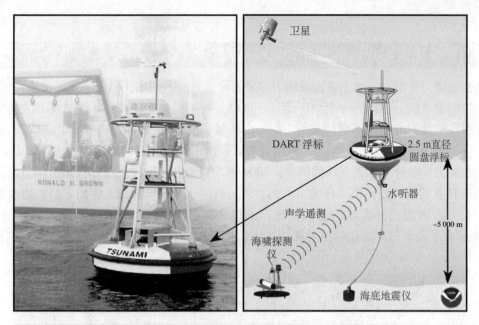

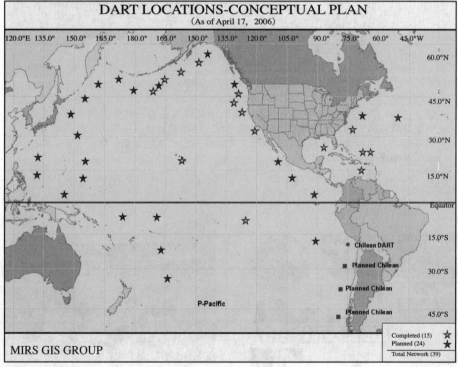

图 3 - 45　2005 年 1 月 13 日，联合国秘书长安南在路易港举行的小岛屿国家会议上呼吁，建立一个全球灾害预警系统。截至 2006 年年底，全球共有 25 个 DART（深海海啸评估和预报）浮标（绿色五角星）安置在海洋的关键区域，它将联合海底仪器和卫星系统来监测和预报海啸

　　资料来源：NOAA

把海啸灾害减到最小（mitigation）

掌握海啸的科学知识对于减轻海啸灾害是非常重要的。例如，当深海海底发生大地震时，地震断层的上盘向上运动，下盘向下运动，这就是通常说的逆冲断层。这时海面上会形成巨大的波浪，下盘上方的波峰向远离断层的方向传播，而上盘上方的波谷向远离断层的另一个方向传播。在图 3－46 中的 A 点，海啸首先以巨大的高度扑向海岸；而在 B 点，海啸的到来首先表现为近岸处海水大规模的倒退。2004 年印度尼西亚地震海啸在泰国沿海造成巨大灾害，其和 B 点的情况是一模一样的：人们首先见到海水大规模减退，露出了岸边海底的许多小鱼和贝壳，海边的游客以为遇到了难得的机会，纷纷下海，没有人想到，这就是海啸。20 分钟后，十几米的巨浪迅速席卷海岸，无情地吞噬了在海边捡小鱼和贝壳的许多游客。

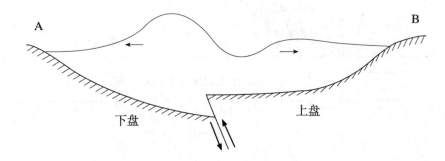

图 3－46　海底地震引发的海啸波，沿和地震断层垂直的两个方向传播，在海啸波波峰传播方向上，海啸波到达首先表现为巨高的波浪冲击岸边；而在海啸波波谷传播方向，海啸波到达首先表现为大规模海水从岸边退潮，然后再以巨高的波浪冲击海岸

图 3－47　国际上通用的表示海啸的图标

图 3－48　国外预防海啸的宣传画"当海啸来时，赶快跑到高地上"

2004 年 12 月 26 日，印度洋海啸发生的那天早晨，年仅 10 岁的英国女孩蒂利·史密斯是幸存的英雄，她的一声警告挽救了泰国普吉岛上数百人的性命。她说："当时我发现河滩上冒着气泡，海水变得有些古怪，潮水突然急速退去。我知道正在发生什么——海啸。"小女孩的海啸知识是她的地理老师卡尼先生九周前介绍给她的。如果灾难发生前人们像小蒂利一样懂得这方面的知识，也许会有更多的人逃过这场浩劫。

和经常性的海啸知识的宣传和教育一样，有效的减灾行动必须开展于灾害到来之前。社会团体和各级政府应该有应急预案，社会公众要有防灾意识，国际社会要加强合作，只有这样，才能最大限度地减轻灾害。

特别要指出的是，海啸灾害是一种小概率的灾害，对于世界上许多地方，这种灾害的发生是几十年一遇，甚至几百年一遇的，做到常备不懈是不容易的。有人说："天灾总是在人们将其淡忘时来临"，还有人说："最重要的、也是最大的经验教训就是——没有能够认真地汲取经验教训！"

思考题

1. 海啸的传播与普通的水波有何不同，海啸波的波长、形状和周期通常是多大?

2. 当水波从深水区进入浅水区时会发生什么变化?

3. 海啸的产生必须具备哪些条件?

4. 海啸具有多大的能量? 它的等级是如何测定的? 它巨大的破坏性力量主要来源于哪里?

5. 假如你是一名船长，你正带领着船员在海上工作，这时有警告说海啸将要袭击海岸，请问：你该如何审时度势将海啸带来的风险减少到最低点?

6. 海啸最容易发生的地区在哪里? 为什么?

7. 中国近海最有可能发生海啸的地区在哪里?

8. 为什么 2004 年印度洋海啸造成的人员伤亡这么惨重? 人们通常会对海啸有哪些误解，因而造成了他们在海啸中遇难?

参考资料

陈颙. 2005a. 海啸的成因与预警系统 [J]. 自然杂志，27（1）：4 - 7

陈颙. 2005b. 海啸的物理 [J]. 物理，34（3）：171 - 175

高焕臣，闵庆方. 1994. 渤海地震海啸发生的可能性分析 [J]. 海洋预报，11（1）：63 - 66

Brian F Atwater, Macro Cisternas V, Joanne Bougeois, et al. 1999. Surviving a tsunami—lessons from Chile, Hawaii, and Japan[M]. Denver：USGS.

Chapman C. 2005. The Asian tsunami in Sri Lanka：a personal experience [J]. EOS, 86（2）：13 - 14

Darwin C. 1913. Journal of researches into the natural history and geology of the countries visited during the voyage round the world of H. M. S. Beagle [M]. London：John Murray

Geist E L, Titov V V, Synolakis C E. 2006. Tsunami：wave of change [J]. Scientific American, 294（1）：56 - 63

Gower J. 2005. Jason 1 detects the 26 december 2004 tsunami [J]. EOS, 86（4）：37 - 38

Lo S C, Chen M P, Fan J C. 1997. Slope stability and geotechnical properties of sediment off the Changyuan area, eastern Taiwan [J]. Marine Georesources and Geotechnology, 15（3）：209 - 229

Stevenson D. 2005. Tsunamis and earthquakes：what physics is interesting [J]. Physics Today, 58（6）：10 - 11

相关网站

http://marine.usgs.gov

http://walrus.wr.usgs.gov/hazards

http://www.unesco.org/csi

http://www.fema.gov/hazards/hurricanes

http://www.ns.ec.gc.ca/ouragans-hurricanes

http://www.prh.noaa.gov/itic

全球陆地上已知的活火山（包括正在喷发的和最近1万年喷发但现在休眠的）超过1500座，海底火山更多。一些火山的喷发，形成巨大灾害。公元79年意大利维苏威火山喷发埋葬了古罗马的庞贝和赫尔库拉纽姆这两个城市。1980年美国圣伦斯火山喷发将山脉高度削掉三百多米，火山碎屑流动速度达到700 km/h，超过了台风，这种自然破坏力令人惊心动魄。

火 山 灾 害

■ 4.1 什么是火山

火山的形状

　　和一般的连绵不断的山脉形状不同，火山大多呈孤立的圆锥形，它由火山喷发时喷出的熔岩、火山灰和碎石落下后堆积而成。在一般情况下，自由落下的熔岩、火山灰和碎石堆积成圆锥形火山。如中国的长白山和腾冲火山都具有孤立的圆锥形的火山形状。图 4 − 1 显示了日本富士山典型的圆锥形的外貌。

图 4 − 1　火山大多是孤立的圆锥形，图为日本的富士山。富士山具有典型的圆锥形的外貌，海拔 3 776 m。自公元 781 年有文字记载以来，富士山共喷发过 18 次，最后一次是 1707 年，此后变成休眠火山

图 4 - 2   长白山原是一座火山。据史料记载，自 16 世纪以来，它又爆发了 3 次，火山爆发喷射出大量熔岩，火山口处形成盆状，时间一长，积水成湖，便成了现在的天池

火山中心有火山口，它的下面有岩浆囊，火山口是地下深处熔化的岩石喷出地面的通道，它为火山喷发准备好了条件。在本章 4.3 节，我们还会谈到，除了孤立的圆锥形的外形以外，火山的分布经常是链状的，一群火山按链状排列，每个火山好像是一串项链中的一个珠子。

喷发的火山

地球上最壮观的景象莫过于火山喷发了，巨大的火柱直冲云霄，表现了自然灾害无与伦比的猛烈和狂暴，同时也表现了其得天独厚的美丽。

地球内部有许多炙热的岩浆，而地球表面则是一层冷的固体的地壳。地球内部的岩浆会穿过地壳的一些薄弱的地方喷出地面，这就是火山喷发，而喷出的岩浆在地面上冷凝后，就形成了火山。

如果软流圈或岩石圈（圈层相关知识请参考第 1 章 1.1 节）的岩石由于温度升高或压力降低而发生熔化，则岩石的体积必定会增加，和周围岩石相比，体积增大、熔化的岩石比重变轻，在浮力作用下向上运动。体积的增大，引起周围的围岩发生破裂，形成许多裂纹，岩浆沿裂纹上升，形成越来越多的岩浆。正是这种上升过程产生的降压作用，使得上升的岩石不断熔化并最后喷发。大多数喷发的物质会落在火山口的附近，形成圆锥状的火山；细小的火山灰可以被风吹到火山口附近几十千米的地方；火山喷出的极微小的粉尘能够进入大气层，随着对流风甚至可以飞到世界的每个地方。

　　地面下熔化的岩石叫作岩浆，当岩浆喷出地面后叫作熔岩。在地下几十千米深处，岩浆包含有大量的地壳中的元素，在上升过程中岩浆慢慢变冷，元素组合生成各种矿物，进一步地上升和变冷，岩浆或者在地下固化形成深成的火成岩，或者喷出地面固化形成地球表面的喷出岩。在地下固化的深成的火成岩由于冷却得慢，所以结晶完全，结晶的晶粒也较大。而喷出地面固化形成地球表面的火成岩，冷却极快，结晶不完全，岩石中有许多（非结晶）玻璃状的物质，结晶晶粒较小。

图 4 - 3　火山（volcano）一词源于意大利西南部一岛屿 Vulcano，意思为锻冶之神的烟囱。本图为印度尼西亚爪哇岛的默拉皮火山 2006 年一次喷发的情景(美国《时代》周刊评选出来的 2006 年度最佳图片之一)

喷发的猛烈程度

有的火山，其岩浆喷出地面往往比较平静，岩浆流静静地从火山口向四周流出。有的火山，岩浆喷出极为猛烈，岩浆、气体、岩石碎块和火山灰等以接近声速喷上天空 30～50 km 的高度。

火山喷发可按其猛烈程度分为爆发性和非爆发性两种。大部分爆发性火山喷发属于气体驱动的喷发。因为地球深部压力很大，所以大量的气体都溶解在岩浆之中，但岩浆向地面运动时，随着周围压力减少，水或其他挥发成分将从岩浆中以气泡形式分离出来。这些气泡在数量和体积上累积得越来越多，帮助岩石沿裂纹或其他通道更快地向地面运动。这时，含气泡的岩浆变成了含岩浆的气泡，气泡把岩浆分隔成几块，沿火山颈向上流动。当岩浆出露地面的瞬间，气泡内高压的迅速膨胀使得气体的流速骤增，含岩浆气体以一个大气柱的形式率先冲出地面，冲入云霄，形成巨大的气柱，火山于是就喷发了，岩浆气体的喷发速度可以与声速相当。这样，就造成了火山爆发性的猛烈喷发。

图 4 - 4　火山喷发方式之一——中心喷发（如圣海伦斯火山）
　资料来源：USGS

图 4 – 5 火山喷发方式之二 —— 裂隙式喷发，如
（a）夏威夷群岛上的 Mauna Loa 火山 1984 年 5 月的
一次喷发；（b）喷出的岩浆在裂缝两侧形成岩浆流，
离裂隙较远处是以前火山喷发形成的岩浆流
　　资料来源：USGS

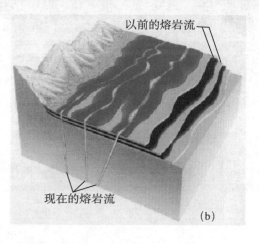

当岩浆上升到地面并喷发时，由于周围压力
的降低，几乎所有的溶解气体都释放出来。如果
岩浆的黏滞性很小，溶解气体很容易从岩浆中跑
出去，岩浆一边上升，气体一边释放，快到达地
面时，气体几乎跑完了。反之，如果岩浆的黏滞
性很大，气体就不容易从岩浆中跑出去，岩浆到
达地面时，周围的压力突然减少，气体一瞬间就
都从岩浆中跑了出去。这时岩浆的喷发往往十分
猛烈，气体带着岩浆、石块可以冲上几千米的天空。为了了解这种猛烈喷发的现象，我们可
以做一个日常生活中的试验。打开一瓶可乐，瓶子中的液体中溶有大量的二氧化碳气体，用
拇指紧紧按住瓶口，不断地摇晃瓶子，然后突然放开拇指，这时液体中的二氧化碳瞬间释放，
带着许多液体，一起从瓶口冲了出来，这个试验与火山的猛烈喷发十分相似。当火山猛烈喷
发时，在气体从岩浆中跑出去的过程中，岩浆也迅速地冷却，形成了一种多孔的岩石，叫作
浮石（泡沫岩，pumice），由于泡沫岩的孔洞太多，所以泡沫岩比重很小，比水还要小，放在
水里，它可以漂起来。在一个喷发过的火山附近，能否找到泡沫岩，可以作为火山喷发猛烈
程度的判断依据。

图 4 - 6 Nyos 湖湖底沉淀了富含铁的沉积物，正常情况下，湖底处在缺氧条件下，湖水是清澈透明的。在火山喷发时，大量气泡使得这些沉积物上升、氧化，湖水颜色就发生了变化。(a) 正常的湖水 (1955 年 3 月)；(b) 一次火山小喷发后的湖水 (1986 年 9 月)。对比两张图可以看到湖水颜色的明显变化

资料来源：张有学，2005

啤酒瓶中的气泡动力学

日常生活中有不少例子，有助于理解气驱喷发。啤酒中溶解了大量的 CO_2 气体。当我们慢慢地打开一瓶啤酒时，其中的 CO_2 并不喷发。如果我们将一些烟灰掸入啤酒内，气泡就会在啤酒中形成和生长，并带着啤酒缓慢地从瓶口流出，这就是缓慢的气驱喷发。这是因为尽管啤酒中有大量的气体，但是，气泡在酒中成核很不容易，而小气泡长成大气泡却很容易（或者说，从无到有不容易，从小到大很容易）。掸烟灰入啤酒是加入了成核剂，相当于人工降雨时加的成雨剂，它促进气泡成核导致喷发。北京大学的张有学教授，根据上面的例子，发展了用以解释火山喷发的气泡动力学，只不过用水蒸气代替了 CO_2，成功地解释了许多火山的喷发过程。（详细请看：Zhang Youxue，Kling George W. Dynamics of lake eruptions and possible ocean eruptions. Annual Review of Earth and Planetary Sciences，2006，34：293 - 324. http:// earth. annualreviews. org）

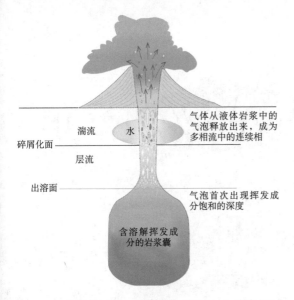

图 4 - 7　在爆炸式火山喷发中，岩浆向上喷出经过出溶面和碎屑化面之后，可能以声速喷出大量熔岩碎屑和各种气体，形成喷发柱。本图根据 McNutt（1996）修改

图 4 - 8　泡沫岩是一种很轻的多孔火成岩，它形成于火山的猛烈喷发过程中。在一个喷发过的火山附近，能否找到泡沫岩，可以作为火山喷发猛烈程度的判断依据。本图是中国的长白山产的浮石照片（单位刻度：cm）

火山喷出的物质

火山喷出物质主要有三种：熔岩流（冷却后生成火成岩）、火山泥石流（由大量火山碎屑组成）和火山灰。

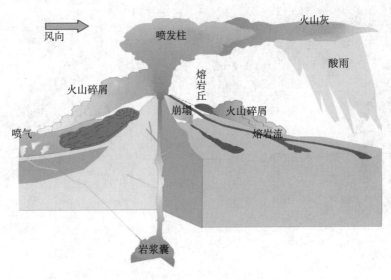

图 4 - 9　火山喷出的物质

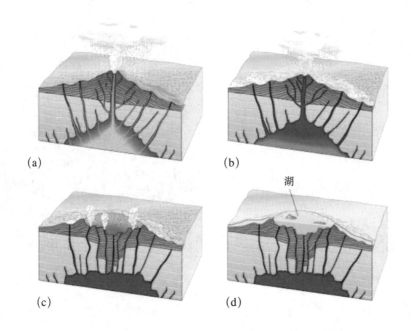

图4－10　火山的生命周期：（a）火山猛烈喷发阶段，大量物质由火山口喷出；（b）火山持续喷发阶段，火山喷出物质以气体为主；（c）喷发尾声阶段，气体沿火山口附近的大量的裂隙喷出；（d）进入休眠阶段，大量物质喷出后，火山口附近地面下降，形成火山湖，火山进入休眠状态

图4－11　熔岩流
资料来源：J. D. Griggs，USGS（13 November，1985）

火山泥石流的英文"lahar"出自印度尼西亚语，指含有大于 25% 火山物质的泥流（mudflows）或碎屑流（debris flows）。火山泥流的稠度相当于新鲜的湿的混凝土。碎屑流与泥流相比，比较粗，同时黏性较小。两种类型的流都包含高浓度的岩石碎屑，这使它们具有内在的强度而能搬运巨大的砾石、房屋、桥梁等，同时对其通过的路径施加特别强的冲击力。

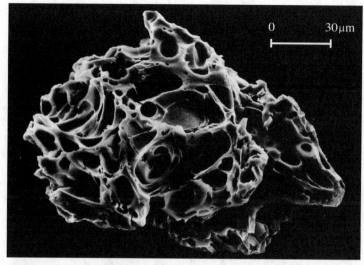

图 4 - 12　1980 年圣海伦斯火山喷发的火山灰颗粒在电子显微镜下（SEM）的形状
资料来源：A. M. Sarna-Wojcicki，USGS

火山的大小

火山的大小用其喷出的岩浆或火山灰的多少来衡量。中等的有 1980 年美国圣海伦斯火山，喷出了 0.5 km³ 的岩浆。略大的是 1991 年菲律宾 Pinatubo 火山，喷出了约 3 km³ 的岩浆。历史有记载，1815 年 Tambora 火山，喷出了 50 km³ 的岩浆，火山被削掉 1 000 m，火山下陷以填充被空出的岩浆房，由此形成了一个直径 7 km，深 1.3 km 的破火山口。地质史上，60 万年前美国的黄石火山喷出了 1 000 km³ 的岩浆，它的能量相当于几百万颗原子弹。

也有人用火山喷出的火山灰来描述火山的大小。McClelland 等人假定火山喷出的火山灰总体是一个球形的几何形状，则该球体的半径 r（m）就可以表示火山的大小。用 Nc 表示不同大小火山每年的喷发次数，他统计了过去 200 年的历史资料（圆圈）和 1975～1985 年间的仪器观测资料，得到了图 4 - 13 所示的关系。从图中可以看出，从全球范围来看，火山越小，每年喷发的次数就越多，反之亦然。

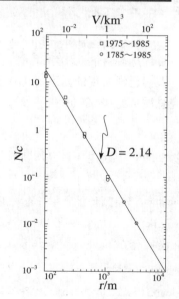

图 4 - 13　火山喷出的火山灰总体积 V 和不同大小火山每年的喷发次数 Nc 之间的关系

火山爆发指数（Volcanic Explosivity Index）是1982年美国地质调查局（USGS）的纽豪尔（Chris Newhall）教授等提出的，以喷出物体积、火山云和定性观测来度量火山爆发强烈程度的指数。

表4-1 火山爆发指数

火山爆发指数	喷出物体积
0	< 10 000 m³
1	> 10 000 m³
2	> 1 000 000 m³
3	> 10 000 000 m³
4	> 0.1 km³
5	> 1 km³
6	> 10 km³
7	> 100 km³
8	> 1 000 km³

4.2 岩浆

岩浆（magma）的成分

人们已经发现的元素有110多种，天然元素有90多种，但在地壳中，8种元素的质量占地壳总质量的98%（表4-2）。

表4-2 地壳中常见元素的丰度

Oxygen（O^2）	45.20%		
Silicon（Si^{4+}）	27.20%		
Aluminum（Al^{3+}）	8.00%		
Iron（$Fe^{2+,3+}$）	5.80%		
Calcium（Ca^{2+}）	5.06%	Titanium（$Ti^{3+,4+}$）	0.86%
Magnesium（Mg^{2+}）	2.77%	Hydrogen（H^+）	0.14%
Sodium（Na^+）	2.32%	Phosphorus（P^{5+}）	0.10%
Potassium（K^+）	1.68%	Manganese（$Mn^{2+,3+,4+}$）	0.10%
8种元素总计	98.03%	12种元素总计	99.23%

其余的元素总共不到地壳重量的 2%，这主要的 8 种元素，通过不同方式结合在一起，就形成了各式各样的矿物。由元素结合在一起形成矿物的过程叫作结晶。结晶的温度大致是该矿物的熔点。岩浆含有地壳中的各种元素，当它冷却时，就会发生结晶。结晶形成的矿物虽然种类很多，但最主要的结晶矿物有 8 种（表 4 - 3）。和元素结合在一起形成矿物一样，矿物结合在一起就形成了岩石。在岩浆中，按 SiO_2 含量的多少，岩石主要可分三类（表 4 - 4）。

表 4 - 3　地壳中主要氧化物的质量百分比

陆壳		洋壳	
SiO_2	60.2%	SiO_2	48.7%
Al_2O_3	15.2%	Al_2O_3	16.5%
Fe_2O_3	2.5%	Fe_2O_3	2.3%
FeO	3.8%	FeO	6.2%
CaO	5.5%	CaO	12.3%
MgO	3.1%	MgO	6.8%
Na_2O	3.0%	Na_2O	2.6%
K_2O	2.9%	K_2O	0.4%

表 4 - 4　火成岩的主要类型

岩浆中 SiO_2 的含量	未喷出地面形成的深成岩	喷出地面形成的岩石
<55%	辉长岩	玄武岩
55%~65%	闪长岩	安山岩
>65%	花岗岩	流纹岩

岩浆的流动性

液体的流动性用黏滞性来描述，水容易流动，则说它的黏滞性小，蜂蜜比水不容易流动，则说它的黏滞性比水大。岩浆的黏滞性就像热天时的冰激凌。岩浆是否容易流动，主要受三个因素的影响。

（1）温度越高，岩浆的黏滞性越小，越容易流动（所谓温度是指和熔化温度相比），如流纹岩 600℃时的黏滞系数比 900℃时大 5 个数量级。

（2）SiO_2 含量低的岩浆容易流动，因为 SiO_2 分子键较为牢固，因此同样条件下，玄武岩岩浆（含 SiO_2 少）要比流纹岩岩浆（含 SiO_2 多）容易流动。

（3）岩浆是流动的液体和由该液体结晶出来的固体矿物的混合物，固态矿物含量越少，岩浆越容易流动。

表4－5 三种火山岩类型比较

火山岩类型	玄武岩	安山岩	流纹岩
岩石描述	黑色至暗灰色，含钙长石、辉石和橄榄石	中灰色至暗灰色，含角闪石、辉石、中性钙钠长石	浅色，含石英、钾长石、黑云母和钠长石
占地表的体积	80%	10%	10%
SiO_2含量	45%～55% 递增	55%～65%	65%～75% →
岩浆温度	1 000～1 250℃ 递减	800～1 100℃	600～900℃
黏度	低（融化的冰激凌） 递增		高（牙膏）
岩浆含水量	0.1%～1% 递增	2%～3%	4%～6%
气体逃逸难度	容易	难度递增	难
喷发类型	平静	爆发性递增	爆发

　　许多岩浆中含有气体,气体在岩浆中的溶解度随压力的增加而增加,随温度的增加而减少。

　　当我们搞清楚地壳中三种主要的火山喷出岩——玄武岩、安山岩和流纹岩的特性时,就可以掌握火山的行为了。玄武岩 SiO_2 含量小,因此其岩浆的黏滞性较小,最容易流动,容易从地球的深部向上流动。而 SiO_2 含量高的岩浆,不容易流动。因此,在地面上看到的80%的火山喷发形成的岩石都是玄武岩,而流纹岩则不到10%,大量的 SiO_2 含量高的岩浆,未能喷出地面(喷出地表的就叫流纹岩)在未到达地面时就冷凝、结晶形成了花岗岩。

　　SiO_2 含量的多少决定着岩浆的黏稠度,SiO_2 多,岩浆就特别黏,黏就不容易流动,它把一些气体都裹在里边,一旦爆发,爆发力就特别强;要是岩浆里面 SiO_2 含量少,其他金属,如铁、镁、钙等含量比较多的时候,岩浆就比较稀,流动性就比较强,爆发力就不强了。这决定了火山喷发具有不同的类型。

岩浆的形成

岩浆是由地下的岩石熔化形成的,岩体熔化可以通过以下三个条件实现。

(1) 减小压力[1]。

(2) 水和其他挥发性物质进入岩石,这将降低岩石的熔点。

(3) 增加温度。

---

[1] 在地下 32 km 处,玄武岩的熔点是 1 430℃,而在压力为 0 的地面,玄武岩的熔点只有 1 250℃

　　因此，岩浆形成的方式有三种。一是岩石周围压力的减少。岩石熔化的温度与岩石受的压力密切相关，压力越大，岩石的熔化温度就越高。由于对流，在大洋中脊，地幔上涌，因此压力降低，上涌的岩石熔化，形成岩浆，这就是大洋中脊岩浆形成的原因。实际上，与大洋中脊一样，大多数岩石的熔化都是压力减少所致，假定在一块地幔中的岩石慢慢上升，随着其周围的压力逐渐降低，那么无须再向这块岩石加热，它也会逐渐发生熔化，这就叫作降压熔化（decompression melting）。大多数岩石熔化形成岩浆，都是这种降压熔化。二是在岩浆中加入水或其他挥发性物质引起岩石熔化。外来水可能来源于俯冲带沉积物和岩石的脱水。实验结果表明，如果有外来水的加入，岩石的熔点就会降低。三是受到加热，岩石熔化也可以生成岩浆。在俯冲带，冷的致密的大洋岩石层俯冲向地球内部，受到加热，同时发生脱水，这些就是俯冲带岩浆的主要成因。

　　在软流圈，有一些已经非常热的岩石已经接近于熔化状态，它们可以流动，但却没有熔化，这些岩石就构成了产生岩浆的岩石源泉。上升过程中，岩石熔化过程是逐步完成的，经历了部分熔融到全部熔化的过程。

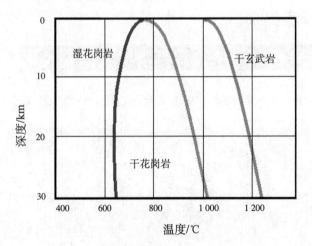

图 4 - 14　不同含水量的花岗岩和玄武岩的熔融曲线

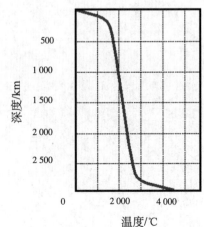

图 4 - 15　地球内部温度随着深度的增加而不断升高

4.3 火山与板块构造的关系

地球最外层是一层坚硬的岩石外壳，叫作岩石圈。岩石圈破碎成为一些巨大的岩石圈板块。岩石圈下面的介质，强度较小，在长时期的构造应力作用下，可以发生塑性变形，因此叫作软流圈。于是，在软流圈上的岩石圈板块可以发生运动，这就是板块理论。绝大多数地质活动都发生在两个板块之间的边界上。两个板块沿着边界发生相对运动。按照运动的方式，可以把板块边界分成三类。第一种是发散边界，又称生长边界，是两个相互分离的板块之间的边界。第二种是汇聚边界，又称消亡边界，是两个相互汇聚、消亡的板块之间的边界。第三种是转换边界，在此边界，两侧板块作平行于边界的走滑运动，岩石圈既不增生也不消亡。火山的发生和板块运动及板块边界有密切的关系。

火山喷发大致可有三种通道：第一种是岩浆沿汇聚板块的俯冲带上涌形成火山带；第二种发生在拉张板块（具有发散边界）背景下，岩浆沿着拉张带上涌形成海底火山岩；第三种是岩浆沿板块内的地幔柱喷发至地表而形成火山。

发生在汇聚边界的火山——太平洋火圈

图4-16 全球火山分布图。环太平洋周围集中了世界大部分活火山，被人们称为是地球的火圈（ring of fire）

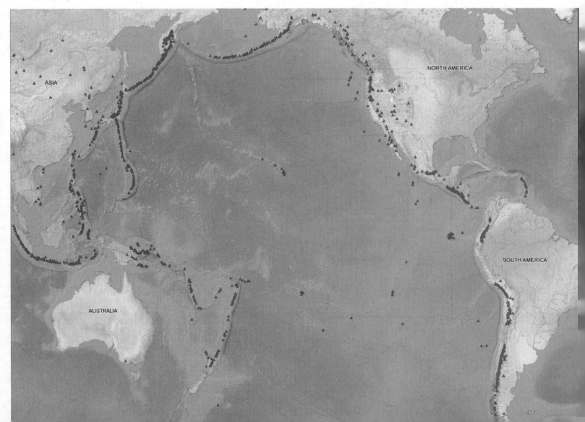

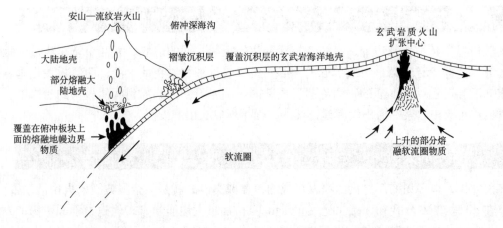

图 4 – 17　在板块汇聚边界，海洋板块俯冲到大陆板块下面，俯冲板块随着温度增高（地表以下 200 km 的温度大约 1 500℃）和海洋板块的脱水作用，部分岩石熔融产生岩浆，密度小的岩浆向地表上涌，浮升过程中因为压力的降低和体积的增大，会再熔化掉一些岩石并使岩石裂缝增加。这些岩浆顺着地下岩石裂缝，或在上升过程中未到达地表而凝固形成深成侵入岩，或找到通达地表的途径后喷出地表形成火山岩。火山爆发时所喷出的熔岩大都来自地表下 100 ~ 300 km 的地方

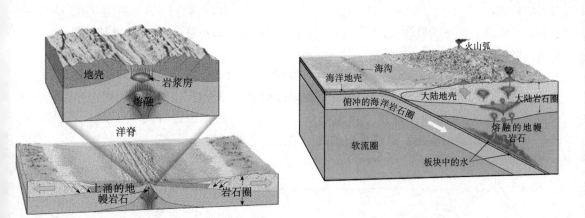

图 4 – 18　岩浆形成——压力降低导致岩石熔点降低，形成岩浆囊

图 4 – 19　岩浆形成——俯冲带的脱水促进上部岩石的熔融形成火山

　　全世界大约 60% 的火山都集中在环太平洋周围和印度尼西亚向北经缅甸、喜马拉雅山脉、中亚细亚到地中海一带，现今地球上的活火山 80% 都分布在这两个带上。特别是环太平洋周围集中了世界大部分活火山而被人们称为是地球的火圈（ring of fire）。这些地带（除了美国西部以外）大部分是板块的汇聚边界。

　　板块的汇聚边界有两个特征：一是当海洋板块和大陆边界发生碰撞时，海洋板块插到大陆板块下面，形成很深的海沟；二是在大陆上，平行于海沟走向出现许多链状排列的火山。

发生在发散边界的火山——大洋中脊

发散边界，又称生长边界，是两个相互分离的板块之间的边界。大洋中脊是典型的板块发散边界。大洋中脊轴部是海底扩张的中心，由于软流圈物质在此上涌，两侧板块作垂直于边界走向的相背运动，上涌的物质冷凝形成新的洋底岩石圈，添加到两侧板块的后缘上。大洋中脊的这种火山岩浆的溢出大多是连续的，而不形成火山爆发。

大洋中的火山

在大洋里，很多岛屿都是火山喷发形成的，夏威夷群岛就是一个很典型的火山活动带。

早在 20 世纪 60 年代初，威尔逊（Wilson J T，加拿大地质学家，他致力于板块构造方面的研究，他的工作对大陆漂移、海底扩张等理论的兴起起了重要的作用）在研究太平洋的火山岛时发现这些岛屿的分布具有离洋中脊越远年代越老的特征，他还注意到太平洋的很多海底山和火山岛呈链状排列。地质研究已经证明，这些呈链状分布的岛屿和海底山并不是由同期的火山活动引起的。这些现象使威尔逊受到启发，他设想这些火山岛是由于地幔里的"热点"而形成的。按照海底扩张理论，洋壳岩石圈在水平方向移动，但热点是不动的。因此在岩石圈板块移动过程中，板块上不同的点将因被地幔中被称为"热点"的加热而发生部分熔融。有人把"热点"比喻成吸烟头，这个过程就像吸一口烟时，烟头总会红一下，地球"吸一口气"，地面上就出现一些个热点对流。

现在，威尔逊的"热点"概念已经被"地幔柱"替代，"地幔柱"留在原地不动，太平洋板块从它上面经过并继续移动。较老的火山从"地幔柱"上移开，火山作用渐渐熄灭。火山岛在移动过程中逐渐下沉就形成了沉没的海底火山链（图 4 - 20），夏威夷群岛——天皇海岭就是实例。这些火山的物质来源于地幔深部。

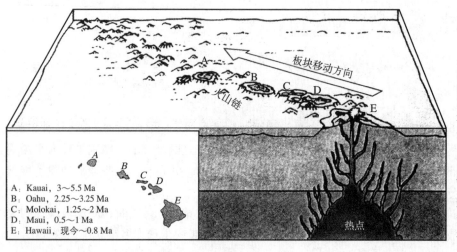

板块移动方向

火山链

A：Kauai，3～5.5 Ma
B：Oahu，2.25～3.25 Ma
C：Molokai，1.25～2 Ma
D：Maui，0.5～1 Ma
E：Hawaii，现今～0.8 Ma

热点

图 4 - 20 "地幔柱"留在原地不动，太平洋板块从它上面经过并继续移动。火山岛在移动过程中逐渐下沉就形成了沉没的海底火山链，夏威夷群岛就是实例。这些火山的物质来源于地幔深部

4.4 火山灾害

全球陆地上已知的活火山（包括正在喷发的和最近一万年喷发过但现在已休眠的）超过1 500座，海底火山更多，但目前还不能对其进行完全统计。

火山不是天天都在喷发，它往往有几百年甚至上千年的休眠期，对于这种百年一遇或千年一遇的灾害，人们往往丧失了必要的警惕。而火山又多具有孤立的形状，周围是比较平坦的地形，火山在其周围产生的肥沃的土壤，是理想的农业区，因此火山周围一般居住着大量的人口。一旦火山突然喷发，就会在其周围形成巨大的灾害。

严重的灾害

表4-6 从1800年至今造成千人以上死亡的火山喷发事件

火山	国家	发生年份	导致死亡人数	
			喷发所致	火山、泥石流和海啸所致
Mayon	菲律宾	1814	1 200	
Tambora	印度尼西亚	1815	12 000	
Galunggung	印度尼西亚	1822	1 500	4 000
Mayon	菲律宾	1825		1 500
Awu	印度尼西亚	1826		3 000
Cotopaxi	厄瓜多尔	1877		1 000
Krakatau	印度尼西亚	1883		36 417
Awu	印度尼西亚	1892	1 532	
Soufriere	圣文森特	1902	1 565	
Mt. Pelee	马提尼克	1902	29 000	
Santa Maria	危地马拉	1902	6 000	
Taal	菲律宾	1911	1 332	
Kelud	印度尼西亚	1919		5 110
Merapi	印度尼西亚	1930	1 300	
Lamington	巴布亚新几内亚	1951	2 942	
Agung	印度尼西亚	1963	1 900	
El Chichon	墨西哥	1982	1 700	
Nevado del Ruiz	哥伦比亚	1985		23 000

资料来源：Franco Barberi, Russell Blong, Servando de la Cruz, et al. Reducing volcanic disasters in the 1990s [J]. Bulletin of the Volcanological Society of Japan, Second Series, 1990, 35(1):80-95

无夏之年

1815 年 4 月 15 日印度尼西亚森巴瓦岛(Sumbawa)上的坦博拉火山(Mount Tambora)爆发，喷出的火山灰总体积多达 150 km³,这是人类历史上最大规模的火山爆发之一,火山爆发指数(VEI)为 7,而且抵达高至 44 km 的平流层。人类历史上另一次同等规模的火山爆发发生在大约公元前 16 世纪的希腊,据说那次火山爆发直接导致了克里特岛文明的没落。

受坦博拉火山爆发的影响,全球温度在之后一两年下降了 0.4～0.7℃。1816 年全球气候甚至出现了严重的异常,北半球尤其严重。1816 年是自 1400 年以后北半球最寒冷的一年,夏季出现了罕见低温,欧洲、北美洲及亚洲都出现了灾情,欧洲及美洲农业生产受影响尤甚。

在中国,1816 年(嘉庆二十一年)夏天,农历八月"天气忽然寒如冬",云南全省出现了严重饥荒,昆明及滇西等地此后连续三年冬天降雪;东北黑龙江农历七月出现严重霜冻,作物失收,垦丁逃亡;安徽、江西等地也有农历六月出现降雪的记录;台湾新竹"十二月雨雪,冰坚寸余"。

1816 年在历史上被称为无夏之年 (year without a summer)。

资料来源:维基百科(无夏之年)

一些火山喷发甚至可能改变人类的文明。公元前 16 世纪地中海一次火山喷发毁灭了地中海岛上的米诺文明。公元 79 年意大利维苏威(Vesuvius)火山喷发埋葬了古罗马的庞贝等两个城市。1980 年美国的圣海伦斯(St. Halens)火山喷发将山脉的高度削掉了三百多米,夹带着大大小小岩石碎片的炙热的火山碎屑流运动速度超过了台风,达到了 700 km/h,这种自然破坏力令人惊心动魄。1991 年菲律宾皮纳图博(Pinatubo)火山喷发,导致 200 多人死亡和 10 亿美元的损失,摧毁了美国在菲律宾的克拉克空军基地,削弱了美国在东南亚的军事影响力。

意大利维苏威火山

维苏威火山位于意大利那不勒斯湾东岸,海拔 1 277 m。维苏威火山是欧洲大陆唯一的一座活火山。火山地区的基岩为侏罗纪—白垩纪的石灰岩和第三纪沉积岩。火山活动开始于更新世晚期,呈对称的圆锥形层状火山锥,主要为白榴石碱性玄武岩质熔岩流同火山碎屑物的互层构成。

图 4－21　1631 年维苏威火山喷发的图画
资料来源:Guidoboni E, Boschi E. Vesuvius before the 1631 eruption[J]. EOS, Transactions American Geophysical Union, 2006, 87(40): 417-423

图 4 - 22　意大利南部的维苏威火山，火山锥高 1 277 m。火山临那不勒斯湾，沿海岸分布有城镇。最近一次喷发为 1944 年，是比较年轻的活火山

资料来源：NASA/GSFC/MITI/ERSDAC/JAROS and U.S./Japan ASTER Science Team

　　公元 79 年 8 月 24 日，维苏威火山突然爆发，火山灰埋没了庞贝城，火山泥石流覆没了赫尔库拉纽姆（Herculaneum）城。虽然在公元 63 年，维苏威就有了一些火山前兆——群震的出现并且造成了一些破坏，但是数百年来人们一直认为它是一座死火山，看着山坡上和火山口的植被郁郁葱葱、长势喜人，谁都没有想到它会突然喷发，并且在短短的几天内，用它火热的火山灰（ash）和火山尘（dust）将毫无防备的两座城市彻底掩埋，火山大爆发把庞贝城埋到深 3～6 m 的地下，约 2 000 人死亡，占当时全城人口的 1/10。过了将近 1 700 年，直到 1748 年，人们发现了这座古城的一段外城墙，现代考古工作随后展开，古城风貌才得以重见天日（图 4 - 23）。维苏威火山在 79 年后仍然间歇性地发作，除了许多小的爆发，主要的几次喷发发生在 1631 年、1794 年、1872 年、1906 年和第二次世界大战期间的 1944 年。

公元 79 年的维苏威火山爆发后，小普林尼（Pliny）给古罗马历史学家塔西佗（Tacitus，古罗马元老院议员，历史学家）写了两封信，信的主要内容是关于此次火山喷发的精确描述和一些记录，信里同样提到了他的叔叔老普林尼（Pliny，the elder，公元 23－79，罗马学者）在火山爆发中遇难的事。这两封信被认为是火山科学的起源。

真正对火山现象进行科学研究却是在 19 世纪，它随物理学、生命科学的革命和新兴学科"地质学"的兴起潮流而得到发展。人们于 1847 年在维苏威上建立了观测站开始对这个曾经埋没了繁华的火山进行连续监测。

图 4 － 23　维苏威火山是目前欧洲大陆仅存的唯一一座活火山，公元 79 年，它的爆发在一瞬间将庞贝城在时空中掩埋和凝固。火山喷出的有害气体使得庞贝城中居民死亡和被埋在火山灰中。左上图是恢复后的大会堂内景，左下图和右图是人体化石，挖掘时，从固化的火山灰中，用灌入石膏的方法恢复了遇难者的死亡状态

美国圣海伦斯火山

圣海伦斯火山位于美国西部华盛顿州，北纬 49.20°，西经 122.18°，海拔 2 549 m（原先海拔 2 949.5 m）。

该区位于北美板块和太平洋板块的交界地带，属于环太平洋火山地震带[①]东支的中段。在地质历史时期，火山活动频繁，以裂隙式喷发为主，基性玄武岩覆盖表面积达 $50 \times 10^4 \, km^2$。

图 4 - 24　圣海伦斯火山经过 1980 年的喷发后崩塌了 400 m，这使我们能够在有生之年目睹它的巨大变化
　　资料来源：NASA/JPL/NGA

---

① 根据板块构造理论，科学家相信地球表面可以分为很多平均厚度为 50 mi（1 mi = 1 609.344 m）的板块，这些板块与比它们更深、更热的塑性流动体以每年几英寸（in）（1 in = 25.4 mm）的速率作相对运动。世界上大多数活火山位于运动的"板块边界"的附近，在太平洋盆地外围的一些板块边界上，星罗棋布地分布着的各种活火山组成了一圈火山环，圣海伦斯火山就是其中的一个典型。当然也有一些火山和边界没有什么关系，它们通常呈线状或链状分布在大洋板块内部，夏威夷群岛是其中的一个典型

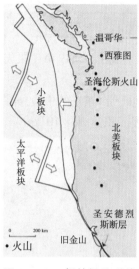

图 4 – 25　板块间的碰撞俯冲形成圣海伦斯火山

　　1980 年 3 月 27 日，圣海伦斯火山在沉睡了一个多世纪后（1857 年爆发过）苏醒，5 月 18 日、5 月 25 日、6 月 12 日和 7 月 23 日又进行了几次剧烈大爆发。喷出的火山烟云高达 20 000 m。山头被削去近 400 m，降落的火山灰约 60×10^4 t，殃及美国六个州。融化的雪水和火山灰、沙石混在一起，汇成沸腾的泥浆，顺山谷而下，时速达 80 km/h，横扫一切房屋、桥梁，致使 5 000 km 公路瘫痪，附近的机场、商店和学校被迫关闭。这一次爆发和地质历史上的裂隙式喷发不同，喷出的熔岩是中酸性的，SiO_2 含量多，黏性较大，喷发能力强。最终造成了 57 人死亡和失踪，经济损失达 12 亿美元。

　　不过，这也是一次成功的火山研究和火山灾害评价。在 1978 年，美国地质调查局的两位科学家 Dwight Crandell 和 Donal Mullineaux 就断定圣海伦斯最活跃的时期在 4 500 年前，而在近期可能苏醒并且爆发。果然在 1980 年 3 月，伴随着隆隆的声音，圣海伦斯开始苏醒，间歇性地往外喷发火山灰和蒸汽，并且有熔岩周期性地涌出。

图 4 – 26　圣海伦斯火山 2004 年喷发的情形
资料来源：John Pallister，USGS

图 4 - 27 1980 年 5 月 18 日，圣海伦斯火山喷发时的情形
资料来源：USGS

1991年菲律宾Pinatubo火山喷发

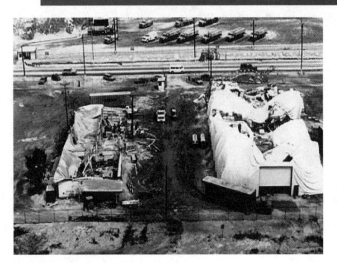

1991 年 6 月 12 日，菲律宾距其首都马尼拉 100 km 的 Pinatubo 火山喷发。这是 20 世纪第二大的火山喷发，也是迄今为止发生在人口密集地区的最大的火山喷发。

图 4 – 28　1991 年 6 月，在正式发布了 Pinatubo 火山喷发预报后，火山危险区内共 10 万人包括火山附近美国克拉克空军基地的 2 万名军人及其家属立刻被转移疏散。图为克拉克空军基地被火山灰覆盖后的情形

资料来源：E. J. Wolfe，USGS

图 4 – 29　卫星监视表明，1991 年，Pinatubo 火山喷向高空的火山灰和有害气体扩散到全世界，绕地球转了好几圈，使全球全年平均气温下降了 0.5℃。喷到高空的 SO_2 总量估计有 $2\,000 \times 10^4\,t$ 之多，火山对全球的影响至少持续 5 年之长

资料来源：The McGraw-Hill Companies

图 4 - 30 1991 年, 菲律宾 Pinatubo 火山喷发极为猛烈, $30 \times 10^8 \text{ m}^3$ 的物质喷向天空, 烟云达 35 km 之高

资料来源: Dave Harlow, USGS

图 4 - 31 Pinatubo 火山喷出的火山泥石流的范围 (图中红色部分), 从图中可以看出火山距菲律宾首都马尼拉 100 km 左右, 距美国海外最大的空军基地——克拉克空军基地大约 30 km。这是 20 世纪第二大的火山喷发, 也是迄今为止发生在人口密集地区的最大的火山喷发

资料来源: USGS (http://pubs.usgs.gov/fs/1997/fs115-97/)

1991 年 Pinatubo 火山喷发正值台风季节, 产生了巨量的火山泥石流, 泥石流从火山口流出长达几十千米。火山喷出的熔岩流, 摧毁了途经路上的所有树木、房屋和植被, 到 1996 年, 熔岩流凝固生成的岩石温度仍高达 500℃。

幸运的是, 在火山喷发前科学家作出了喷发预报。1990 年 7 月 16 日, 在 Pinatubo 东北方向 100 km 发生 7.8 级地震, 1991 年四五月在 Pinatubo 山附近发生了上千次小地震, 接着泉水流量大增、SO_2 气体逸出, 喷发达到顶点前三天, 即 6 月 12 日, 根据 Pinatubo 山大量的喷烟冒气现象, 菲律宾火山和地震研究所与美国地质调查局的科学家们正式发布了火山喷发预报, 当局立即疏散了处于危险区的 100 000 人, 包括火山附近美国克拉克空军基地的 20 000 名军人及其家属, 所有的飞机飞往远离火山的机场, 民航飞机改变航线, 避开 Pinatubo 火山地区。采取的有效措施至少救了 5 000 人的生命和避免了 2.5 亿美元的财产损失。这是人类历史上取得巨大效果的成功的火山喷发预报例子。

2010年冰岛埃亚菲亚德拉火山

冰岛南部的埃亚菲亚德拉（Eyjafjalla）火山分别于 2010 年 3 月 20 日和 4 月 14 日发生两次喷发，第 1 次喷发只有烟没有火，第 2 次喷发出浓烟和火焰，释放的能量是第 1 次的 10～20 倍，产生了大量的火山灰，喷发的粉末状火山灰的直径小于 2 mm，造成埃亚菲亚德拉冰川融化，附近居民撤离。

这次发生在埃亚菲亚德拉冰川附近的火山喷发，可以说是有航空史以来对航空安全影响最大的一次喷发，导致欧洲多个国家关闭机场和领空。因为被吸入到飞机引擎中的火山灰会黏附在引擎器械上，进而影响机械的正常工作，使飞机的安全系数降低。国际航空运输协会 2010 年 4 月 16 日称，埃亚菲亚德拉火山喷发导致欧洲空中交通瘫痪以来，航空公司每天损失大约 2 亿美元。

图 4 - 32　埃亚菲亚德拉火山喷发释放出大量气体、火山灰

4.5 火山的作用

虽然火山毁灭性高，但它的生产力也强。它创造了万物赖以为生的基本元素和许多植物所需的矿物；没有火山，就没有云、雨、海洋，地球将成为死气沉沉的沙漠。在黑龙江的镜泊湖有块地方叫地下森林，因为火山带来了丰富的营养物质，火山口里的森林长势喜人。目前火山的作用主要有以下几点。

第一，它可以给人类创造一些土地资源，像夏威夷岛全是火山喷发出来的，太平洋中许多岛屿基本都是火山喷发形成的。而且，火山喷出的火山灰使土壤肥沃，往往形成重要的农业区。

第二，除了土地资源，火山作用还形成了很多矿产资源，包括非金属资源和金属资源。非金属资源就是火山喷发物，这里几乎随便哪种火山岩石都可以用，有些玄武岩被用作铸石来开发，像长白山产的浮石、火山灰和火山渣都是很好的建筑填充材料，用以修高级机场、体育场等。很多的矿产都跟火山喷发有关系，有些宝石就是火山喷发出来的，一些金矿、铜矿都跟火山作用有关，所以火山能给我们创造很多的矿产资源。

第三，火山是重要的旅游资源。世界上很有名的风景区很多都是火山区，火山区成为当今旅游和疗养的热点地区。我国有 41 个地质公园，其中 7 个与火山有关。中国的五大连池和长白山、日本的富士山、夏威夷岛的火山群、美国的黄石公园、法国的维希公园，都以其火山景观闻名于世。火山附近通常有大量的温泉，温泉为旅游胜地增添了新的色彩，如温泉浴、地热取暖等，像长白山的温泉，最高温度达到 86℃。

第四，火山是地球的窗口，它将地下丰富的物质和信息带到地表，为科学工作者研究和了解地球内部组成和深层结构提供了必要的物质基础。

图 4 - 33 美国黄石公园成立于 1872 年 3 月 1 日，至今已有 130 多年历史，是美国也是全世界第一个成立的国家公园。公园有丰富的火山地质景观，如间歇泉、硫黄池、火山泥石流等，是重要的旅游胜地
资料来源：S. R. Brantley，USGS（20 May，2001）

图 4－34　夏威夷，太平洋中部的一组火山岛，1959 年成为美国的一个州。它对于旅游、科研、太平洋海运有重要意义。该地区常年鲜花盛开、气候宜人

资料来源：NASA

4.6　中国的火山

中国近五十年来，几乎没有火山喷发，所以很多人感觉中国好像没有火山似的，其实中国在历史上也是个多火山的国家，特别在东部地区。

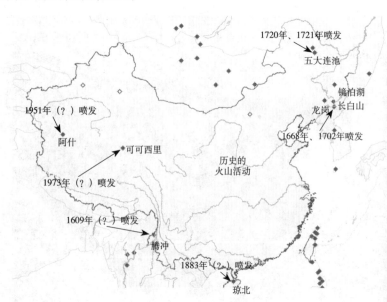

图 4－35　中国大陆的活火山分布。长白山：1668 年、1702 年喷发；五大连池火山：1720 年、1721 年喷发；腾冲火山：1609 年（？）喷发；琼北火山：1883 年（？）喷发；可可西里火山：1973 年（？）喷发；阿什火山：1951 年（？）喷发

资料来源：洪汉净提供图片

长白山天池火山

　　长白山天池坐落在吉林省东南部，是中国和朝鲜的界湖，湖的北部在吉林省境内。它是由长白山火山爆发喷出的大量物质堆积在火山口周围所形成的湖泊。据史籍记载，自16 世纪以来，它爆发了 3 次（至少 1668 年和 1702 年两次天池火山喷发是可信的）。火山喷发出来的熔岩物质堆积在火山口周围，形成了屹立的 16 座山峰，其中 7 座在朝鲜境内，9 座在中国境内。

　　长白山天池海拔只有 2 194 m，是我国最高的火山湖。它大体上呈椭圆形，面积9.82 km^2，平均深度为 204 m，最深处 373 m，是我国最深的湖泊，总蓄水量约达 20×10^8 m^3。

　　专家们认为，长白山是一座休眠的活火山，至今已休眠了 300 多年，而世界上休眠数百年再次喷发的火山并不少见，因此长白山天池也具有再次喷发的危险。长白山火山的喷发形式为爆炸式，天池 20×10^8 t 水的存在，使喷发具有更大的破坏性。中国地震局在长白山天池建立了火山监测站，从目前的观测结果看，尚没有发现火山复苏的征兆，人们可放心地领略大自然赐予长白山天池的丰富资源和优美景观。

图 4 - 36　长白山天池火山位于日本俯冲带上地幔滞留带的上方，由于俯冲诱发对流，软流圈介质上升而出现降压熔化，形成地幔岩浆系统，引起长白山火山活动，目前俯冲及其深震仍然活动。（a）为 NASA 拍摄的长白山火山的雪景；（b）为火山全景照片（中国地震局火山研究中心提供）

云南腾冲火山

　　腾冲火山群为我国西南最典型的第四纪火山，是世界上最年轻的新生代休眠火山群，也是我国火山锥、火山口、火山湖保存得最完整和最壮观的火山群。在97座火山锥中，喷口保存最完好、具有观赏价值的火山锥23座，被誉为"火山地质博物馆"。

图 4 - 37　腾冲的"大滚锅温泉"。腾冲温泉甲天下，而"大滚锅温泉"则是温泉之王，其温度之高，压力之大，蒸汽之盛，实为国内罕见。"大滚锅"水深1.5 m，有三个喷水口，出口温度达97℃，涌水量约为每秒1 L。公元1639年，明代旅行家徐霞客看到"大滚锅温泉"，写道："水与气从中喷出，风水交迫，喷若发机，声如吼虎，其高数尺，坠涧下流，犹热若探汤"

图 4 – 38　圆锥形的腾冲火山。肥沃的火山灰使得火山附近的植被格外茂盛

图 4 – 39　火山喷发时喷出的未露出地面的快速冷凝的玄武岩岩浆，由于内部可能出现如橄榄石、辉石、斜长石等矿物生长造成的冷凝中心，岩浆向冷凝中心收缩，在垂直岩浆冷却面上形成裂隙面，这种原生的裂隙分割岩石，形成柱状节理。形成于 3.4 万年前的腾冲曲石乡的玄武岩柱状节理，面积约 1.5 km² ，是我国迄今为止发现的规模最大、保存完整、年代最近的柱状节理

黑龙江五大连池火山群

五大连池火山群是我国记载最为详尽的火山群。1721年（康熙六十年），吴振臣在《宁古塔纪略》中记录了五大连池火山喷发的情景："……离城东北五十里，有水荡，周围三十里，于康熙五十九年六七月间，忽烟火冲天，其声如雷，昼夜不绝，声闻五六十里，其飞出者皆墨石硫黄之类，经年不断……热气逼人三十余里。"喷溢出的熔岩流，使流经火山附近的河流被截为五段，形成了五个熔岩堰塞湖。这五个湖大小、深浅不同，但断续相连，故被称为"五大连池"，并成为中国东北部著名的火山群，与中国西南部著名的腾冲火山群遥相呼应。

图4-40　五大连池中的老黑山火山口。老黑山是14座火山中最高的一座，直径350m，深度140m，喷发时间为1720年

图4-41　五大连池世界地质公园位于黑龙江省五大连池市，主要地质遗迹类型为火山地质地貌。图为黑龙江五大连池及其周围的火山群，它也是我国第一个火山群自然保护区

资料来源：中国地震局火山研究中心（http://www.volcano.org.cn/zhongguohuoshan/wudalianchi.htm）

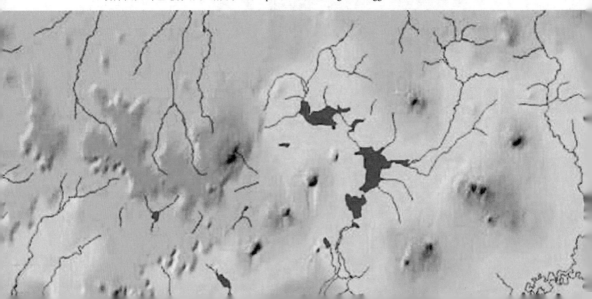

　　火山喷发一般都有前兆。大喷发之前一般先会山体陡升，有浅层地壳的震群活动，临近喷发时往往会喷气。同时伴随岩浆的上升，会发生大量的小地震活动。这些前兆对于准确预报火山喷发很有用。美国的圣海伦斯火山和菲律宾的 Pinatubo 火山的喷发都被成功地预报，当局迁移了当地的居民，减少了人员伤亡和财产损失。中国的火山监测工作开始于 20 世纪末。在长白山、五大连池和腾冲等地都建立了地震台网和地球化学监测网，对火山地区的喷气和地震活动进行连续的监测，以便在喷发之前作出预报。

　　但是，千万不要以为火山喷发预报的科学问题都完全解决了。和其他自然灾害的预测和预报一样，预测明天的事情，对于科学来讲，都是一个永恒的挑战。1991 年日本云仙火山（Unzen）出现了喷发的前兆，按照过去的经验，判断火山可能在几天后喷发。法国著名火山学家兼摄影师 Maurice 和 Kaita Krafft 很快赶到云仙火山，他们俩曾给全世界提供过许多扣人心弦的火山喷发的照片和电影录像。他们带领了一批记者进入到离火山口 3 km 的地方。未曾料到的是，云仙火山中缓慢生长的熔岩穹隆突然破裂成火山碎屑流，一共有 43 人在这次火山喷发中遇难。

思考题

1.岩浆从地下流到地上的方式有时是猛烈喷发，有时是慢慢流出，什么因素能够确定岩浆喷发的猛烈程度？

2.火山喷出的物质大概有几种？

3.世界上最大的火山喷发喷出的岩浆有多大的体积？如果北京的水源地密云水库的库容是 $2.5\ km^3$，请将喷出岩浆的体积和密云水库的容积作一下比较。

4.为什么火山口在地图上多是呈链状排列的？

5.火山喷发能预测吗？如何预测？

6.火山喷发能影响人类生存的环境，人类活动能影响火山喷发吗？

7.除了产生灾害，火山对人类有哪些好处？

8.简单评述一下中国的火山灾害。

参考资料

高危言，李江海，毛朔，等.2011.五大连池火山群 [J].科学，63（5）：15 − 18

洪汉净，于泳，郑秀珍，等.2003.全球火山活动分布特征 [J].地学前缘，10：11 − 16

姜朝松，梁秀英.1990.火山地震波动的特征——以腾冲火山地震为例 [J].东北地震研究，6（3）：55 − 62

刘嘉麒.1999.中国的火山[M].北京：科学出版社

张有学.2005.爆发式火山喷发和湖泊喷发的机理和动力学 [M]// 陈永顺.地球的环境、自然灾害和大地构造学.北京：高等教育出版社

Guidoboni E，Boschi E．2006．Vesuvius before the 1631 eruption [J]．EOS，87（40）：417

McNutt S R．1996．Seismic monitoring and eruption forecasting of volcanoes：a review of the state-of-the-art and case histories [M] //Scarpa R，Tilling R I．Monitoring and mitigation of volcano hazards．Berlin：Springer

Sigurdsson H，Houghton B，McNutt S R，et al．2000．Encyclopedia of volcanoes[M]．San Diego：Academic Press

相关网站

http://www.ssd.noaa.gov/VAAC

http://volcanoes.usgs.gov

万物复苏的春天突然刮起沙尘暴，阳光明媚的夏天突然下起了暴雨。类似的台风、热浪、寒潮、强对流天气等气象灾害，种类多、频度高、影响大、损失严重。据中国气象局1990～2000年统计，气象灾害每年造成的经济损失约2 000亿元，占国内生产总值的3%～6%。

5 气 象 灾 害

① 地球的大气圈和天气系统
② 台风
③ 沙尘暴
④ 极端天气（热浪和寒潮）
⑤ 强对流天气
⑥ 全球变化和气象灾害
⑦ 减轻气象灾害

大自然经常千变万化，如万物复苏的春天突然刮起了沙尘暴，阳光明媚的夏天突然下起了暴雨。这种短时间内大气变化的现象，被称为"天气"。

自然界不仅有短期的大气变化，还有长期的变化，如一年有春、夏、秋、冬四个季节。人们可以由温度和雨量等的差异而感到四季变化。某地区长时间的天气的特征和现象，被称为"气候"。

"天气"和"气候"都是由于地球大气圈的运动和变化而引起的。地球被一层大气包围着，地球在自转和公转，大气圈也随着转动。大气圈受太阳照射的角度不同而受热不均，再加上

图 5 - 1　1989 年"雨果"热带气旋袭击加勒比海地区，保险损失 45 亿美元，在当时这是个非常巨大的数字，图中是该地区的巨大储油罐遭受飓风破坏的情况
资料来源：Munich Re Group，1999

大气圈中水汽分布的不均匀，大气圈变化莫测，几分钟内就可以由阳光灿烂转变为暴风骤雨。于是在地球的大气圈中会形成各种大小、生命长短不一的"天气系统"。有些天气的变化会给人类的生活带来灾难，如台风、暴雨、沙尘暴、干旱、冰雹、龙卷风、寒潮等，这些就叫作气象灾害。

气象灾害是一种发源于地球大气圈的自然灾害，全球大气在不停的运动之中，它常表现为各种波状和涡旋运动，使得大气中的动能、热能不断积累和释放，从而构成了各种气象事件，其中有些气象事件所产生的天气现象会对人类生存、社会、经济发展造成威胁和损害。

在介绍各种气象灾害之前，我们先讲地球大气圈的运动及其能量来源，并具体介绍几个大小不同的天气系统。

5.1　地球的大气圈和天气系统

地球的大气圈

地球大气圈是围绕地球的一个由气体组成的圈层，由于受到地球重力的吸引，它紧紧地包围着地球，保持相对固定的组成和结构。从组成大气圈的组分（表 5－1）来看，氮气约占 78.08%，氧气占 20.95%，氩气占 0.93%，二氧化碳占 0.037%，水蒸气占 0～4%，还有

图 5－2　从卫星上看到的蓝色地球大气圈。地球的大气圈中的气体对蓝色光的散射最强，而且离地面越远气体变得越稀薄，由于空气中有水汽和其他散射粒子存在，所以在太阳光照耀下，可以看到地面以上有一个蓝色逐渐变浅的大气圈。有人把离地面 100 km 的地方看成是地球大气与外界空间的边界，把它叫作卡曼（Karman）线

资料来源：NASA

图 5 - 3 云的形成主要是由大气中水汽凝结造成的。低层大气温度高，容纳的水汽较多，如果这些湿热的空气被抬升，温度就会逐渐降低，到了一定高度，空气中的水汽就会达到饱和。这些细小的水滴或冰晶在太阳光散射下就表现为蓝天中的白云

极少量的其他气体。我们经常把这种由多种气体组成的混合体叫作空气。地球大气圈保护地球上的生物不受太阳辐射的紫外线的伤害，同时，它调节地球白天和晚间的温度差别，使地球成为适合人类居住的星球。

表 5 - 1 地球大气圈的组分

气体组分	体积分数
氮气	78.08%
氧气	20.95%
氩气	0.93%
二氧化碳	0.037%
水蒸气	0～4%

地球的大气在地面最稠密，越往外越稀薄，90%的大气圈的质量都集中在地面以上 16 km 的范围以内。地球的大气圈没有明显的外边界。

从宇宙空间返回的飞行器进入离地球表面 120 km 时就能明显地感觉到地球大气圈的影响，所以有人把离地面 100 km 的地方看成是地球大气与外界空间的边界，把它叫作卡曼（Karman）线。

海平面上平均的大气压力约为 101.3 千帕，记为 101.3 kPa。

某一点的大气压力是和该点上方的总的空气质量直接相关的。在 5.6 km 的高空，大气压约为海平面的 50%，这表明 5.6 km 以内的低层大气的质量为整个大气圈的一半。气压随高度变化大致遵循指数关系，即每上升 5.6 km，气压减少一半。考虑到空气密度随高度的变化以及地球重力随高度的变化，以上的估计只是一个大概的估计。但是我们可以利用气压与高度的关系来估计大气圈的厚度。

大气压力和高度的关系

人们爬高山时，会感到空气稀薄，喘不过气来，这是因为大气压力随高度发生了变化。如果考虑：海平面温度为 15.0℃，气压 $P = 1\,013.25\,hPa = 760\,mmHg = 1$ 个大气压，大气密度为 $1.225\,kg/m^3$，地面至 11 km 对流层的气温垂直递减率为 0.65℃/100 m，标准海平面加速度为 $9.806\,65\,m/s^2$，则可得不同高度处标准大气的气温、气压值（表 5 – 2）。

表 5 – 2　不同海拔高度的温度和大气压力

海拔高度/m	温度/℃	大气压力/hPa（大气压）	备注
−400	17.6	1 062（1.05）	吐鲁番盆地，最低 −155 m
0	15	1 013（1）	天津 3 m，上海 5 m
800	9.8	920（0.91）	太原 784 m
1 000	8.5	898（0.87）	呼和浩特 1 063 m
1 600	4.6	835（0.83）	泰山 1 532 m
1 800	3.3	814（0.80）	黄山 1 864 m，昆明 1 819 m
2 200	0.7	775（0.77）	华山 2 154 m，西宁 2 261 m
3 000	−4.5	701（0.69）	峨眉山 3 097 m，五台山 3 061 m

从上表可以看出，昆明或黄山上的大气的压力大约相当于海面上的 80%，而峨眉山的大气压力仅为海面上的 69%。

计算公式和进一步的内容可见中华人民共和国国家标准：《标准大气》GB 1920—80（30 km以下部分）．北京：技术标准出版社，1981。

- 约 50% 大气圈的质量集中在离海平面 5.6 km 的大气圈之中。
- 约 90% 大气圈的质量集中在离海平面 16 km 的大气圈之中，普通商业飞机的飞行高度为 10 km 左右。
- 约 99.999 97% 大气圈的质量集中在离海平面 100 km 的大气圈之中，1963 年，X-15型飞机曾经创下飞行高度 108 km 的世界纪录。

绝大部分（99.999 97%）大气分布在 100 km 以下的大气圈之中，这也是把离地面100 km 的地方看成是地球大气与外界空间的边界的原因之一。但是在更高处发生的极光等现象表明，在那些地方，大气效应依然存在。

在海平面空气的密度约为 $1.2\,kg/m^3$（1.2 g/L）。按照地球大气圈的 NRLMSISE-00 标准模型，可以估计整个大气圈的平均总质量为 $5 \times 10^{18}\,kg$，其中水蒸气的质量约为 $1.3 \times 10^{15}\,kg$（数据引自维基百科全书，2007）。

全球尺度大气的运动

　　大气运动的能量有多种来源，其中最重要的是太阳能。太阳是一个巨大的能源，它送到地球的光功率就有 12×10^4 TW（TW 是功率的单位，1 TW = 10^{12} W），现在人类社会的总能耗约 13 TW，全世界发电装机容量不到 4 TW，比太阳送到地球的光功率小得多。地球上所有石油资源的相应的能量，只相当太阳在一天半时间内供应给地球的光能（数据引自：王之江．关于及早建设太阳能热电厂的建议．中国科学院院士建议，2007，(5)）。

　　太阳在大气圈的顶部垂直照在单位面积上的能量，大致是个常数，为 1 370 W/m²。这个数就叫作太阳常数。地球吸收了太阳的辐射能量，同时，按照黑体辐射定律，地球具有温度，它也不断地向外辐射（长波）能量。显然，对于一段较长的时间而言，吸收的能量和辐射出的能量应该大体相等。入射到地球的太阳能，在地球上分布是不均匀的，面对太阳的一面接收的能量多，背向太阳的一面接收的少。但由于地球不断自转，而自转轴和公转轴存在一个角度，所以，若以一年为期计算，赤道接收的太阳能多，两极接收的太阳能少。地球辐射出的能量则不同，基本上整个地球是均匀向外辐射的。因此，在赤道和低纬度地区，吸收的能量大于向外辐射的能量（年平均值约为 68 W/m²）；在两极及高纬度地区，情况正相反，吸收的能量小于向外辐射的能量（年平均值在南极约为 −100 W/m²，在北极约为 −125 W/m²）。对流是热传递的一种方式，在全球年度范围内，热空气由赤道向两极运动，而冷空气则从高空由两极流回赤道。这个过程具有全球性和长期性。

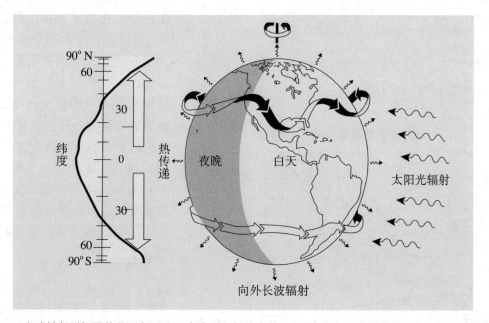

图 5 – 4　全球性长时间平均的天气系统。在赤道和低纬度地区,吸收的太阳能能量大于向外辐射的能量（年平均值约为 68 W/m²）；在两极及高纬度地区,情况正相反,吸收的能量小于向外辐射的能量（年平均值在南极约为 −100 W/m²,在北极约为 −125 W/m²）。对流是热传递的一种方式,所以,热空气由赤道向两极运动,而冷空气则从高空由两极流回赤道,从而保持能量的平衡

季风（地区性天气系统）

前面介绍了全球尺度的大气运动情况。下面将对中国天气有重要影响的季风系统进行简要的介绍，季风系统是一种地区性的天气系统。

季风是指大范围盛行的风向随着季节有显著变化的风系，一般冬夏之间稳定的盛行风向相差达120°～180°。为什么会产生季风呢？住在海边的人都知道，当白天太阳照射时，吸收热量后，陆地温度上升得比海水快而影响到地面上空的空气温度，陆地热，海面冷，这时空气会从较冷的海面吹向较暖的陆地，形成凉凉的"海风"。相反，到了晚上，陆地散热比海面快，陆地冷，海面热，空气又会由陆地流向海面，便吹起了"陆风"。这是说，在一天的时间尺度内，风有海陆之分。倘若我们考虑较长的时间尺度，例如考虑一年的四个季节，陆地和海洋吸热、散热速度不同也会造成不同的风，这就是季风。

全球有几个明显的季风气候区域，如东亚、西非几内亚和澳大利亚北部沿海地带。东亚是世界上最著名的季风气候区，主要是由于东亚位于世界上最大的大洋（太平洋）和最大的大陆（欧亚大陆）之间，海陆气温对比最为显著，同时青藏高原的隆起，加剧了东亚季风的强度，所以东亚季风成为世界上最为显著的季风，其范围大致包括我国东部、朝鲜、韩国和日本等地区。冬季，亚洲大陆为蒙古高压控制，高压前端的偏北风成为亚洲东部的冬季风。各地冬季风的方向，由北而南依

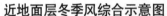

近地面层冬季风综合示意图

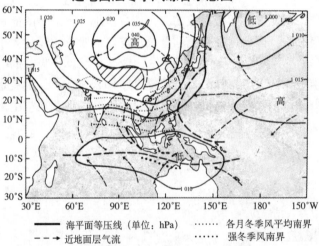

海平面等压线（单位：hPa）	各月冬季风平均南界
近地面层气流	强冬季风南界
辐合线	

近地面层夏季风综合示意图

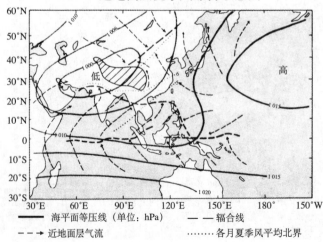

海平面等压线（单位：hPa）	辐合线
近地面层气流	各月夏季风平均北界

图5-5 东南亚近地面层冬季季风和夏季季风示意图。冬季盛行东北气流，夏季则盛行西南气流。我国的华南前汛期，江淮的梅雨及华北、东北的雨季，都属于夏季风降雨。中国、朝鲜和日本都属于东亚季风区。

资料来源：中国大百科全书

次为西北风、北风和东北风。夏季，热低压控制亚洲大陆，太平洋副热带高压西伸北进，因此季风风向为偏南风。

东亚季风区的天气和气候受东亚季风的影响非常显著，冬季寒冷、干燥、少雨，夏季高温、湿润、多雨。正常情况下，东亚季风决定了这个地区旱季和雨季的存在，我国的华南前汛期、江淮的梅雨及华北、东北的雨季，都属于夏季风降雨。东亚季风规模和强度的变化，使得这个地区容易诱发干旱、洪涝、极端高温和其他气象灾害。

气团——局部性天气系统

我们还可以考虑比东亚季风影响范围还要小的天气系统，例如"气团"。"气团"能量巨大，所经之处，对天气会产生许多影响。什么是"气团"呢？气象学中，气团是指温度和湿度水平分布比较均匀的大范围的空气团。当空气在一大片陆地或一大片海洋上空停留一段时间后，它每一高度层的温度、湿度等特性会渐渐一致，停留时间越长，"气团"形成的范围越大。形成于极地的冷气团南下，由于它们温度低、气压高，寒冷的气流就会使所经之处气温急剧下降，几天内能下降 10℃ 或更多，这种大范围的强烈冷空气活动，被称为寒潮（中国气象局规定，将由于冷空气侵袭，气温在 24 小时内下降 10℃ 以上，最低气温降至 5℃ 以下，作为发布寒潮警报的标准）。除了冷气团外，还有产生在热带海洋上的暖气团，这种气团温度高、气压低，所经之处往往产生极端高温天气。

特别注意的是，当冷气团遇到暖气团时，在它们的交汇处往往会产生带状的界面，气象学上称为"锋面"。锋面带，短的几百千米，长的几千千米，由下而上逐渐随高度变宽，并呈倾斜状态，冷空气在下方，暖空气位于上方。如果冷气团运动能量大，锋面向暖气团方向移动，气温降低，大面积降雨，降雨大小随锋面移动速度而增加；反之，当暖气团运动能量大，锋面向冷气团方向移动，气温升高，并造成持续不断的降雨；当冷气团和暖气团双方势均力敌，锋面滞留、徘徊在某一地区，无法快速移动，这时就会出现持续很久的云雨天气。

从以上三种空间尺度天气系统的简单介绍，可以看出，天气的变化和气象灾害的发生，都受到天气系统的控制。

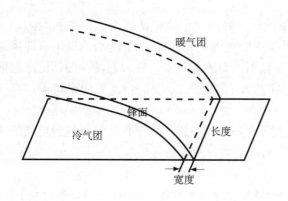

图 5-6 当冷气团遇到暖气团时，在它们的交汇处往往会产生带状的界面，气象学上称为"锋面"。图中的锋面的厚度已夸张

可预报性问题

天气是指发生在较短时间（几个小时或几天）之内的大气的运动和状态的变化。天气变化主要是由于大气圈状态的不稳定性造成的，这种不稳定的变化多是很复杂和非线性的，它属于混沌动力学的研究范围，用常规的线性动力学理论难于解释。认识到天气系统的这种特性，就可以知道：预报几周后的天气是一件很困难的事情，这不仅仅是增加气象台站的密度和加大计算机能力的技术问题，从学科发展的角度，气象学家正处在发展非线性科学的前沿位置上，提高气象灾害准确性有赖于混沌动力学的发展。

混　沌

在中国的古代汉语中，"混沌"指宇宙形成以前模糊一团的景象，如王充《论衡·谈天》："说《易》者曰：'元气未分，浑沌为一。'"

现代物理学中的"混沌"的意义与古代汉语完全不同。

1972年12月29日，美国麻省理工学院教授、混沌学开创人之一 E. N. 洛伦兹在美国科学发展学会第139次会议上发表了题为《蝴蝶效应》的论文，提出一个貌似荒谬的论断：在巴西一只蝴蝶拍打翅膀能在美国得克萨斯州产生一个龙卷风，并由此提出了天气的不可准确预报性。时至今日，这一论断仍为人津津乐道，更重要的是，它激发了人们对混沌学的浓厚兴趣。今天，伴随计算机技术等的飞速进步，混沌学已发展成为一门影响深远、发展迅速的前沿科学。

在现代物理学中，混沌是指发生在确定性系统中的貌似随机的不规则运动，一个确定性理论描述的系统，其行为却表现为不确定性（不可重复、不可预测），这就是混沌现象。进一步研究表明，混沌是非线性动力系统的固有特性，是非线性系统普遍存在的现象。牛顿确定性理论能够完美处理的多为线性系统，而线性系统大多是由非线性系统简化来的。因此，在现实生活和实际工程技术问题中，混沌是无处不在的。

有兴趣的读者，可以参考美国科普作家詹姆斯·格雷克（James Gleick）写的《混沌：开创新科学》(Chaos：Make a New Science) 一书，该书有几种中文译本。

5.2 台风

热带气旋是地球上破坏力最大的天气系统。世界上位于太平洋西岸的国家和地区，几乎都受到过热带气旋的影响。台风和飓风是指中心附近最大风力达到12级或以上（即风速32.6 m/s 以上）的热带气旋，只是因产生的海域不同而称谓有别。在大西洋、加勒比海地区和东太平洋地区被叫作"飓风"（hurricane），在西太平洋地区被叫作"台风"（typhoon），在印度洋地区被叫作"旋风"（cyclone）。

为什么被称为台风呢？有人说，过去人们不了解台风发源于太平洋，认为这种巨大的风暴来自台湾，所以称其为台风；也有人认为，台风侵袭我国广东省最多，台风是从广东话"大风"演变而来的。

美国海军的台风警报中心估计，1959～2004年，全球平均每年有80～100个台风生成，出现最多台风的月份是 8 月，其次是 7 月和 9 月。据统计，1947～1980 年，由台风造成的死亡人数为 49.9 万人，占全世界 10 种主要自然灾害死亡总人数的 41%，比地震造成的死亡人数（45 万）还多。

　　实际上，台风就是在大气中绕着自己的中心急速旋转的同时又向前移动的空气涡旋。它在北半球作逆时针方向转动，在南半球作顺时针方向旋转。气象学上将大气中的涡旋称为气旋，因为台风这种大气中的涡旋产生在热带洋面，所以称其为"热带气旋"。

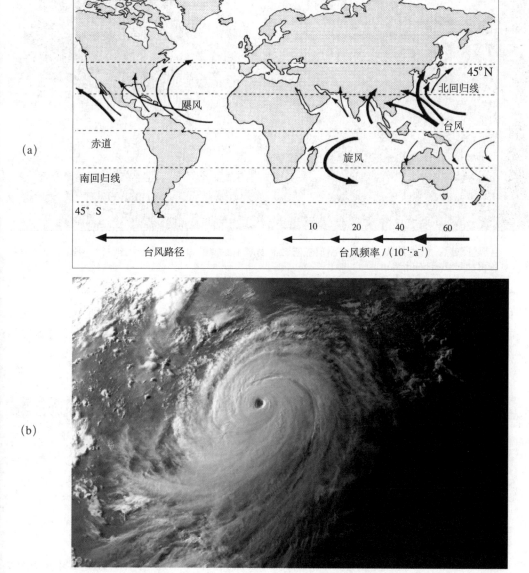

图 5 - 7 （a）全球台风运动路线分布图;（b）从 1966 年太平洋超强台风贺伯（HERB）的卫星照片可以看出，台风就是在大气中绕着自己的中心急速旋转的同时又向前移动的空气涡旋。台风在北半球作逆时针方向转动，在南半球作顺时针方向旋转
资料来源：（b）NASA

图 5 - 8　台风登陆后,凶猛异常,房屋的屋顶被它轻而易举地掀掉了（2006 年普利策奖的突发新闻摄影奖获奖照片。作者：Irwin Thonmpson）

按世界气象组织(WMO)统一规定,热带气旋共分 5 级。按风速从小到大分别是：热带低压、热带气旋、热带风暴、强热带风暴和台风。其中，中心最大风力达到 8 ~ 9 级的热带风旋被称为热带风暴,达到 10 ~ 11 级的被称为强热带风暴,风力超过 12 级的被称为台风和飓风。

表 5 - 3　热带风旋（saffir simpson）分类表

分类	风速/(km·h⁻¹)	引起的海浪高/m	描述
Ⅰ热带低压	118 ~ 153	>1.2	基本无破坏
Ⅱ热带气旋	154 ~ 177	>1.8	轻微破坏
Ⅲ热带风暴	178 ~ 210	>2.7	破坏
Ⅳ强热带风暴	211 ~ 249	>4.0	严重破坏
Ⅴ台风	>249	>5.5	毁坏性破坏

当西太平洋热带气旋达到台风强度时，区域专责气象中心（Regional Specialized Meteorological Center，RSMC）日本气象厅会对其进行编号和命名，名字由该地区 14 个世界气象组织台风委员会成员国提供。

蒲氏风速表

蒲氏风速表(Beaufort scale)是由一名英国海军上将 Sir Francis Beaufort 于 1805 年制定的，它是由与航海有关的标志透过观察海上的船只状态及海浪形态来定性地表示风力的大小。后来定量化时，还是用每小时多少海里（记为 knot）等与航海有关的量表示风速。蒲氏风速表普遍分为 12 级，后来由于测风速仪器的发展，能够测到高于 40 m/s 的风速，部分国家将表增至 17 级，中国从 2006 年起，采用 17 级的风速表。

表 5 - 4　17 级风速表

风力等级	名称	风速		陆面地面物象
		/(m·s⁻¹)	/(km·h⁻¹)	
0	无风	0～0.2	<1	静，烟直上
1	软风	0.3～1.5	1～5	烟示方向
2	轻风	1.6～3.3	6～11	感觉有风
3	微风	3.4～5.4	12～19	旌旗展开
4	和风	5.5～7.9	20～28	吹起尘土
5	劲风	8.0～10.7	29～38	小树摇摆
6	强风	10.8～13.8	39～49	电线有声
7	疾风	13.9～17.1	50～61	步行困难
8	大风	17.2～20.7	62～74	折毁树枝
9	烈风	20.8～24.4	75～88	小损房屋
10	狂风	24.5～28.4	89～102	拔起树木
11	暴风	28.5～32.6	103～117	损毁重大
12	飓风	>32.6	>117	摧毁极大
13		37.0～41.4	132～148	
14		41.5～46.1	149～165	
15		46.2～50.9	166～182	
16		51.0～56.0	183～200	
17		56.2～61.2	201～220	

注：本表所列风速是指平地上离地 10 m 处的风速值。每秒 60 m（或每小时 220 km）的风速是非常快和非常罕见的风速，但还不是有记录以来最大的风速。例如，1956 年 7 月 26 日"5612"号台风的最大风速达每秒 90 m（相当于每小时 322 km）

台风产生于热带海洋

热带的海洋是台风的老家，台风形成的条件主要有两个：一是比较高的海洋温度；二是充沛的水汽。

　　在温度高的热带海域内，如果大气里发生一些扰动，热空气开始往上升，地面气压降低，它外围的空气就源源不绝地流入上升区，又因地球转动的关系，流入的空气便像车轮那样旋转起来。当上升空气膨胀变冷，其中的水汽冷却凝成水滴时，要放出热量，这又助长了低层空气不断上升，使地面气压下降得更低、空气旋转得更加猛烈，在这样一种不断增强的失稳过程中，就形成了台风。

　　只有在热带的海洋上才是台风生成的地方。那里海面上气温非常高，使低层空气可以充分接受来自海面的水源。那里又是地球上水汽最丰富的地方，而这些水汽是台风形成、发展的主要原动力。没有这个原动力，台风即使已经形成，也会消散。其次，那里离赤道有一定

图 5 - 9　海面大范围的高温为飓风的形成提供了能量。从 2005 年 8 月美国卡特里娜飓风生成的卫星照片可以看出，台风生成地点附近海面上温度非常高（可达 30℃以上），水汽极为丰富
　　资料来源：NASA

海面温度 /℃

-5　0　5　10　15　20　25　30　35

距离，地球自转所产生的偏转力有一定的作用，有利于台风发展气旋式环流和气流辐合的加强。根据统计，在热带海洋，台风常常产生在洋面温度 27℃ 以上的地区。太平洋上产生台风的区域，主要是菲律宾以东、我国南海、西印度群岛以及澳洲东海岸等洋面。这些地方海水温度比较高，也是南、北两半球信风相遇之处。

热带气旋给全世界的许多地区造成了巨大的灾害。台风和龙卷风一样，都是低气压和高风速。但台风是从热带海面上（通常是从赤道附近），当海水温度达到 26.5 ～ 30℃ 时发展起来的，它的影响范围可以达到 2 000 km，比龙卷风大得多，它的持续时间可达几天至一周，也比龙卷风长得多。

在热带海洋面上经常有许多弱小的热带涡旋，它们可以被称为台风的"胚胎"，因为台风总是由这种弱的热带涡旋发展成长起来的。通过气象卫星已经查明，在洋面上出现的大量热带涡旋中，大约只有 10% 能够发展成台风。台风是怎样形成的呢？一般说来，一个台风的产生，需要具备以下几个基本条件。

• 要有足够广阔的热带洋面，在这个洋面，不仅要求海水表面温度要高于 26.5℃，而且在海面至 60 m 深的这层海水里，水温都要超过这个数值。

• 在台风形成之前，预先要有一个弱的热带涡旋存在。

• 要有足够大的地球自转偏向力，因赤道的地转偏向力为零，向两极地转偏向力逐渐增大，故台风发生地点大约离赤道 5 个纬度以上。

• 在弱低压上方，高低空之间的风向、风速差别要小。

上面所讲的只是台风产生的必要条件，具备这些条件，不等于就有台风发生。台风发生是一个复杂的过程，至今尚未彻底搞清楚。

台风的能量

1966 年亚洲东南部出现的 HERB 台风是一个高能量的系统，其主要的天气现象包括强风和暴雨，强风伴随着大量的动能，而暴雨则带着大量水汽凝结的潜热释放。台风带来的大量降水所释放的总潜热能量是十分惊人的，通常比台风环流的动能大一两个数量级（10 ～ 100 倍）。以 1996 年的 HERB 台风为例（郭鸿基等，2004），台湾地区的平均降雨量为 3 000 ～ 4 000 mm，此雨量乘以凝结潜热（2.5×10^6 J/kg）及台湾的面积后，可以得到总能量估计值为 10^{20} J。如此大的能量相当于台湾几百年的用电量。

表 5 - 5　台风与其他事件的能量比较

能量事件	能量估计值/J	备注
HERB 台风降雨总潜热能量	10^{20}	可使台湾整个大气圈增温 100℃
台湾一年用电量	5×10^{17}	数百年用电量相当于一个 HERB 台风
地球一天接收的太阳能量	1.5×10^{22}	相当于数百个 HERB 台风
行星撞击地球（恐龙灭绝）	4×10^{23}	相当于数千个 HERB 台风

潜　热

潜热就是物质在改变物态时所放出或吸入的能量。

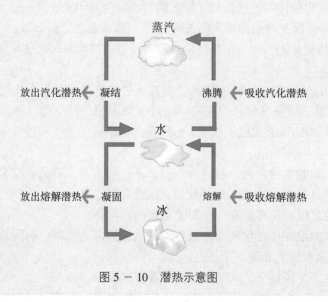

图 5 - 10　潜热示意图

从上面的分析可以看出，台风形成后，其携带的大量水汽上升凝结所释放的热能进一步加强了台风的强度。在一个中等强度的台风中，每天释放出的能量为 $2 \times 10^{19} \sim 6 \times 10^{19}$ J，有人估算：一个台风的能量相当于几颗原子弹的能量。

要了解台风所造成的灾害，我们从 2005 年美国卡特里娜飓风（在美洲台风被称为飓风）谈起。

2005年8月美国卡特里娜飓风

2005 年 8 月 29 日破晓时分，飓风卡特里娜以 233 km/h 的速度在美国墨西哥湾新奥尔良外海岸登陆，新奥尔良市有许多填海造地地区，平时受防洪堤保护。中午，城内工业运河的防洪堤有两处决堤，大水涌进街道，水深 3 m。半夜，另一个防洪堤决堤 100 m，洪水吞没了城市 80% 的地区，机场和高速公路都浸在水中，很多屋顶被掀翻，全城停电、停水，移动电话系统陷入瘫痪状态。

官方统计的这次台风的死亡总人数为 710 人，其中有 2/3 的伤亡人来自新奥尔良市。体育馆是新奥尔良市最大的避难场所，据幸运地从中撤离出来的市民透露，体育馆的地面因屋顶遭暴风雨袭击崩塌而积水一片，各处的厕所马桶也早已恶臭四溢，迫使难民只能在走道和楼梯间透气。更可怕的是,避难所几天里不断发生强暴妇女、性侵犯儿童以及枪击事件,留在里面的数千名难民已经变得绝望,一心只想逃离这个地方。飓风导致美国下半年经济增长率下降了 1 个百分点,它已经成为美国历史上最严重的十大自然灾难之一。但同时"卡特里娜"刮出了普利策大奖,多家媒体因报道飓风而获得殊荣。图 5 - 13 至图 5 - 18 是部分获奖照片。

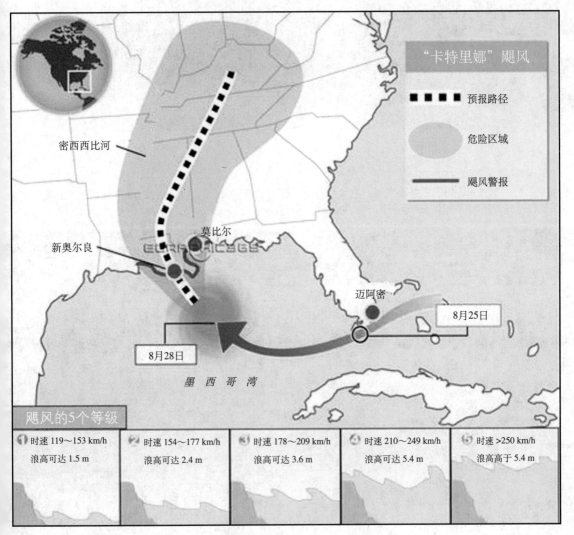

图 5 - 11　2005 年 8 月美国卡特里娜飓风登陆路线图
资料来源:中青在线,http://news.sina.com.cn/w/p/2005-08-31/13227642931.shtml

图 5 - 12 卡特里娜飓风袭击美国后，在密西西比州圣路易湾市，救援小组正将一家人从运动型多用途汽车（Sport Otility Vehicle,SUV）顶上救下

资料来源:（美国）微软全国有线广播电视公司（MSNBC）2005年度照片

图 5 - 13 新奥尔良市，市中心东部，飓风后一天，房屋被飓风引起的洪水淹没，只露出了一片屋顶（2006年普利策奖的突发新闻摄影奖获奖照片。作者：Smiley N. Pool ）

图 5 － 14　遇难的居民跑上屋顶，打出了求救的标语（2006 年普利策奖的突发新闻摄影奖获奖照片。作者：Smiley N. Pool）

图 5 - 15　三个年轻人帮助邻居从倒塌的房屋中抢救财物（2006 年普利策奖的突发新闻摄影奖获奖照片。作者：Barbara Davidson）

图 5 - 16　飓风灾害期间，为保持社会治安，警察在 10 号州际公路上设卡检查，在图中被检查的人背包中发现有来路不明的啤酒（2006 年普利策奖的突发新闻摄影奖获奖照片。作者：Irwin Thonmpson）

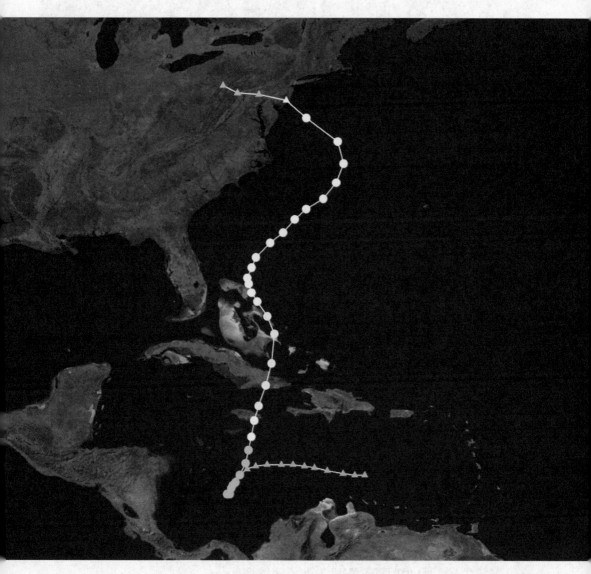

图 5 - 17 2012 年 10 月 22 日,在加勒比海域生成了巨大的热带风暴——桑迪(Sandy)飓风。其朝向西北方向,连续袭击了牙买加、古巴、巴哈马和美国,造成至少 253 人丧生,约 20 万人无家可归。据巨灾风险评估公司(EQECAT)估计,桑迪飓风造成的经济损失为 100 亿~ 200 亿美元,而保险公司大约需要支付一半的赔偿金额。这场飓风的规模是空前的。飓风夹带的强风 (时速超过 118.5 km) 从风暴中心向外延伸了 280 km,其最高时速更是达到了 145 km。桑迪飓风重创了美国东海岸的大部分地区,据估计有 1/5 的美国人受灾。这场飓风驱动了一场巨大的风暴潮,其打破了纽约近 200 年来的纪录,淹没了这里的隧道和地铁。生活在这一地区的数百万人口失去了电力供应,洪水和大面积断电让纽约和新泽西州遭受重创。美国总统大选也因此大受影响

中国的台风

全世界每年平均有 80 ～ 100 个台风发生，其中绝大部分发生在太平洋和大西洋上。经统计发现，西太平洋台风发生的源区主要集中在四个地区。

- 菲律宾群岛以东和琉球群岛附近海面。这一带是西北太平洋上台风发生最多的地区，全年几乎都会有台风发生。

- 关岛以东的马里亚纳群岛附近。7 ～ 10 月在群岛四周海面均有台风生成，5 月以前很少有台风，6 月和 11 ～ 12 月主要发生在群岛以南附近海面上。

- 马绍尔群岛附近海面上（台风多集中在该群岛的西北部和北部）。这里 10 月发生台风最为频繁，1 ～ 6 月很少有台风生成。

- 我国南海的中北部海面。这里 6 ～ 9 月发生台风的机会最多，1 ～ 4 月则很少有台风发生，5 月逐渐增多，10 ～ 12 月又减少，但多发生在北纬 15° 以南的北部海面上。

西北太平洋是全世界最适合台风生成的地区，台风生成频率占全球的 36%。中国是受台风袭击最多的国家，据近 50 年的统计，西北太平洋和南海每年平均有 27 ～ 28 个台风生成，其中每年有 7 ～ 8 个登陆我国。

夏秋季节，台风是我国东南沿海地区最严重的灾害，台风在海上移动，会掀起巨浪，狂风暴雨接踵而来，对航行的船只造成严重的威胁。当台风登陆时，狂风暴雨会给人们的生命财产造成巨大的损失，尤其对农业、建筑物的影响更大。台风主要通过强风、暴雨、风暴潮三种方式造成灾害，同时还间接通过强降雨带来洪水、泥石流、滑坡等次生灾害，给社会经济和人民生命财产造成重大损失。据 1988 ～ 2004 年统计，我国大陆平均每年因台风造成的直接经济损失约为 233.5 亿元，死亡 440 人，倒塌房屋 30.7 万间，农作物受灾

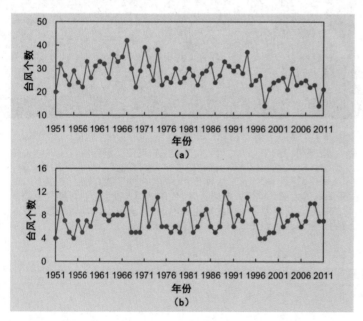

图 5 - 18 （a）1951 ～ 2011 年在西北太平洋和我国南海海域生成的热带风暴和台风个数历史曲线；（b）1951 ～ 2011 年在我国沿海登陆的热带风暴和台风个数历史曲线

资料来源：中国气象局国家气候中心

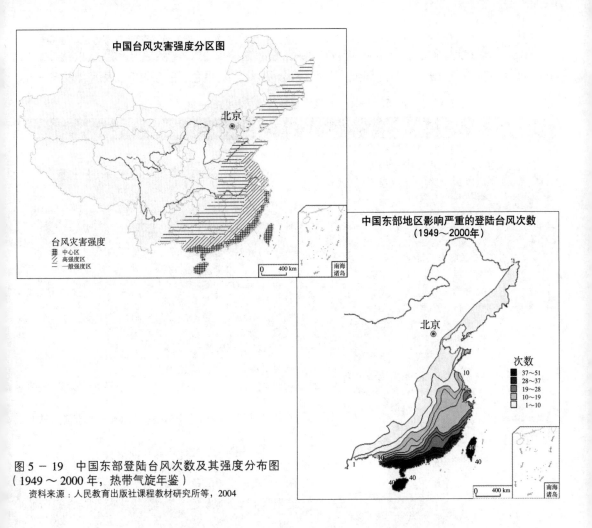

图 5 - 19　中国东部登陆台风次数及其强度分布图
（1949～2000 年，热带气旋年鉴）
　　资料来源：人民教育出版社课程教材研究所等，2004

面积 288.5×10⁴hm²。这就是说，每个登陆的台风就可能使四十多万公顷农作物受灾，六十
多人死亡，倒塌房屋四万多间，直接经济损失三十多亿元。同时还应该看到，随着经济的增
长和社会的发展，损失有逐步上升的趋势。

　　但是，台风也并非全给人类带来不幸，除了其"罪恶"的一面外，它也有为人类造福的
时候。对某些地区来说，如果没有台风，这些地区庄稼的生长、农业的收成就不堪设想。西
北太平洋的台风、西印度群岛的飓风和印度洋上的热带风暴，给所经之地带来了丰沛的雨水，
造就了适宜的气候。台风降水是我国江南地区和东北诸省夏季雨量的主要来源：正是有了台
风，才使珠江三角洲、两湖盆地和东北平原的旱情得以解除，确保农业丰收；也正是因为台
风带来的大量降水，才使许多大小水库蓄满雨水、水利发电机组能够正常运转，才能节省万
吨原煤；在酷热的日子里，台风来临，凉风习习，还可以降温消暑。所以，有人认为台风是"使
局部受灾，让大面积受益"，这不是没有道理的。

台风灾害预警信号和防御指南

台风预警信号根据逼近时间和强度分四级，分别以蓝色、黄色、橙色和红色表示（表5－6）。

表5－6　台风灾害预警信号和防御指南

图例	含义	防御指南
	24小时内可能受热带低压影响，平均风力可达6级以上，或阵风7级以上；或者已经受热带低压影响，平均风力为6～7级，或阵风7～8级并可能持续	1. 做好防风准备 2. 注意有关媒体报道的热带低压的最新消息和有关防风通知 3. 把门窗、围板、棚架、临时搭建物等易被风吹动的搭建物固紧，妥善安置易受热带低压影响的室外物品
	24小时内可能受热带风暴影响，平均风力可达8级以上，或阵风9级以上；或者已经受热带风暴影响，平均风力为8～9级，或阵风9～10级并可能持续	1. 进入防风状态，建议幼儿园、托儿所停课 2. 关紧门窗，处于危险地带和危房中的居民以及船舶应到避风场所避风，通知高空、水上等户外作业人员停止作业，危险地带工作人员撤离 3. 切断霓虹灯招牌及危险的室外电源 4. 停止露天集体活动，立即疏散人员 其他同台风蓝色预警信号
	12小时内可能受强热带风暴影响，平均风力可达10级以上，或阵风11级以上；或者已经受强热带风暴影响，平均风力为10～11级，或阵风11～12级并可能持续	1. 进入紧急防风状态，建议中小学停课 2. 居民切勿随意外出，确保老人、小孩留在家中最安全的地方 3. 相关应急处置部门和抢险单位加强值班，密切监视灾情，落实应对措施 4. 停止室内大型集会，立即疏散人员 5. 加固港口设施，防止船只走锚、搁浅和碰撞 其他同台风黄色预警信号
	6小时内可能或者已经受台风影响，平均风力可达12级以上，或者已达12级以上并可能持续	1. 进入特别紧急防风状态，建议停业、停课（除特殊行业） 2. 人员应尽可能待在防风安全的地方，相关应急处置部门和抢险单位随时准备启动抢险应急方案 3. 当台风中心经过时风力会减小或静止一段时间，切记强风将会突然吹袭，应继续留在安全处避风 其他同台风橙色预警信号

5.3　沙尘暴

沙尘暴是指由于强风将地面大量沙尘吹起，使空气很混浊，水平能见度小于1 km的天气现象。沙尘暴是一种分布广泛、影响范围大、频次较高的自然灾害。例如，1993年5月5日发生在中国甘肃武威地区的强沙尘暴，水平能见度小于500 m，致使87人死亡、31人失踪，直接经济损失约6亿元。

图 5 - 20 沙尘暴：2006 年 4 月 10 日，新疆吐鲁番遭遇强沙尘暴袭击，沙尘遮天蔽日
　　资料来源：中新网

图 5 - 21 沙尘暴：宠物小狗也戴上了口罩
　　资料来源：汉网一武汉晚报

气象学将沙尘天气分为如下四个等级。

- 浮尘：尘土、细沙均匀地浮游在空中，使水平能见度小于 10 km 的天气现象。浮尘的特点是没有风，沙、尘是从高空飘浮而至。

- 扬沙：风将地面尘沙吹起，使空气相当混浊，水平能见度在 1 ~ 10 km 以内的天气现象。

- 沙尘暴：强风将地面大量尘沙吹起，使空气很混浊，水平能见度小于 1 km 的天气现象。

- 强沙尘暴：大风将地面尘沙吹起，使空气非常混浊，水平能见度小于 500 m 的天气现象。

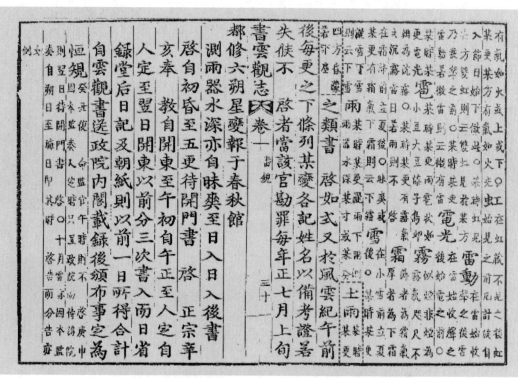

图 5 - 22　1818 年的《书云观志》中就有沙尘暴的记载，当时，称沙尘暴为"土雨"

沙尘暴主要发生在沙漠及其临近的干旱与半干旱地区，世界范围内沙尘暴多发生在中亚、北美、中非和澳大利亚。我国的沙尘暴主要发生在长江以北地区，属于中亚沙尘暴区的一部分，在地质时期和历史时期，这里一直是沙尘暴的主要成灾地区和"土雨"的释放源地。其分布规律是：西北多于东北地区，平原（和盆地）多于山区，沙漠多于其他地区。

我国的沙尘暴和沙尘天气大多位于长江以北，北方省区（除黑龙江省）的绝大部分地区都可受到沙尘暴的影响，沙尘暴涉及面积达 580×10^4 km^2，约占全国国土总面积的 60%。而沙尘天气的覆盖范围比沙尘暴更广泛。近些年来，沙尘天气也影响到了长江以南的一些地区。我国北方地区的沙尘暴发生路径主要有四路，即东北路径、华北路径、西北路径和西部路径。其中，华北路径和西北路径是影响北京及其周边地区的主要沙尘暴路径。

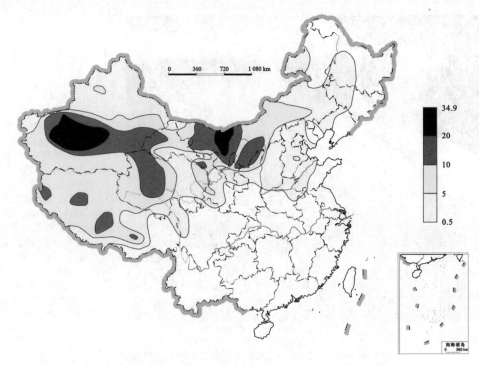

图 5 - 23　中国 1961 ～ 2000 年 40 年平均的年总沙尘暴日数分布（单位：d）
　　资料来源：中国气象局国家气象信息中心

图 5 - 24　我国北方地区的沙尘暴发生路径主要有四路，即东北路径、华北路径、西北路径和西部路径。其中，华北路径和西北路径是影响北京及其周边地区的主要沙尘暴路径
　　资料来源：人民教育出版社课程教材研究所，2004

图 5 - 25 2006 年 4 月 17 日凌晨，受蒙古气团南部偏西风的吹袭，中蒙边境地区出现的沙尘暴使中国北方地区出现大范围的浮尘天气。这是自 2003 年以来中国北方地区出现最大范围的强浮尘天气。当时，整个地区地表没有太大的风，而 2 000 ～ 3 000 m 的高空风很大，人们因此感到沙尘从天而降。北京街头的汽车被落上一层厚厚的黄沙
资料来源：南方日报，张成钢摄

表 5 - 7　2000 ～ 2005 年中国北部沙尘天气统计

月份	1	2	3	4	5	6	7	10	11	12
扬沙天数	3	8	10	10	11	2		2	1	
沙尘暴天数		1	11	19	5		1			1
强沙尘暴天数	2		3	7	1				1	
合计天数	5	9	24	36	17	2	1	2	2	1

根据近 2000 ～ 2005 年 6 年的资料的不完全统计，沙尘天气 4 月最多，3 月次之，5 月第三。

图 5 - 26 是 1954 ～ 2010 年全国 355 个站沙尘暴日数合计值的逐年变化。从图 5 - 26 可见，20 世纪 80 年代中期以前我国沙尘暴发生较频繁，而在 20 世纪八九十年代沙尘暴的发生日数比 50 ～ 70 年代少，特别是自 1985 年以后一直处于平均线以下，于 1997 年达到历史最低点。然而，从 1997 年之后我国沙尘暴发生又有相对增多（或增强）的趋势，特别是从 2000 年以来我国内蒙古中部和华北地区沙尘暴和扬沙天气剧增。

从沙尘暴发生的历史和现实情况，可以得出以下认识。

第一，由于境外、境内沙尘源的存在，在中国不可能完全消灭沙尘暴。从 2000 年到 2004 年，发生在中国北方地区的沙尘暴有 40 次，其中有 29 次都是境外入侵的。

第二，我们通过防沙治沙，增加地表覆盖，减少沙尘源，可以减少沙尘暴的发生，减轻危害，减少损失。

第三，防治土地沙化，是我们面临的一项长期而紧迫的艰巨任务，需要加大治理力度、持之以恒地长期努力。

第四,防治土地沙化是国际社会的共同责任。沙尘暴作为一种自然灾害,无国界。其防治,需要加强国际合作,需要全世界共同努力。其实,通过国际合作,已经较全面地认识和了解了沙尘暴,例如,大气中碱性沙尘会中和酸雨,基于这个原因,位于中国天气下游的韩国和日本,每当春季中国沙尘气流东移到达时,雨水大多从酸性变为中性。

图 5 - 26 1954～2010年,全国平均年沙尘暴日数总体呈现减少趋势,递减率为 0.11 d/a

资料来源:中国气象局国家气象信息中心

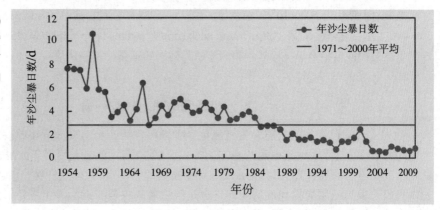

2006年4月16日11时(北京时) NOAA-17

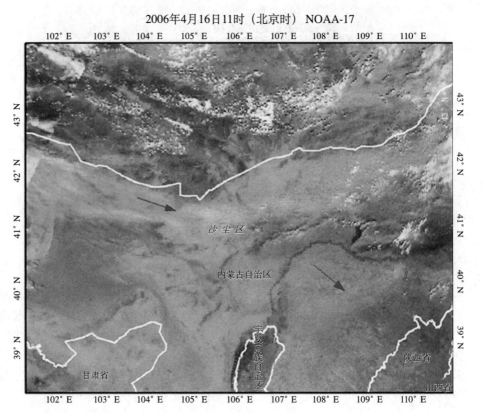

图 5 - 27 气象卫星用于监测沙尘暴的形成和运移。图为气象卫星沙尘监测图

资料来源:中国气象局国家气象信息中心

几小时沙尘暴运送的沙尘相当于抗日战争头两年
铁路运送的军需物资质量的两倍

2006年4月17日的沙尘暴影响范围大，据17日7时气象卫星监测显示，北京、天津、山西北部、河北大部、山东北部和渤海地区出现了大范围的浮尘天气，经估算，沙尘暴影响面积约为$30.4 \times 10^4 \, km^2$。这次沙尘暴十分严重，测量表明，每平方米降尘约20 g，短短几个小时沙尘暴给华北地区带来的尘降约为$600 \times 10^4 \, t$。据统计，1937～1938年，抗日战争的头两年，铁路运送军需物资在$300 \times 10^4 \, t$左右（资料来源：http://forum.xitek.com/showthread.php?threadid=325344）。这就是说，一次沙尘暴运送的沙尘相当于抗日战争头两年铁路运送的军需物资的两倍！

沙尘暴和地球上的沉积岩

地壳上先期已存在的岩石，受到风化、剥蚀等作用，会形成碎片和碎块，在地面水流和地上大风的搬运下，可以运输到很远的地方，发生沉淀和埋藏，经过几百万年的堆积，逐渐形成的岩石，就叫作沉积岩。沉积物与沉积岩是岩石循环中重要的一环。沉积岩是一层一层逐渐向上堆高而成的，所以我们可发现一层层排列的层理，这也是沉积岩的主要特点。沙尘暴是形成沉积岩的一种物质运输方式，百万年来西来沙尘气流给中国堆积了面积达百万平方千米的黄土高原。

图5－28　沉积岩

1934年持续长达3天的美国"黑风暴"事件

1934年5月12日，一场巨大的风暴席卷了美国东部与加拿大西部的辽阔土地。风暴从美国西部土地破坏最严重的干旱地区刮起，狂风卷着黄色的尘土，遮天蔽日，向东部横扫过去，形成一个东西长2 400 km，南北宽1 500 km，高3.2 km的巨大的移动尘土带，当时空气中含沙量达40 t/km³。风暴持续了3天，掠过了美国2/3的大地，多达$3 \times 10^8 \, t$土壤被刮走，风过之处，水井、溪流干涸，牛羊死亡，人们背井离乡，一片凄凉。这就是震惊世界的"黑风暴"事件。"黑风暴"也称沙尘暴或沙暴，在美国发生过若干起，主要是由美国拓荒时期开垦土地造成植被破坏引起的。

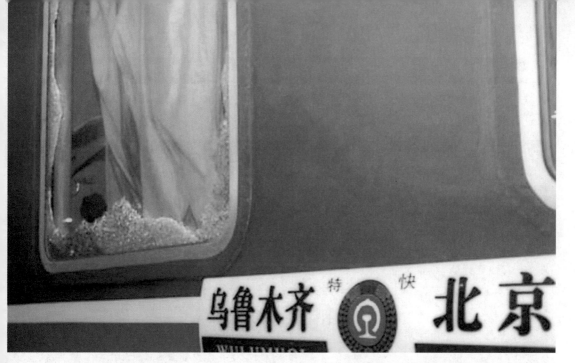

图 5 - 29　2006 年 4 月 9 日中午 12 时 23 分，NOAA-17 气象卫星监测到在甘肃西部和新疆东部出现了沙尘天气，据估算，沙尘暴影响面积约 2.3×10⁴ km²。从乌鲁木齐发往北京的 T70 次特快列车于 4 月 9 日 14 时 19 分从乌鲁木齐发车，在运行 5 小时后的晚 7 时许，列车运行至小草湖与红层之间，遭遇风力达 14 级以上的特大沙尘暴袭击，瞬间风把防风墙都吹倒了一部分（2004 年投资 14 亿元修建了防风墙，可抵御 12 级左右的大风），在很短的时间内，沙尘暴卷起的沙石将车体运行方向左侧窗户的 300 多块双层钢化玻璃全部击碎，过后从一节车厢打扫出来的土竟有 30 桶之多
　　资料来源：兰州晨报

图 5 - 30　受到沙尘暴袭击的列车上，大家将卧铺上的棉被和床单拿下来遮挡损坏的车窗
　　资料来源：兰州晨报

沙尘暴灾害预警信号和防御指南

沙尘暴预警信号分三级，分别以黄色、橙色、红色表示（表5-8）。

表5-8 沙尘暴灾害预警信号和防御指南

图例	含义	防御指南
	24小时内可能出现沙尘暴天气（能见度小于1 000 m）或者已经出现沙尘暴天气并可能持续	1. 做好防风防沙准备，及时关闭门窗 2. 注意携带口罩、纱巾等防尘用品，以免沙尘对眼睛和呼吸道造成损伤；做好精密仪器的密封工作 3. 把围板、棚架、临时搭建物等易被风吹动的搭建物固紧，妥善安置易受沙尘暴影响的室外物品
	12小时内可能出现强沙尘暴天气（能见度小于500 m），或者已经出现强沙尘暴天气并可能持续	1. 用纱巾蒙住头防御风沙的行人要保证有良好的视线，注意交通安全 2. 注意尽量少骑自行车，刮风时不要在广告牌、临时搭建物和老树下逗留；驾驶人员注意沙尘暴变化，小心驾驶 3. 机场、高速公路、轮渡码头注意交通安全 4. 各类机动交通工具采取有效措施保障安全 其他同沙尘暴黄色预警信号
	6小时内可能出现特强沙尘暴天气（能见度小于50 m），或者已经出现特强沙尘暴天气并可能持续	1. 人员应当待在防风安全的地方，不要在户外活动；推迟上学或放学，直至特强沙尘暴结束 2. 相关应急处置部门和抢险单位随时准备启动抢险应急方案 3. 受特强沙尘暴影响地区的机场暂停飞机起降，高速公路和轮渡暂时封闭或者停航 其他同沙尘暴橙色预警信号

 # 5.4 极端天气（热浪和寒潮）

高温酷暑（热浪）

对于高温酷暑天气，老舍先生在《骆驼祥子》中有十分精彩的描述："太阳刚一出来，地上已像下了火，一些似云非云，似雾非雾的灰气低低的浮在空中，使人觉得憋气……街上的柳树，像病了似的，叶子挂着层灰土在枝上打着卷；枝条一动也懒得动，无精打采的低垂着。马路上一个水点也没有，干巴巴的发着些白光。便道上尘土飞起多高，与天上的灰气联接起来，结成一片恶毒的灰沙阵，烫着行人的脸……"

在气象上高温通常指日最高气温达到或超过35℃的天气，日最高气温大于等于35℃时，被称为高温日，连续5天以上的最高气温大于或等于35℃时被称为持续高温，一个月内高温天气超过5天则称该月为高温月。

就全球范围来看，高温酷暑天气具有明显的地域性特点。世界上高温热浪灾害最严重的地区是南亚次大陆的中北部地区，其次是非洲北部、西亚、美国中部及南欧等地。而就中国而言，高温酷暑一般在华南、华东、华中、华北地区出现的频率较高，尤其在长江中下游地区，如著名的长江流域"三大火炉"南京、武汉和重庆，常年高温天气分别为 15.8 天、21.0 天和 34.8 天。我国高温酷暑与副热带高压活动有密切关系。副热带高压控制范围内盛行下沉气流，天气晴朗少云。其控制时间越长，高温酷暑天气越严重。通常情况下，我国高温气候区随副热带高压的移动而移动。常年夏季，南方地区 35℃ 以上的高温日数一般为 10～20 天，江南中部和南部地区可达到 20～30 天。

高温酷暑天气会对人们日常生活以及工农业生产产生重大的影响，尤其对人体健康、交通、用水用电、农作物生长等方面的影响更为严重。有关研究表明，环境温度高于 28℃ 时，人们就会有不适感；温度再高容易导致烦躁、中暑、精神紊乱等症状；气温持续高于 34℃，还容易导致一系列疾病，特别是使心脏、脑血管和呼吸系统疾病的发病率上升，死亡率明显增加。特别是极端高温引发的热浪会导致严重灾害，如：1998 年 5 月印度拉贾斯坦邦遭热浪（49℃）袭击，导致 1 359 人丧生；2003 年持续高温热浪侵袭欧洲，仅意大利就有大约 34 071 名老年人死亡；2009 年澳大利亚南部的维多利亚州和南澳州遭受有气温记录 150 年来最炎热的热浪袭击，墨尔本市连续七天保持在 40℃ 以上，维多利亚地区记录的温度高达 48℃，导致 25 人死亡，经济损失高达 1 亿澳元，交通运输、建筑、电力是受到冲击最大的行业。

高温酷暑会使用水、用电量激增，这一影响在城市地区表现得尤其严重。如 1995 年 7 月，持续高温导致上海市用电负荷剧增，其中 7 月 19 日，用电负荷达 675.6×10^4 kW，20 日达 691.6×10^4 kW，超过正常年份用电负荷近 90 kW。同时，用电、用水量的增加又往往导致供电、供水设施的超负荷运转，容易引发供电、供水中断事故，进而加重高温酷暑灾害对生产、生活的影响。

图 5－31 2003 年持续高温热浪侵袭欧洲，在西班牙首都马德里，一名行人走进喷泉

资料来源：法新社

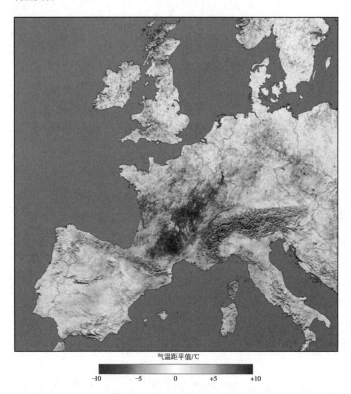

气温距平值/℃

-10   -5   0   +5   +10

图 5 - 32 2003 年欧洲的热浪至少造成 35 000 人死亡。图中给出了与多年平均值相比，热浪时各地高温的分布，注意：在欧洲的中部，大部分地区温度较多年平均值高了 10℃
资料来源：NASA

　　极端高温事件又往往与特大干旱相伴而来，引发大规模的火灾、粮食减产等，严重威胁人们的生命及能源、水资源和粮食安全等。如 2003 年大范围肆虐欧洲的热浪，引发葡萄牙森林大火，大火共造成 15 人死亡，$16.2 \times 10^4 \ hm^2$ 的森林被烧毁，经济损失达 10 亿欧元。同时高温对农作物也会产生较大的影响，植物在高温条件下，由于蒸腾作用加大，同时缺乏水分供给，容易因缺水而萎缩，导致粮食产量降低。

图 5 - 33 2003 年印度南部和北部部分地区 5～6 月持续出现高温天气，平均气温在 43.5～47℃，共有 1 045 人在热浪中丧生
资料来源：路透社

　　近年来，随着全球气候变暖以及城市化加速发展，高温酷暑灾害发生强度和频率呈现增长的趋势。全球极端高温及高温日数屡创纪录。我国近些年几乎每年都有 20 多个台站实测最高气温突破历史极值。2003 年夏季，浙江出现了长达近两个月的极端高温天气。同时极端高温事件发生频次越来越高，部分地区甚至年年都遭受袭击。欧洲极为罕见地在 2003 年、2006 年发生了两次强度极强的高温热浪。

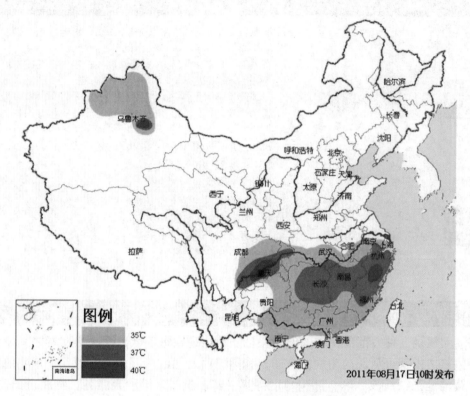

图 5 - 34　2011 年 8 月，中国中央气象台发布的全国高温区域预报

　　从 1999 年至今，我国华北地区、长江流域及其以南地区和西北地区东部几乎每年都会出现持续 10 天以上的强度大、范围广的极端高温天气。另外，极端高温热浪的袭击范围越来越广。西安、石家庄的炎热程度已不亚于南京、武汉、重庆等传统的"三大火炉"。

　　对于高温酷暑灾害的防御，一方面，应该重视对高温酷暑天气的预报，做好防暑降温的应急准备：对可能出现的高温酷暑天气作出预警，供电、供水等有关部门应作好相应的应急预案；气象、民政等灾害相关部门应提供相应的灾害监测、预警以及灾害防御等服务。另一方面，应削弱城市"热岛效应"，采取扩大城市绿地覆盖率、增加城市水域面积、提高城市下垫面蒸发量、减少城市热和温室气体排放、增加城市下垫面反射率等措施，减少城市储热，从而降低高温酷暑天气对城市的影响。

高温预警信号及防御指南

高温预警信号分二级，分别以橙色、红色表示。干旱地区的省级气象主管机构可根据实际情况制定高温预警标准，报中国气象局预测减灾司审批。

表 5 - 9　高温预警信号及防御指南

图例	含义	防御指南
橙 ORANGE	24 小时内最高气温将要升至 37℃ 以上	1. 尽量避免午后高温时段的户外活动，对老、弱、病、幼人群提供防暑降温指导，并采取必要的防护措施 2. 有关部门应注意防范因用电量过高，电线、变压器等电力设备负载大而引发火灾 3. 户外或者高温条件下的作业人员应当采取必要的防护措施 4. 注意作息时间，保证睡眠，必要时准备一些常用的防暑降温药品 5. 媒体应加强防暑降温保健知识的宣传，各相关部门、单位落实防暑降温保障措施
红 RED	24 小时内最高气温将要升到 40℃ 以上	1. 注意防暑降温，白天尽量减少户外活动 2. 有关部门要特别注意防火 3. 建议停止户外露天作业 其他同高温橙色预警信号

寒潮、低温、冷冻害

寒潮天气是一种大范围剧烈降温现象，一般出现在每年秋末至次年初春之间，侵入我国以后数日之内就可从北向南横扫全国。我国的西北地区东部、华北地区、东北地区的大部分、黄淮地区、江淮地区、江南地区等都受其影响。寒潮所经之处，将相继出现降温、大风、雨雪或冰冻天气，影响的范围广。大雪、冰冻、雨淞等使交通堵塞，电信中断；沿海地区大风造成风暴潮及海上翻船事故；强降温对农作物、瓜果及热带作物的冻害最为严重。寒潮对工农业生产和百姓日常生活的影响都很大，它是一种灾害性天气。

低温冷冻害是指春、秋季出现的对我国农业十分有害的低温连续阴雨天气。中央气象台曾规定长江以南各省区域性低温阴雨天气的标准：3 ～ 4 月日平均气温 ≤ 10℃ 的阴雨（包括总云量 ≥ 80% 的阴天）天气出现在两个省范围或以上，且持续 4 天以上者，定为一次低温阴雨天气过程。1996 年 3 月中旬到 4 月中旬，长江中下游及华南广大地区出现持续低温，导致早稻大面积烂秧、烂种，湖南、江西、湖北等省损失谷种 $3.5 \times 10^8 \sim 4 \times 10^8$ kg。

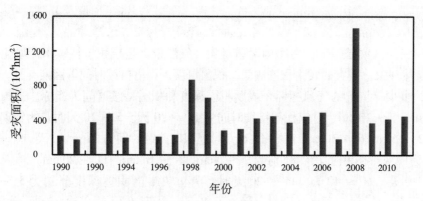

图 5 - 35　1990～2011 年中国冻害受灾面积变化
资料来源：中华人民共和国农业部种植业管理司和信息中心

寒潮预警信号及防御指南

寒潮预警信号分三级，分别以蓝色、黄色、橙色表示（表 5 - 10）。对寒潮预警标准中的大风标准，各省级气象主管机构可根据实际情况参照以下标准制定，报中国气象局预测减灾司审批。

表 5 - 10　寒潮预警信号及防御指南

图 例	含 义	防 御 指 南
	24 小时内最低气温将要下降 8℃以上，最低气温小于等于 4℃，平均风力可达 6 级以上，或阵风 7 级以上；或气温已经下降 8℃以上，最低气温小于等于 4℃，平均风力达 6 级以上，或阵风 7 级以上，并可能持续	1. 人员要注意添衣保暖，热带作物及水产养殖品种应采取一定的防寒和防风措施 2. 把门窗、围板、棚架、临时搭建物等易被大风吹动的搭建物固紧，妥善安置易受寒潮大风影响的室外物品 3. 船舶应到避风场所避风，通知高空、水上等户外作业人员停止作业 4. 要留意有关媒体报道大风降温的最新信息，以便采取进一步措施 5. 在生产上做好对寒潮大风天气的防御准备
	24 小时内最低气温将要下降 12℃以上，最低气温小于等于 4℃，平均风力可达 6 级以上，或阵风 7 级以上；或气温已经下降 12℃以上，最低气温小于等于 4℃，平均风力达 6 级以上，或阵风 7 级以上，并可能持续	1. 做好人员（尤其是老弱病人）的防寒保暖和防风工作 2. 做好牲畜、家禽的防寒和防风工作，对热带、亚热带水果及有关水产、农作物等种养品种采取防寒防风措施 其他同寒潮蓝色预警信号
	24 小时内最低气温将要下降 16℃以上，最低气温小于等于 0℃，平均风力可达 6 级以上，或阵风 7 级以上；或气温已经下降 16℃以上，最低气温小于等于 0℃，平均风力达 6 级以上，或阵风 7 级以上，并可能持续	1. 加强人员（尤其是老弱病人）的防寒保暖和防风工作 2. 进一步做好牲畜、家禽的防寒保暖和防风工作 3. 农业、水产业、畜牧业等要积极采取防霜冻、冰冻和大风措施，尽量减少损失 其他同寒潮黄色预警信号

雪灾

雪灾亦称白灾。雪灾是指冬、春季因降雪量大、气温低，造成积雪持续不能融化、大范围积雪成灾的自然现象。雪灾的发生和降雪量、积雪深度、积雪持续时间等因素有关，但主要取决于降雪量的多少。雪灾的气象指标一般以积雪深度和积雪持续时间为指标。当积雪深度分别为 2～5 cm，5～10 cm，对应积雪持续时间为 11～20 天、5～10 天时，为轻灾；当积雪深度分别为 2～5 cm，6～10 cm，11～20 cm，对应积雪持续时间为 21～40 天、11～20 天、5～10 天时，为中灾；当积雪深度分别为 2～5 cm，6～10 cm，11～20 cm，对应积雪持续时间为大于 40 天、21～40 天、11～20 天时，为重灾；当积雪深度分别为 5～10 cm，11～20 cm，大于 20 cm，对应积雪持续时间为大于 40 天、大于 20 天、大于 15 天时，为特大灾。

雪灾的主要危害有：严重影响甚至破坏交通、通信、输电线路等生命线工程，对牧民的生命安全和生活造成威胁，引起牲畜死亡，导致畜牧业减产。1977 年 10 月 26～29 日，内蒙古锡林郭勒盟牧区发生的特大暴雪所形成的"白灾"，造成 300 多万头牲畜死亡，占当地牲畜总数的 2/3。

图 5-36 2010 年 1 月 18 日，新疆维吾尔自治区普降大雪，北疆 6 个气象观测站最大积雪深度突破冬季极值，其中阿勒泰最大积雪深度达 94 cm，直逼 1 m 大关。自治区民政厅统计结果表明，雪灾已造成 125.7 万人（次）受灾，死亡 5 人，紧急转移安置 14.8 万人（次），死伤大小牲畜 10.1 万头（只），有 371 万头（只）牲畜觅食困难，局部地区交通受阻，电力中断，因灾直接经济损失 34 530.7 万元

雪灾预警信号及防御指南

雪灾预警信号分三级，分别以黄色、橙色、红色表示（表 5 – 11）。

表 5 – 11　雪灾预警信号及防御指南

图例	含义	防御指南
黄 YELLOW	12 小时内可能出现对交通或牧业有影响的降雪	1. 相关部门做好防雪准备 2. 交通部门做好道路融雪准备 3. 农牧区要备好粮草
橙 ORANGE	6 小时内可能出现对交通或牧业有较大影响的降雪，或者已经出现对交通或牧业有较大影响的降雪并可能持续	1. 相关部门做好道路清扫和积雪融化工作 2. 驾驶人员要小心驾驶，保证安全 3. 将野外牲畜赶到圈里喂养 其他同雪灾黄色预警信号
红 RED	2 小时内可能出现对交通或牧业有很大影响的降雪，或者已经出现对交通或牧业有很大影响的降雪并可能持续	1. 必要时关闭道路交通 2. 相关应急处置部门随时准备启动应急方案 3. 做好对牧区的救灾救济工作 其他同雪灾橙色预警信号

低温雨雪冰冻灾害

2008 年 1 月中旬至 2 月初，我国南方地区普降大雪。古语说"瑞雪兆丰年"，可这次降雪并没有带来欢乐，却造成了一场面积大、持续时间长的巨灾。此次历史罕见的低温雨雪冰冻天气主要集中在长江、珠江流域地区，持续二十多天。相对于我国北方地区往年的气候状况而言，此次雨雪天气其实无论从降雪量还是持续时间来说都不算特别突出。可为什么这次冰雪在我国南方却造成如此巨大的灾害呢？这是因为此次雨雪冰冻天气给当地群众生产生活和经济社会发展造成了严重的影响，已成为一种极端天气灾害，即"低温雨雪冰冻灾害"。

什么是低温雨雪冰冻灾害

低温雨雪冰冻灾害是一种极端天气灾害，其不是单一因子作用的结果，而是气象、地形和人为因素相互交融的复杂灾害系统。低温雨雪冰冻灾害天气是大范围的低温（临界零度）、高湿（相对湿度近饱和）、冻雨（过冷水）、暴雪、冰冻（凝冻）天气的组合。极端气象因子和地形综合作用，往往容易形成持续性或多次低温雨雪冰冻灾害天气过程，出现大范围、长时间积雪积冰。而一旦其发生在人类活动的地区，特别是人口稠密的地方，就会对人类生命、电力、通信、交通和工农业生产等造成影响和损害，形成低温雨雪冰冻灾害。

那么，低温雨雪冰冻灾害和普通雪灾的区别是什么呢？其区别就是低温雨雪冰冻灾害会出现大范围的冻雨和冰冻。冻雨是指过冷却水（低于0℃）降落到地面或暴露物体上时，迅速凝结为冰的天气现象（图5－37）。云体中低于0℃的水滴本该凝结成冰粒或雪花，由于找不到冻结时必需的冻结核，当它碰到物体时就会冻结成过冷却水滴。冻雨与冷暖气流的相遇有关，它的形成通常需要两个条件：①水汽充足；②地面温度低于0℃，高空存在逆温层。

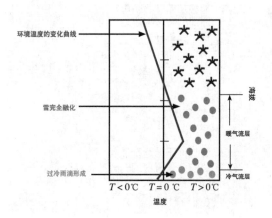

图5－37 两冷包夹一暖的"三明治"气层是冻雨的理想"温床"。冻雨开始时，以雪的形式落下，在下降过程中遇到暖气流层而完全融化为雨滴，随后在更低的高度上又遇到温度低于0℃的冷气流层，此时雨滴不再凝结，而是形成过冷雨滴。过冷雨滴一旦遇到低于0℃的物体就会立刻凝结，形成细长条状的冰挂

资料来源：University of Illinois

2008年1月底至2月中旬，我国部分地区出现罕见低温雨雪冰冻极端天气。这场新中国成立以来罕见的持续低温雨雪冰冻极端天气属于五十年一遇灾害，个别地区达到了百年一遇，具有影响范围广、持续时间长、平均温度低、平均降水多、积雪冰冻厚等特点。

此次灾害性天气的成因如下：1月以来，受异常的大气环流影响，北半球欧亚地区高纬冷空气不断分裂南下，而较强的副热带系统阻挡着南下的冷空气，使得冷暖空气交汇在我国中东部地区；"拉尼娜事件"（某些年份赤道附近东太平洋海水温度下降，导致高空大气环流发生变化）导致西太平洋的副热带高气压减弱，位置较常年偏东。在异常的大气环流和拉尼娜事件的综合影响下，南下冷空气和暖湿气流长期徘徊在我国从黄河流域到江南北部的广大区域，形成了持续的低温雨雪冰冻天气。

低温雨雪冰冻灾害造成的危害

低温雨雪冰冻灾害对我们的生活和生产都具有严重的危害。它能对一系列生命线工程造成严重破坏，例如：电线常常因为不堪冰挂的重负而断掉，导致电力中断，并由此引发断水、生产停滞等一系列问题；通信机站也会由于冻结而无法工作，导致通信中断；由于路面积雪、结冰导致车辆无法行驶，机场跑道上飞机无法起飞和着陆，交通受阻。低温雨雪冰冻还会造成农业、林业、渔业、畜牧业的巨大损失：粮食、蔬菜、牲畜会因为低温而死亡；林木除了受到低温的影响外，还会由于积雪和冰挂的压力而折断。

此外，雨雪冰冻灾害还可能引发一系列次生灾害：冰雪融化后容易引发崩塌、滑坡泥石

图 5 - 38　低温雨雪冰冻灾害造成的生命线工程破坏：（a）公路中断；（b）飞机结冰，航空运输中断；（c）高压供电线路中断；（d）城市中的供电线路遭受严重破坏

图 5 - 39　低温雨雪冰冻灾害造成农林牧渔业的巨大损失（图为树木、果园、菜田和竹林遭受灾害的情况）

流等地质灾害；停水停电后引发的垃圾堆积、污水处理厂停止运行等带来的环境污染，特别是饮用水源污染后所引发的饮用水和食品卫生安全问题；重大基础设施（如道路、桥梁、水库、堤坝、河道堤防、供水供电基础设施等）安全隐患；农林生态系统次生灾害，诸如农作物病虫害大面积暴发、因灾因病死亡畜禽的无害化处理、森林火灾等。这些都使得灾害造成的损失可能会随灾害链而扩散，继而造成灾情不断扩大。

2008年低温雨雪冰冻灾害造成的损失十分严重，远远超过常年同类灾害。据民政部国家减灾中心提供的资料，灾害波及21个省（区、市、兵团），近2亿人（次）不同程度受到灾害影响，因灾死亡129人，失踪4人，紧急转移安置166万人；农作物受灾面积 11 874.2×10³ hm²，绝收面积 1 690.6×10³ hm²；倒塌房屋48.5万间，损坏房屋168.6万间；因灾直接经济损失 1 516.5 亿元。其中，湖南、贵州、江西、安徽、湖北、广西、四川、云南等省（区）受灾较重。

灾害对群众生产生活和经济社会发展造成严重影响，大量房屋倒损，农作物和林木大面

图5-40 每年春节都是我国运输的高峰期，而此次低温雨雪冰冻灾害发生在中国的春节前后，恰逢春运高峰期，南方各省的上千万民工要回家过年，高等院校的学生放寒假也要回家，超大规模的客流和物流过程，已使基础设施、水电供应、商品保障以及社会管理处于极限状态，加上灾害主要发生的我国南方大部分地区人口密度大、交通运输线路密集、公共基础设施抗冰冻能力低、农林经济比重高、群众掌握的防御冰雪灾害的手段相对少等多种因素交织作用，引发一系列问题，大大增加了灾害的社会影响和救助难度。图为2008年低温雨雪冰冻灾害期间几十万名乘客守候在广州火车站广场，这场五十年一遇的气象灾害虽然中断了多条铁路动脉，但是无法阻挡乘客过年回家和亲人团聚的决定。

资料来源：《Time》网站（http://www.time.com/time/photogallery/o,29307,1707762_1525601,00.html）

积受灾，大量牲畜冻死；铁路、公路、民航等交通运输大范围受阻，旅客大量滞留，农副产品供应紧张；电力、通信、供水、燃气等生命线工程严重受损，部分地方供水管道破裂。灾害的波及面之广、影响程度之深、社会影响之大，均创新中国成立以来同类灾害之最，属于特大灾害规模。

这次灾害暴露了现代化的软肋。现代化离不开电，此次灾害中，与其说大雪是罪魁祸首，不如说缺电才是真正的罪魁祸首。没有了电，列车就不能运行，春运无法完成，煤输送不到电厂，城市必然停水断电。因此，今后我们在进行现代化建设时，应该充分考虑现代化给我们的生产生活带来的新的脆弱性。

这次灾害中，结冰是重要的致灾因素。研究灾害性（非常规）天气的形成、成灾和预测是一个前沿性科学问题，社会应增加对灾害性天气预测不确定性的认识和了解。在尽快建立健全应急系统和有效的"防寒机制"、提高减灾意识和减灾技术的同时，要形成应对灾难性气候的社会合力，政府和民众都应该积极行动起来。

5.5　强对流天气

冰雹

冰雹是强烈对流云中降落的一种固态水，是我国主要的灾害性天气之一。冰雹出现的范围一般较小，时间也较短，但来势猛、强度大，常伴有狂风骤雨，往往给局部地区的农牧业、工矿企业、电信、交通运输以及人民生命财产等造成较大损失。

冰雹在中纬度地区最常见，往往能持续 15 分钟左右，一般出现于中午到傍晚这段时间。产生冰雹的积雨云多出现在暖湿季节。在阳光比较强烈、空气中水汽含量较高时，接近地面的低层大气被太阳晒热的地面烤热，形成下热上冷的很不稳定的空气柱，从而发生强烈对流，并发展为产生冰雹的积雨云，也就是冰雹云。冰雹云是由水滴、冰晶和雪花组成的。一般为三层：最下面一层温度在 0℃ 以上，由水滴组成；中间温度为 -20 ～ 0℃，由过冷却水滴、冰晶和雪花组成；最上面一层温度在 -20℃ 以下，基本上由冰晶和雪花组成。在冰雹云中气流是很强盛的，强烈的上升气流不仅给冰雹云输送了充分的水汽，并且支撑冰雹粒子在云中随气流不断上升并与沿途的雪花、小水滴等合并，形成具有一层层透明与不透明交替层次的冰块。当冰雹增大到一定程度，上升的气流无法支持时，就降落到地面上来。冬季地面接受太阳的热量少，无法成强烈的对流，而且由于空气干燥，即使发生对流，也不易形成积雨云。这就是冰雹为什么出现在暖季（春、夏、秋）而不是冬季的原因。

我国年降雹日数的地区差异比较明显：山地比平原多，内陆比沿海多，大体上从东北到西藏这一条"东北—西南"向地带的冰雹较多，位于其两侧的广大东南部地区和西北内陆干旱地区冰雹较少。

图 5 - 41　冰雹灾害是由强对流天气系统引起的一种剧烈的气象灾害，它出现的范围虽然较小，时间也比较短促，但来势猛、强度大，并常常伴随着狂风、强降水、急剧降温等阵发性灾害性天气过程。中国是冰雹灾害频繁发生的国家，冰雹每年都给农业、建筑、通信、电力、交通以及人民生命财产带来巨大损失。据有关资料统计，我国每年因冰雹所造成的经济损失达几亿元甚至几十亿元

资料来源：人民教育出版社课程教材研究所，2004

冰雹预警信号及防御指南

冰雹预警信号分二级，分别以橙色、红色表示（表 5 - 12）。

表 5 - 12 冰雹预警信号及防御指南

图 例	含 义	防御指南
冰雹 橙 HAIL	6 小时内可能出现冰雹伴随雷电天气，并可能造成雹灾	1. 注意天气变化，作好防雹和防雷电准备 2. 妥善安置易受冰雹影响的室外物品、小汽车等 3. 老人、小孩不要外出，留在家中 4. 将家禽、牲畜等赶到带有顶篷的安全场所 5. 不要进入孤立的棚屋岗亭等建筑物或大树底下，出现雷电时应当关闭手机 6. 做好人工消雹的作业准备并伺机进行人工消雹作业
冰雹 红 HAIL	2 小时内出现冰雹伴随雷电天气的可能性极大，并可能造成重雹灾	1. 户外行人立即到安全的地方暂避 2. 相关应急处置部门和抢险单位随时准备启动抢险应急方案 其他同冰雹橙色预警信号

雷电灾害

当天空乌云密布、雷雨云迅猛发展时，突然一道夺目的闪光划破长空，接着传来震耳欲聋的巨响，这就是闪电和打雷，亦称为雷电。雷属于大气声学现象，是大气中小区域强烈爆炸产生的冲击波形成的声波，而闪电则是大气中发生的火花放电现象。

强烈的对流性天气使云中产生电荷。云中电荷的分布很复杂，但总的说来，云的上部以正电荷为主，云的中、下部以负电荷为主，云的下部前方的强烈上升气流中还有一定范围的正电区。当云的上、下部之间的电位差大到一定程度后，便会产生放电，这就是我们平常所见到的闪电现象。放电过程中，闪道中的温度骤增，使空气体积急剧膨胀，从而产生冲击波，导致强烈的雷鸣。当云层很低时，有时可形成云地间放电，也就是雷击。雷电的持续时间一般较短。

闪电和雷声是同时发生的，但它们在大气中传播的速度相差很大，因此人们总是先看到闪电然后才听到雷声。光每秒能走 30×10^4 km，而声音只能走 340 m。根据这个现象，我们可以根据从看到闪电起到听到雷声止这一段时间的长短来计算闪电发生处离我们的距离。假如闪电在西北方，隔 10 秒听到了雷声，说明这块雷雨距离我们约有 3 400 m 远。

雷电的大小、多少以及活动情况，与各个地区的地形、气象条件及所处的纬度有关。一般山地雷电比平原多，南方雷电比北方多，沿海地区比大陆腹地要多，建筑越高，遭雷击的机会越多。雷电多出现在夏季和秋季，冬季只在南方偶尔出现。

雷电灾害是指因雷雨云中的电能释放、直接击中或间接影响到物体而造成损失的灾害现象。雷电具有很大的破坏性，它的发生是迄今为止人类还难以控制和阻止的。其破坏作用表现在：强大的电流、炽热的高温、猛烈的冲击波、剧烈的电磁场和强烈的电磁辐射等物理效应。全球每年雷击伤亡超过 1 万人。我国 21 个省会城市每年雷电日数在 50 天以上，最多的

图 5 - 42　雷暴是一种局部的但却很猛烈的灾害性天气，它不仅影响飞机等的安全飞行，干扰无线电通信，而且可能击毁建筑物、输电和通信线路的支架、电气机车，损坏设备，引起火灾，击伤击毙人畜等。1988 年黄石公园的森林火灾就是由雷击引起的

达 134 天，每年造成三四千人伤亡，财产损失 50 亿～ 100 亿元。1989 年 8 月 12 日，中国石油天然气总公司胜利输油公司山东黄岛油库油罐因雷击爆炸起火，大火连续燃烧了 5 天 4 夜，造成的直接经济损失高达 3 540 万元（海水污染的损失未计在内），造成 100 多人伤亡，严重破坏附近生态环境。

　　雷电活动夏季最活跃，冬季最少。从全球分布来看，赤道附近最活跃，随纬度升高而减少，极地最少。在气象学中，常用雷暴日数、年平均雷暴日数、年平均地面落雷密度来表征某个地方雷电活动的频繁程度和强度。此外，也使用年雷闪频数来评价雷电活动，它是指 1 000 km^2 范围内一年共发生雷闪击的次数。雷闪频数的测试方法只能借助于无线电。

大量观测统计资料表明，一个地区的雷闪频数与雷暴日数呈线性关系。通常，建筑行业的防雷，更多地注重雷暴日的多少；航空、航海、气象、通信等行业越来越关心年雷闪频数的多少。我国一般按年平均雷暴日数将雷电活动区分为少雷区（小于 15 天）、中雷区（15 ～ 40 天）、多雷区（41 ～ 90 天）、强雷区（大于 90 天）。

雷击虽然是不可避免的自然灾害，但采取与不采取措施以及措施科学与否，其后果大不相同。我国由国务院设置了建设工程防雷装置设计审核和竣工验收两个审批事项，建设工程开工前，必须由当地县级以上气象主管机构对其防雷装置进行设计审核；建设工程完工后，必须由当地县级以上气象主管机构对其防雷装置进行竣工验收。防雷装置应当每年检测一次，其中易燃易爆场所的防雷装置应当每半年检测一次。另外，国家还就从事防雷检测、防雷工程的单位和个人的资质和资格管理作出了严格的规定。

图 5 - 43　当云的上、下部之间的电位差大到一定程度后，便会产生放电，这就是我们平常所见到的闪电现象。1989 年中国山东黄岛油库大爆炸就是由雷电引起的

雷电预警信号和防御指南

雷电预警信号分三级，分别以黄色、橙色、红色表示。

表5－13　雷电预警信号和防御指南

图例	含义	防御指南
	6小时内可能发生雷电活动，可能会造成雷电灾害事故	1. 政府及相关部门按照职责做好防雷工作 2. 密切关注天气，尽量避免户外活动
	2小时内发生雷电活动的可能性很大，或者已经受雷电活动影响且可能持续，出现雷电灾害事故的可能性比较大	1. 政府及相关部门按照职责落实防雷应急措施 2. 人员应当留在室内，并关好门窗 3. 户外人员应当躲入有防雷设施的建筑物或者汽车内 4. 切断危险电源，不要在树下、电杆下、塔吊下避雨 5. 在空旷场地不要打伞，不要把农具、羽毛球拍、高尔夫球杆等扛在肩上
	2小时内发生雷电活动的可能性非常大，或者已经有强烈的雷电活动发生且可能持续，出现雷电灾害事故的可能性非常大	1. 政府及相关部门按照职责做好防雷应急抢险工作 2. 人员应当尽量躲入有防雷设施的建筑物或者汽车内，并关好门窗 3. 切勿接触天线、水管、铁丝网、金属门窗、建筑物外墙，远离电线等带电设备和其他类似金属装置 4. 尽量不要使用无防雷装置或者防雷装置不完备的电视、电话等电器 5. 密切注意雷电预警信息的发布

雷鸣电闪时，在室外的人为防雷击，应当注意什么呢？"中国科普博览"网站总结了四条原则。一是人体应尽量降低自己，以免作为凸出尖端而被闪电直接击中。二是人体与地面的接触面要尽量缩小以防止因"跨步电压"造成伤害。所谓跨步电压是在雷击点附近的两点间具有很大的电位差，若人的两脚分得很开，分别接触相距远的两点，则两脚间便形成较大的电位差，导致有强电流通过人体而使人受伤害。三是不可到孤立的大树下和无避雷装置的高大建筑体附近，不可手持金属体并高举头顶。四是不要进入水中，因水体导电好，易遭雷击。总之，应当到较低处，双脚合拢地站立或蹲下，以减少遭遇雷击的机会。

雷电期间在室内者，不要靠近窗户、尽可能远离电灯、电话、室外天线的引线等；在没有避雷装置的建筑物内，应避免接触烟囱、自来水管、暖气管道、钢柱等。

龙卷风

龙卷风，因与古代神话里从波涛中窜出、腾云驾雾的蛟龙很相像而得名。

龙卷风是一个猛烈旋转着的圆形空气柱，它的上端与雷雨云相接，下端有的悬在半空中，有的直接延伸到地面或水面，它一边旋转，一边向前移动。它发生在海上，犹如"龙吸水"的现象，被称为"水龙卷"；出现在陆上，卷扬尘土，卷走房屋、树木等的龙卷，被称为"陆龙卷"。远远看去，它不仅很像吊在空中晃晃悠悠的一条巨蟒，而且很像一个摆动不停的大象鼻子。

这个"大象鼻"究竟是怎样形成的呢？

龙卷风诞生在雷雨云里。在雷雨云里，空气扰动十分厉害，上下温差悬殊。在地面，气温是二十几摄氏度，越往高空，温度越低。在积雨云顶部八千多米的高空，温度低到零下三十几摄氏度。这样，上面冷的气流急速下降，下面热的空气猛烈上升。上升气流到达高空时，如果遇到很大的水平方向的风，就会迫使上升气流"倒挂"（向下旋转运动）。由于上层空气交替扰动，产生旋转作用，形成许多小涡旋。这些小涡旋逐渐扩大，上下激荡越发强烈，终于形成大涡旋。

龙卷风的范围小，直径平均为 200～300 m，直径最小的不过几十米，只有极少数直径大的才达到 1 000 m 以上。它的寿命也很短促，往往只有几分钟到几十分钟，最多不超过几小时。其移动速度平均每秒 15 m，最快的每秒可达 70 m；移动路径的长度大多在 10 km 左右，短的只有几十米，长的可达几百千米以上。它造成破坏的地面宽度，一般只有 1～2 km。

龙卷风的脾气极其"粗暴"。在它所到之处，吼声如雷，强的犹如飞机机群在低空掠过。这可能是由于涡旋的某些部分风速超过声速，因而产生小振幅的冲击波所致。龙卷风里的风速究竟有多大？人们还无法测定，因为任何风速计都经受不住它的摧毁。一般情况，风速可能在每秒 50～150 m，极端情况下，甚至达到每秒 300 m 或超过声速。

超声速的风能，可产生无穷的威力。1896 年，美国圣路易斯的龙卷风夹带的松木棍竟把 1 cm 厚的钢板击穿。1919 年发生在美国明尼苏达州的一次龙卷风，使一根细草茎刺穿了一块厚木板；而一片三叶草的叶子竟像楔子一样，深深地嵌入了泥墙中。不过，龙卷风中心的风速很小，甚至无风，这和台风眼中的情况很相似。

尤其可怕的是龙卷风内部的低气压。这种低气压可以低到 400 mbar[①]，甚至 200 mbar，而一个标准大气压是 1 013 mbar。所以，在龙卷风扫过的地方，它犹如一个特殊的吸泵一样，往往把它所触及的水和沙尘、树木等吸卷而起，形成高大的柱体，这就是过去人们所说的"龙倒挂"或"龙吸水"。当龙卷风把陆地上某种有颜色的物质或其他物质及海里的鱼类卷到高空，移到某地再随暴雨降到地面，就形成"鱼雨""血雨""谷雨""钱雨"了。

当龙卷风扫过建筑物顶部或车辆时，由于它的内部气压极低，造成建筑物或车辆内外强烈的气压差，顷刻间就会使建筑物或车辆发生"爆炸"。如果龙卷风的爆炸作用和巨大风力共同施展威力，那么它们所产生的破坏和损失将是极端严重的。

在通常的情况下，如果龙卷风经过居民点，天空中便飞舞着砖瓦、断木等碎物，因其风速很大而能使人、畜伤亡，并将树木和电线杆砸成窟窿。这时就是一粒粒的小石子，也宛如枪弹似的，能穿过玻璃而不使它粉碎。

据统计，每个陆地国家都出现过龙卷风，其中美国是发生龙卷风最多的国家。1879 年

---

① 1 mbar = 10^2 Pa，下同

图 5 - 44　远远看去，龙卷风不仅很像吊在空中晃晃悠悠的一条巨蟒，而且很像一个摆动不停的大象鼻子

　　5 月 30 日下午 4 时，美国堪萨斯州北方的上空有两块又黑又浓的乌云合并在一起。15 分钟后，云层下端产生了旋涡。旋涡迅速增长，变成一根顶天立地的巨大风柱，在 3 小时内像一条孽龙似的在整个州内胡作非为，所到之处无一幸免。龙卷风甚至将一座新造的 75 m 长的铁路桥从石桥墩上"拔"起，并在空中扭了几扭后抛到了水中。1999 年 5 月 27 日，美国得克萨斯州中部，包括首府奥斯汀在内的 4 个县遭受特大龙卷风袭击，造成至少 32 人死亡，数十人受伤。据报道，在离奥斯汀市北部 64 km 的贾雷尔镇，有 50 多所房屋倒塌，30 多人在龙卷风中丧生，遭到破坏的地区长达 1 km，宽约 180 m。

　　我国发生龙卷风的机会也很多。我国龙卷风主要发生在华南和华东地区，它还经常出现在南海的西沙群岛上。由于龙卷风的发生与强烈雷暴的出现密切相关，所以龙卷风一般在暖

图 5 - 45 （a）2007 年 5 月，龙卷风以每小时近 300 km 的速度袭击了美国堪萨斯州的格林斯堡小镇，过后一片狼藉，到处是龙卷风肆虐的痕迹。（b）2007 年 6 月 7 日，广州市花都区遭遇龙卷风和暴雨的袭击，东莞村道路边的一些电线杆折断倒地。一位坐在汽车中的现场目击者说："车子突然动起来，慢慢地往池塘方向移去。我刚想跳下车，却骇然发现猪圈的棚顶打着转儿飞了起来。猪都伏在地上，不敢动弹"

资料来源：（a）Orlin Wagner/ 美联社；（b）金羊网－新快报，郜慧晶摄

季出现。但在没有雷暴的寒冷季节里，只要具备强烈对流的条件，也是可以出现龙卷风的。

龙卷风在白天、夜间都能生成，但大部分发生在午后。有时，会同时有几个龙卷风一起出现。

气象卫星的出现给龙卷风预报预警增添了新的探测工具，尤其是用同步卫星拍摄的云层照片，在监视龙卷风的发生上起着更重大的作用。卫星昼夜都能观测，并且可以看到更小的目标。如果把卫星和雷达结合起来，就能连续观察龙卷风的变化，可在龙卷风发生前半小时发布警告。

遇到龙卷风，如果在家务必远离门、窗和房屋的外围墙壁，躲到与龙卷风方向相反的墙壁或小房间内抱头蹲下。躲避龙卷风最安全的地方是地下室或半地下室。在电杆倒、房屋塌的紧急情况下，应及时切断电源，以防止电击人体或引起火灾。在野外遇到龙卷风时，应迅速向龙卷风前进的相反方向或垂直方向逃离，伏于低洼地面，但要远离大树、电线杆，以免被砸、被压或触电。开车外出遇到龙卷风，千万不能开车躲避，也不要在汽车中躲避，应立即离开汽车，到低洼地躲避。

5.6 全球变化和气象灾害

在本章前面几节中，我们讨论的灾害主要涉及以天为单位的天气变化和以年（季节）为单位的气候变化。如果时间更长一些，是否也会发生地球大气圈中的灾害呢？

历史文献、树木年轮、沉积物、冰芯以及其他资料间接地为人们提供了全球变化历史。在大时间尺度上，地球环境的变化主要是冰期、间冰期的交替，称为冰期旋回。在冰期旋回中，全球温度、冰量和大气中 CO_2 含量有巨大的波动。

全球变化

在研究全球气候变化时，多数科学家的概念模型是：全球变化可以分为物理气候系统和生物地球化学循环两个过程体系。物理气候系统的子系统主要涉及：大气物理/动力学、海洋动力学、地表的水汽和能量循环；生物地球化学循环的子系统主要涉及：大气化学、海洋生物、地球化学和陆地生态系统。每个子系统都直接或间接地同其他子系统发生相互作用。

驱动全球变化的最终能源是太阳能。能量和水以各种方式贯穿于整个体系。人类活动也加入到全球变化中，同时，人类活动也受到全球变化的制约。

早在 20 世纪 30 年代，南斯拉夫科学家米兰科维奇发现：地球运转轨道几何形态的缓慢变化，会使地球表面太阳辐射能量的纬度与季节分布发生周期性的变化，从而导致第四纪冰期旋回的反复出现。米兰科维奇的理论对于 1 万～ 10 万年尺度的变化给出了解释。

米兰科维奇的重要结果是：地球在过去很长时期中，的确发生了明显的气候变化，但这种变化是自然因素造成的。

近年来越来越多的证据表明：地球气候的长期变化不仅由于地球轨道周期的物理效应，而且取决于温室气候的增减，在于人类活动对自然界的影响。

图 5 - 46　米兰科维奇·米留廷（1879 - 1958），南斯拉夫气候学家，他提出了"地球冰期循环是地球轨道变化改变了季节之间的热平衡而引起的"的理论

　　资料来源：Paja Jovanovic 画（1943）

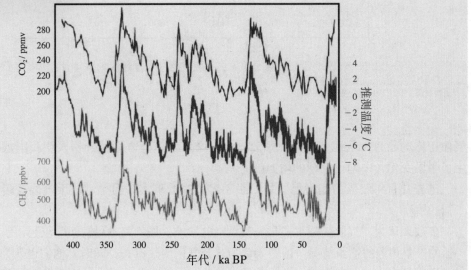

图 5 - 47　1999 年，Petit 等在《Nature》杂志上发表了南极洲东方站（俄罗斯的一个科学考察站）在过去 42 万年的大气和气候变化的历史资料。CO_2 和 CH_4 是典型的温室气体，研究人员利用 42 万年以来全球的 CO_2（紫色线）、CH_4（绿色线）含量的变化曲线来推断全球温度变化曲线（红色线），发现温度变化具有规律性，期间一共涵盖了 4 个冰期—间冰期旋回

　　资料来源：J. R. Petit et al., 1999

气候变暖

　　根据对 100 多份全球变化资料的系统分析发现，全球平均温度已升高 0.3 ～ 0.6℃，其中 11 个最暖的年份发生在 20 世纪 80 年代中期以后，因而全球变暖是一个毋庸置疑的事实。全球变暖将带来非常严重的后果，如冰川消退、海平面上升、荒漠化，还会给生态系统、农业生产带来严重影响。

　　观测资料显示，20 世纪是过去 1 000 年中最温暖的 100 年，过去 140 年间全球升温 0.4 ～ 0.8℃（平均 0.6℃）；13 个最暖年份出现在 1983 年以后。这些研究表明，近百年来，地球气候（包括我国气候）正经历一次以全球变暖为主要特征的显著变化。根据我国近百年

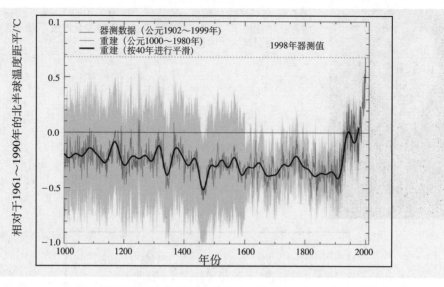

图 5 – 48　公元 1000 ～ 1999 年北半球千年温度重建。蓝色表示通过树木年轮、冰芯等资料得到的数据；红色表示仪器记录；黑色的曲线是平滑过后的数据
　　资料来源：IPCC2001 科学基础技术摘要

气候变化的趋势，从地域分布、季节分布、降水分布等方面的分析表明我国近百年的气候发生了明显变化，中国与全球的增温趋势基本一致。

　　过去几百年气候的变暖已经是一个不容怀疑的事实，但是，对于气候变暖的原因，却有不同的解释。

　　多数人认为，气候变暖主要是人类活动的影响。图 5 – 50 给出了从公元前 11 世纪至今的中国的农垦用地的增长情况，这些人认为这与气候变暖有关。同时，他们也认为，城市化进程加剧了气候变化。城市作为人类活动的主要地区，城市化、工业化以及伴随的社会转型必然导致能源消耗以及相应的温室气体排放量快速增长，引起大气中 CO_2 的浓度升高，由此也加快了全球变暖的步伐。排放温室气体的人类活动主要有：化石能源燃烧活动（CO_2 等）、化石能源开采过程（CO_2 和 CH_4）、工业生产过程（CO_2）、农业和畜牧业（CH_4）、废弃物处理（CH_4 和 N_2O）、土地利用变化（CO_2）等。当 CO_2 加倍时，温室效应增强，导致温度升高，引起全球变化。

　　早在 1818 年，气象学家就发现，城市的气温比周围乡村高，在气温分布图上，城市是一个封闭的高温区，就如海洋中的孤岛，因而称之为"热岛效应"。随着现代工业的发展，一些大城市所释放的热量已经接近或超过地表所接受的太阳热能，成为支配城市气候的第二热源。

　　2006 年 6 月，美国国家科学院出版的最新调查报告表明，地球气温至少处于 400 年来甚至是几千年来的最高点。地球正在变热，而"人类活动要为最近的变暖负主要责任"。同时，国内的研究也纷纷发现，要论高温等天气的罪魁祸首，人类对于生存环境的破坏首当其冲。通过毫无节制的农业开发和城市化运动，人类大规模地把自然生态系统转变为人工生态系统，导致地球表面及大气的自然状态受到严重破坏。人类大量攫取地球生物圈中的各种资源，

图 5 - 49　5 896 m 高的乞力马扎罗山不仅是非洲最高的山，其高山雪峰更以独特的地理风貌著称世界。
（a）乞力马扎罗山 1970 年山顶积雪的情况；（b）同一季节同一地点，乞力马扎罗山 2000 年的山顶积雪。
对比（a）、（b）两张图，可以看出在 30 年左右的时间内，乞力马扎罗山山顶积雪面积大幅度减少的情况
　　　资料来源：PAGES（Past Global Changes）

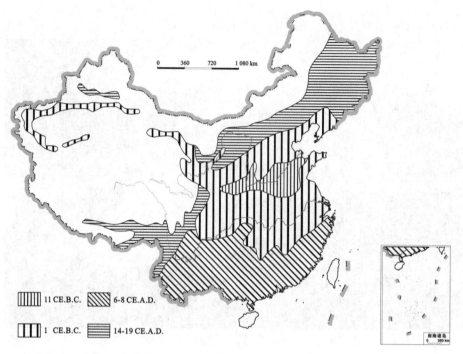

图 5 - 50　从公元前 11 世纪至今的中国的农垦用地的增长情况，图中分别给出了：公元前 11 世纪；公元前 1 世纪；公元 6 ～ 8 世纪和公元 14 ～ 19 世纪四种时段农垦地的分布

资料来源：中国科学院东亚区域气候—环境重点实验室

大量使用煤、石油、天然气等矿物燃料，致使 CO_2，CH_4，O_3 等温室气体排放不断增加，产生过度的"温室效应"，使得高温酷暑灾害的出现频率和强度都不断加大。同时，城市的扩张，造成的城市"热岛效应"使城市年均气温比郊区高出 1℃ 以上，而夏季城市局部地区的气温有时甚至比郊区高出 6℃ 以上，这在很大程度上也加剧了高温酷暑灾害的强度和影响范围。

全球变暖造成的影响是全方位、多尺度和多层次的，既有正面影响，也有负面效应，但负面效应更受关注。2007 年 3 月 27 日出版的美国《国家科学院学报》最新分析预测结果表明，如果全球变暖按照目前的趋势继续下去，将有可能"极端地"改变全球气候模式，出现一些全新的气候类型，而目前已有的很多气候类型将从地球上消失。根据世界各国有关科学部门对未来 100 年全球气候及气候系统的变化预测，将来全球气候增暖将以更快的速率进行，并且这种变暖趋势还将继续下去，"全球增暖看来是不可逆转的"。同时，大量的研究和事实都表明全球变暖将深刻地影响到全球生态环境、人类生存等诸多方面。联合国发表的气候变暖报告中也指出，除非立即采取有效的应对措施，否则随着全球气温的不断升高，数百万的贫困人口将遭受饥饿、干旱、洪水和疾病的困扰。

2007 年 6 月 7 日，八国集团首脑会议召开并发表了一份长达 37 页的联合声明，表示同意"认真考虑"欧盟、加拿大、日本等方提出的关于到 2050 年全球温室气体排放量比 1990 年至少降低 50% 的建议，并希望温室气体排放大国都为此而努力。

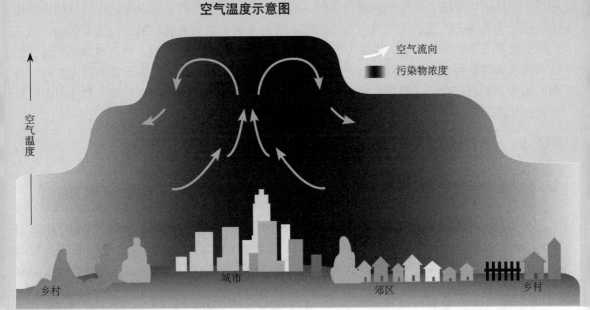

空气温度示意图

空气温度

→ 空气流向

▬ 污染物浓度

乡村　　　城市　　　郊区　　　乡村

图 5 - 51　城市边界层及热岛效应示意图

全球变化和气象灾害

　　科学界另一部分人并不完全同意气候变暖是人类活动结果的意见。他们认为：引起气候变化的因素主要分为两大类。首先是自然波动，包括太阳辐射的变化、火山爆发等；其次是人类活动的影响，如人类活动排放的 CO_2 等温室气体和硫化物气溶胶、土地利用的变化等。温室气体对气候的影响集中表现为"温室效应"，即温室气体能吸收地表长波辐射，使大气变暖，与"温室"作用相似。这部分人认为，判断自然波动和人类活动的两种影响谁大谁小，还需要有更多的数据和更长期的观测。

　　事实上，从 18 世纪工业革命开始，西方国家就以牺牲人类共有的环境资源为代价积累起大量财富。因此，遏制全球气候变暖的《联合国气候变化框架公约》就规定了"共同但有区别的"责任原则，意即世界各国对全球气候有共同的责任，但发达国家应承担主要责任。发达国家的老百姓对此也有深刻认识，并汇聚成强大民意向政府施压，要求政府采取紧急措施，遏制全球气候变暖势头。

　　联合国政府间气候变化专门委员会（Intergovernmental Panel on Climate Change，IPCC），是世界气象组织（WMO）和联合国环境规划署（UNEP）在 1988 年联合设立的，是对气候变化的科学认识、气候变化的影响以及适应和减缓气候变化的可能对策进行评估，向决策者提供现有的气候变化知识及可靠的相关信息的政府间机构。综合对气候变暖的两种不同的意见，IPCC 提出了建议，其中有两点是值得注意的。第一，可持续发展战略的核心是经济发展与保护资源、保护生态环境的协调一致，让人类子孙后代能够享有充分的资源和良好的自然环境。可持续发展是一个长期的战略目标，需要人类世世代代的共同奋斗。现在是从传统增长到可持续发展的转变时期，因而最近几代人的努力是成功的关键。第二，为了彻底弄清楚全球变化和气象灾害的关系，客观的求证和长期的研究是必要的："以人类对地球系统过程的认识以及人类是否影响到地球系统的认识为基础，开展一项新的工作来研究包括人类行为在内的地球系统的运行，以促进对现在和将来全球变化的预测和认识，为未来人类社会可持续地管理全球环境奠定科学基础。"

5.7 减轻气象灾害

严重的气象灾害

20 世纪气象灾害造成的损失巨大。仅据 1947 ～ 1980 年资料统计，全世界主要气象灾害造成的死亡人数如下：热带气旋（飓风、台风）死亡 499 000 人，洪涝死亡 194 000 人，雷暴和龙卷风死亡 29 000 人，雪暴死亡 10 000 人，热浪死亡 7 000 人。此外，还有一些与气象有关的自然灾害，如潮汐死亡 5 000 人、雪崩死亡 5 000 人等。

我国地处东亚季风区，东临太平洋，西有世界上最高的高原——青藏高原，受地理位置、地形地貌等因素影响，我国气象灾害不仅频繁发生，而且气象灾害的种类多，是国际上气象灾害频发国之一。据 1990 ～ 2000 年 10 多年的统计，每年气象灾害造成的经济损失约 2 000 亿元，如图 5 - 53 所示，占国内生产总值的 3%～ 6%。

根据有关预测，未来 50 年，我国的城市化率将从现在的 37% 提高到 75% 以上，届时将全面超出世界中等发达国家的城市水平，建成具有容纳 11 亿～ 12 亿人口的城市容量。城市化对我国国民经济的发展和社会的进步具有不可低估的促进作用，是国家现代化的重要组成部分和核心内容。

然而随着城市化进程的推进、经济的高速增长，能源消耗会随之增加，社会经济活动的加速，将给资源环境造成更大压力，由此可能会加大气象灾害发生的概率。城市化对气象灾害有明显的"放大"作用。城市化进程使得城市高温热浪、干旱缺水、雾灾、雷电等灾害加剧。城市街道两侧整齐划一的高楼往往形成"狭管效应"，使局地风速增大造成风灾，大风还易引发火灾，甚至"火烧联营"。

有些普通的天气现象在城市化特殊背景下可能会导致严重的灾害。如 2001 年 12 月 7 日，仅 1.8 mm 的小雪就导致北京市全市交通瘫痪，赶火车和飞机的人大多误点，几乎所有立交桥都因路滑而使汽车爬不上去，成为堵塞最严重的地方。大多数交通指挥车、扫雪车和撒盐车被堵在院内不能出动，无法及时疏导和缓解交通拥堵。

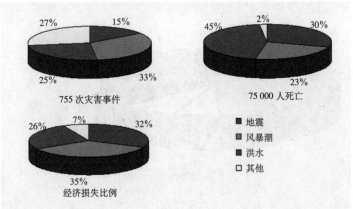

图 5 - 52　世界气象灾害的情况：2003 年全球自然灾害统计（Munich Re Group，2004），仅风灾就占死亡人数和财产损失的 1/3，而其他许多灾害都与气象灾害有关

■ 地震
■ 风暴潮
■ 洪水
□ 其他

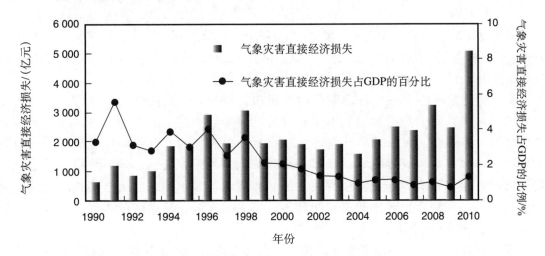

图 5 - 53　1990 ～ 2010 年，因气象灾害死亡 8.5 万人，直接经济损失 4.4 万亿元
　资料来源：中国气象局国家气候中心

气象观测网

　　我国已初步形成了地基、天基和空基相结合，门类比较齐全，布局基本合理的现代化大气综合观测系统。

　　地基指的是地面上的观测系统。我国现有 2 511 个（未含港、澳、台地区的站点数）地面气象观测点，其中基准气候站有 143 个，基本气象站有 557 个，一般气象站 1 811 个。县以上的所有城市都建立了气象站，大城市正在建设密度更高的自动站监测网，目标是达到 20 km 一个站。地面气象观测是指在各种地面观测平台上用仪器及目力对气象要素和天气现象进行测量、观察的方法和技术。观测时间一般为世界时 00 : 00，06 :00，12 :00，18 :00 时（相当北京时间 08 : 00，14 :00，20 :00，02 :00 时），观测项目包括：气压、气温、湿度、云况（云量、云状、云高、云向）、风向、风速、水平能见度、降水量、地面状况和特殊大气现象等。

　　空基指的是探测设备在空中对大气进行观测（包括分留气艇、高空气球、飞机、平流层

图 5－54　各种主要自然灾害经济损失比例图。中国气象灾害具有显著的地域性、突出的季节性，种类多，频次高，影响大，损失严重。据估计，我国由于气象灾害导致的经济损失约占整个自然灾害造成损失的71%

资料来源：中国民政部、中国气象局国家气候中心

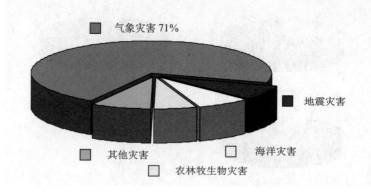

下投探测设备等）。高空气象观测以测定大气各高度上的温度、湿度、气压、风向、风速为主，其他还有一些特殊项目，如大气成分、臭氧、辐射、大气电等。主要的观测方法有气球探测、气象飞机探测、无线电探空和测风、气象雷达探测、气象火箭探测等。

天气雷达是探测大气中气象变化的千里眼、顺风耳。它探测的基本原理是：由发射系统产生大功率、短持续时间的电磁波脉冲序列，通过天线发射出去，以光速在大气中传播，若遇到云滴、雨、冰雹等气象目标物时将散射，其中向后散射部分将返回发射点，通过接收系统接收后，经过一系列的电路处理，最后显示系统在荧屏上把与目标物的方向和距离等一一对应的回波形状和强弱等显示出来。天气雷达通过对云雨的观测，可以探测云和降水的位置和分布、发生和发展、移动和结构等，天气雷达的探测距离在 500 km 左右。

1998 年以来，我国引进国外先进技术，大力推进新一代多普勒天气雷达，新一代天气雷达能够对台风、暴雨、飑线、冰雹、龙卷风等灾害性天气进行有效监测和预警，同时能够对 200 km 半径范围内的降水量分布和区域降水量进行较准确的估测，解决地面监测站点稀疏而不能全面监测雨量的问题，在水文和防汛抗洪及城市积涝防御中能够发挥重大作用。

天基指的是气象卫星。气象卫星具有范围大、及时迅速、连续完整的特点，并能把云图等气象信息发给地面用户。气象卫星的本领来自它携带的气象传感器，这种传感器能够接收和测量地球及其大气的可见光、红外线与微波辐射，并将它们转换成电信号传送到地面。地面接收站再把电信号复原绘出各种云层、地表和洋面图片，进一步处理后就可以发现天气变化的趋势，从而为天气预报、减灾防灾、科学研究以及政府部门决策等服务。

我国气象卫星的发射始于 1988 年，至今已经成功发射了 4 颗"风云一号"系列极轨气象卫星、6 颗"风云二号"系列静止气象卫星和 2 颗"风云三号"系列极轨气象卫星。目前，在轨运行的气象卫星是"风云二号"D 星、E 星、F 星和"风云三号"A 星和 B 星。

图 5 - 55　气象雷达是大气监测的重要手段，在突发性、灾害性的监测、预报和警报中具有极为重要的作用
资料来源：赣州市气象局

图 5 - 56　气象观测场是安置室外仪器设备和进行观测的场所。要求设在对当地的天气和气候具有一定代表性的地点，如：四周空旷，场地平坦，远避坡谷、水泽和林木等地形地物的影响。场地的标准面积为 25 m × 25 m，场内保持不超过 20 cm 高的均匀草层，围栏涂以白漆，防止辐射影响。场内自北向南排列着风向风速杆、百叶箱、雨量器、日照计和地面温度表等。白色的百叶箱内装有温度和湿度自动记录仪。在室内还配置有气压表、风向风速的自记仪和遥测雨量记录仪等气象观测仪器
资料来源：赣州市气象局

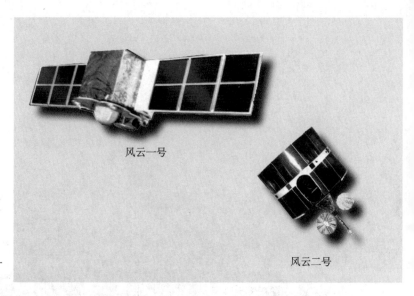

风云一号

风云二号

图 5 - 57　中国的"风云一号"和"风云二号"气象卫星

作好预测和预警

作好预测和预警，是减轻气象灾害的重要途径。

中国气象局负责全国气象工作的组织管理，坚持"公共气象、安全气象、资源气象"的发展理念，以气象观测数据为基础，以各种尺度的天气系统理论为依据，运用卫星和计算机等现代化技术，提供了对多种气象灾害的预测和预警，发展了交通气象、农业气象、旅游气象等一系列服务产品，为减轻气象灾害提供了重要途径。

台风是造成近海气象灾害的重要系统，台风登陆地区常遭受狂风暴雨和风暴潮袭击，造成人民生命和国家资产的重大损失。准确、及时的台风预报和警报服务可以使人们提早采取预防措施，起到趋利避害的作用，最大限度地减少灾害损失。

在台风预报方面，早在 1961 年，中央气象局就制定了"台风预报服务联防协作暂行办法"，于 1962 年开始执行。该办法在 1961 ～ 1981 年的 20 年内，曾经作了 5 次补充修改，使台风联防协作的内容逐步充实、组织逐渐完善。1978 年，我国参加亚太地区台风委员会之后，又积极参加了台风委员会组织的 1982 年、1983 年的台风业务试验活动，在台风预报和服务等方面开阔了眼界和思路，获得了不少有益的经验。在多年国内台风联防协作和多年国际台风业务试验的基础上，于 1985 年制定了《台风业务和服务规定》，并开始实施。

在暴雨预警预报方面，近年来，高速发展的城市化进程引起城市水文特性的显著变化。市区房屋建筑密集，混凝土覆盖面积大增，雨水渗透减少，雨水滞留与调蓄功能下降，城市"热岛效应"造成市区降水频率增大，雨时延长。城市空间立体开发，地下室、地下停车场、下挖式立交通道大量修建，一旦进水积涝，损失巨大。中国气象局从 2001 年开始，通过近两年的努力，研发了"城市暴雨内涝预报系统"。该系统能够对城市的街道进行逐个分析，预报出城市各街区的可能积涝深度及积涝持续时间，为城市管理部门及时采取措施、减轻积涝的影响和损失提供科学依据。2003 年 5 月起在天津市、江苏和江西两省部分城市开展城市暴雨内涝预报业务试验，经过两个半月的试验表明，城市暴雨内涝预报系统对城市积水情况具有一定的模拟、预测能力，社会经济效益显著，尤其是对南昌市 2003 年汛初暴雨造成的内涝所作的成功预报，为省、市政府及时决策、采取强有力的排涝措施提供了信息支撑。

我国是气象灾害频发的国家，气象灾害造成的损失在各种自然灾害中占有重要比重。随着城市化进程的加快，气象灾害对于城市化发展的制约作用日趋明显，加强城市气象灾害管理已成为摆在我们面前的重要任务。

思考题

1. 什么是气象灾害？

2. 列举雷电灾害的影响及其防御对策。

3. 寒潮、低温冷冻害有什么相同点和不同点？

4. 大雾天气的灾害性影响及其对策有哪些？

5. 试述干旱灾害对农业发展的影响。

6. 分析全球气候变暖与高温灾害的关系。

7. 分析气候变化对中国的影响。

8. 解释"热岛效应"的形成机制，并分析其对城市局地气候的影响。

9. 如何减轻气象灾害？

10. 气象观测可分为哪几类，各有什么作用？

参考资料

郭鸿基，林李耀，陈怡良. 2004. 近期台风研究之回顾[J]. 大气科学，32：205 – 224

黄荣辉，张庆云，阮水根. 2004. 我国气象灾害的预测预警与科学防灾减灾对策[M]. 北京：气象出版社

秦大河. 2003. 中国自然灾害与全球变化[M]. 北京：气象出版社

阮均石. 2000. 气象灾害十讲[M]. 北京：气象出版社

陈云峰，高歌. 2010. 近20年我国气象灾害损失的初步分析 [J]. 气象，36（2）：76-80

中国气象局. 2007. 中国灾害性天气气候图集（1961～2006年）[M]. 北京：气象出版社

IPCC. 2007. Climate change 2007：the physical science basis. Contribution of working groups Ⅰ to the fourth assessment report of the Intergovernmental Panel on Climate Change[M]. Cambridge，UK，New York，USA：Cambridge University Press

IPCC. 2012. Managing the risks of extreme events and disasters to advance climate change adaptation. A special report of working groups Ⅰ and Ⅱ of the Intergovernmental Panel on Climate Change[M]. Cambridge，UK，New York，USA：Cambridge University Press

相关网站

http://www.nrscc.gov.cn

http://www.cma.gov.cn

http://www.drought.unl.edu

http://www.wmo.int/

http://www.ipcc.ch/

当江、河、湖、海所含水体水量迅猛增加，水位急剧上涨超过常规水位时的自然现象，叫作洪水。根据国际紧急灾害数据库（EM-DAT）统计，1970～2005年间，全球有172个国家共遭遇2 565次洪水灾害，其中，中国发生127次，仅次于印度的141次，中国是洪水灾害发生最频繁的国家之一。

洪 水 灾 害

①洪水
②洪水的形成
③洪水灾害
④减轻洪水灾害

6　洪水灾害

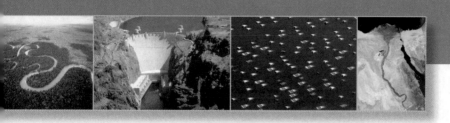

👤 6.1　洪水

在中国，"洪水"一词最早出自先秦《尚书·尧典》，该书对四千多年前黄河的洪水影响有明确的记载。而西亚的底格里斯—幼发拉底河以及非洲的尼罗河关于洪水的记载，则可追溯到公元前 40 世纪。我们在生活的环境中不可避免地会和江、河、湖、海联系在一起。江、河、湖、海所含水体水量迅猛增加，水位急剧上涨超过常规水位时的自然现象，被称为洪水。洪水现象的出现，常会威胁到沿河、滨湖、近海地区的安全，一旦洪水泛滥，就会对人类的生命和财产造成巨大损失，我们称之为洪水灾害。然而，洪水在对人类的生活造成灾害影响的同时，也有它有利的一面。例如，洪水可以延缓植被侵占河槽的速度，抑制某些有害水生植物的过度生长，为鱼类提供更好的产卵基地，为动物群落提供更好的觅食、隐蔽和繁衍栖息的场所和生活环境；另外，洪水携带的泥沙在下游淤积，经过一段时间的累积，就会形成富饶的冲积平原和河口三角洲。

人类对于洪水的认识最早可以追溯到"大禹治水"和"诺亚方舟"的传说。"大禹治水"是在尧、舜时代，中国经历了一场空前的洪水浩劫，洪水淹没了黄河和江淮流域的大部分地区，禹在吸收了父亲鲧治水教训的基础上，摸透了洪水的特性，变围堵为疏导，经过十多年的努力，洪水消退，治水终于取得了成功。西方世界中最著名古代洪水的传说是"诺亚方舟"。据《圣经·旧约》记载，上帝创造了人类

图 6 - 1　"大禹治水"的传说

的始祖亚当和夏娃后，人类数量剧增而且变得非常邪恶。上帝愤怒了，于是连降倾盆大雨，用洪水把几乎所有的人都淹死了。独有一个名叫诺亚的人，为人善良，因为上帝事先教他准备了一只方舟，保全了一家生命，而且他把从猎豹到蜗牛的所有物种都雌雄配对地带上方舟。诺亚方舟在铺天盖地的洪水中整整漂流了 40 天，方舟上面的人和物种终于躲过洪水，存活了下来。

有可能是在史前时期，地球上确实发生过一次历史性的、全球性的大洪水，几乎毁灭了刚刚萌芽的人类文明，中国的"大禹治水"和西方的"诺亚方舟"传说，尔后由先人到后辈、一代代口述流传下来，成为洪水影响人类生活的最古老的传说。

世界各大文明的发展都和洪水有着密切的关系。黄河流域孕育了华夏民族及其文明的主体，黄帝部落位于渭水流域，炎帝部落在黄河中游。华夏民族赖以建立的根本原因就在于黄河的洪水，正是黄河频繁暴发的洪水把散落在华夏大地上的部落逐渐团结在一起。尼罗河每年 6～10 月定期的洪水泛滥，虽然会淹没河岸两旁的大片田野，但却给尼罗河流域带来了肥沃的土壤。埃及就在这样的土地上创造出了辉煌的埃及文化。古希腊历史学家希罗多德曾说："埃及是尼罗河的赠礼。"印度文明也仰仗了印度河与恒河水的滋润，四五千年前，人们利用河流充沛的河水与一年两季的洪水，推动了农业的迅速发展，并奠定了印度文明繁荣的基础。所以，我们说，人类的文明史和洪水有着密切而又微妙的关系。

在当今世界，洪水灾害是影响人类生存与发展的最主要、最严重的自然灾害之一。就灾害发生的时空范围、时空强度以及对人类生存与发展的威胁程度而言，洪水灾害是一种十分

图 6－2 《圣经·创世纪》中的"诺亚方舟"故事

资料来源：http://www.artcyclopedia.com/artists/hicks_edward.html

严重的自然灾害。根据国际紧急灾害数据库（EM-DAT）资料，按照"死亡人口""受灾人口"和"经济损失"三类指标，对全球各类自然灾害的影响程度进行排序。全球有 172 个国家共遭受 2 565 次洪水灾害，占同期自然灾害总数的 30.43%。而中国是洪水灾害发生最频繁的国家之一，从 1970～2005 年共发生 127 次水灾，仅次于印度的 141 次。

在中国，洪水灾害是最严重、最频繁的自然灾害之一，严重威胁着国民经济和生命财产的安全。据不完全统计，平均每年有 1.1 亿多万亩农田遭受洪涝灾害，每年经济损失在 150 亿～200 亿元，占国民生产总值的 1%～2%，占全年主要自然灾害总损失的 30% 以上。其中七大江河中下游及沿海诸河是洪水灾害的易发区，同时也是人口密集、工农业生产最发达、经济最繁荣的地区。这些区域面积近 $100 \times 10^4 \text{ km}^2$，集中了全国 35% 的耕地、40% 的人口和 70% 的工农业总产值。

从"大禹治水""诺亚方舟"以及人类文明的发源开始，人类已经与洪水灾害共存了数千年。在 21 世纪，水灾仍旧在很大程度上影响着人类的生存与发展。因此，本章从洪水的形成、洪水灾害的时空分布以及洪水灾害的风险防范三个方面介绍洪水灾害，以便帮助人们更好地规避洪水风险、兴利避害，这对满足人们生活和生产的需要有着非常重要的意义。

6.2 洪水的形成

洪水是一种常见的自然现象，要理解其形成过程，首先要了解水循环、河流等基本概念，下面分别对水循环、河流以及洪水进行介绍。

水循环

水是地球表面分布最广泛的物质，海洋面积约占了地球表面积的 70%；同时水又是地球上最重要的物质，它作为最活跃的因素始终参与着地球地理环境的形成和发展，在所有自然地理过程中都不可或缺。

海洋、河流、湖泊、地下水、大气水分和冰共同构成了地球的水圈。其中，海洋是水圈的主体，大约 97% 的水在海洋中，在剩下的 3% 的水中，77% 储存在冰川里，22% 为地下水，而河流、湖泊中的水则占不到 1%。尽管河流水所占的比例非常小，但其在自然地理环境中仍然是重要的组成部分。

地球上的水在不断地进行着循环。海陆表面的水分由于太阳辐射而蒸发进入大气；在适宜的条件下水汽凝结发生降水，其中大部分直接降落在海洋中，另一部分水汽则被输送到陆地上空以雨的形式降落到地面；降落到地面的水或者通过蒸发和植物蒸腾返回大气，或者渗入地下形成土壤水和浅层地下水，或者形成地表径流最终注入海洋，或者通过河面和内陆尾闾湖面蒸发再次进入大气圈。

洪水是一种发生比较频繁的自然灾害，是由河流泛滥造成的。从全球水循环的角度来看，洪水与水的分布的变动有关。例如，当过多的水分以雨的形式降落在陆地上某一区域或是由

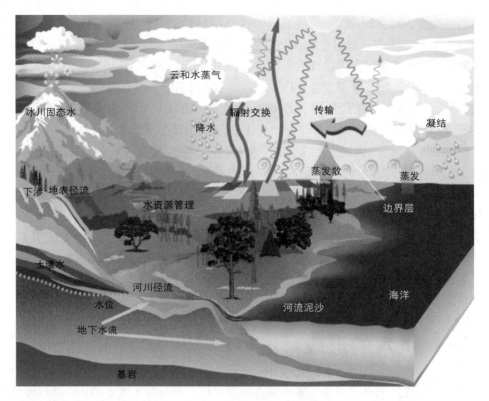

图 6 - 3　地球上水的循环示意图。地球上 97% 的水在海洋中，在剩下的 3% 的淡水中，77% 储存在冰川里；22% 为地下水；而河流、湖泊中的水则占不到 1%。从地球上水的总体来看，河流中的水占地球上水总量的 1‰ 都不到。水的分布的微小变动，就可以产生巨大的洪水灾害

于气温升高冰雪融化（由固态水转化为液态水）进入河道，且水量超出河道泄洪能力时，洪水便会发生。

　　河流中的水占地球上水总量的比例不足 1‰。因此，地球上水的分布的微小变动，就可以产生巨大的自然灾害。因此，在讨论洪水灾害时，一定要有地球的整体观。

河流、泥沙与平原

　　降水或由地下涌出地表的水，汇集在地面低洼处，在重力作用下经常地或周期性地沿流水本身造成的洼地流动，这就是河流。河流是在一定的气候和地质条件下形成的天然泄水通道，是河槽与水流的总称。大气降水为河流提供了水源，而由地质运动形成的线形槽状凹地则为河流提供了行水的场所。河流是输水、输沙的通道，水系是河流的集合，流域是河流的集水区域，河流、水系与流域是一个密不可分的有机整体，共同影响着河流洪水的形成过程及其产生、汇集和泄洪规律。

　　发育成熟的天然河流，一般可分为河源、上游、中游、下游和河口五段。河源是河流的发源地，可能是溪涧、泉水、冰川、湖泊或沼泽等；上游是紧接河源的河流上段，多位于深

山峡谷，河槽窄深，流量小，落差大，水位变幅大，河谷下切侵蚀强烈，多急流险滩和瀑布；中游即河流的中段，两岸多丘陵岗地或部分处平原地带，河谷较开阔，河床纵坡降较平缓，流量较大，水位涨落幅度相对较小，河床善冲善淤；下游即指河流的下段，位处冲积平原，河槽宽浅，流量大，流速、比降小，水位涨落幅度小，洲滩众多，河床易冲易淤，河势易发生变化；河口是河流的终点，即河流流入海洋、湖泊或水库的地方。

　　一个区域的降雨，通过不同的渠道，流入一条河流，则该区域叫作该河流的流域盆地，见图 6－4(a)。简单地说，流域就是一条河的水量补给区域。一般来说，河流越长，它的流域面积就越大。不同河流流域的分界线往往在山区，其通常叫作河流的分水岭。

　　河流的重要特点是河床的坡度，坡度是指一段河床的垂直落差(m)与水平距离(km)的比值，也叫作河床的梯度。一般来说，河流河床的坡度在上游较大，在下游较小，在河流的入海口或入湖口坡度最小，如图 6－4(b)所示；在河流的上游，坡度大，水的流速快，切割作用明显，河床陡峭，两岸多为峡谷，如图 6－4(c)所示；而在下游，河床坡度小，水的流速慢，河水中携带的泥沙沉积作用明显，河床开阔，两岸多为平原，如图 6－4(d)所示。

　　世界上的五大河流分别是亚马孙河、尼罗河、长江、密西西比河和黄河。其中，亚马孙河是全世界流域面积最广、流量最大的河流，全长 6 400 km，流域面积 705×10^4 km²，每年入海水量 6 600 km³，占世界河流总入海水量的 1/6。

　　中国的主要河流包括长江、黄河、松花江、珠江、淮河、海河和辽河等。其中长江全长 6 397 km，流域面积约为 180×10^4 km²。

表 6-1 我国主要江河的长度和流域面积

河名	河长/km	流域面积/km²	河名	河长/km	流域面积/km²
长江	6 397	1 808 500	海河	1 090	263 631
黄河	5 464	752 443	淮河	1 000	269 683
黑龙江	3 420	1 620 170	滦河	877	44 100
松花江	2 308	557 180	鸭绿江	790	61 889
珠江	2 214	453 690	额尔齐斯河	633	57 290
雅鲁藏布江	2 057	240 480	伊犁河	601	61 640
塔里木河	2 046	194 210	元江	565	39 768
澜沧江	1 826	167 486	闽江	541	60 992
怒江	1 659	137 818	钱塘江	428	42 156
辽河	1 390	228 960	浊水溪	186	31 551

注：流入邻国的河流流域面积算至国境线；入境河流流域面积包括流入我国或界河的国外面积；黄河不含流域内闭流区的面积

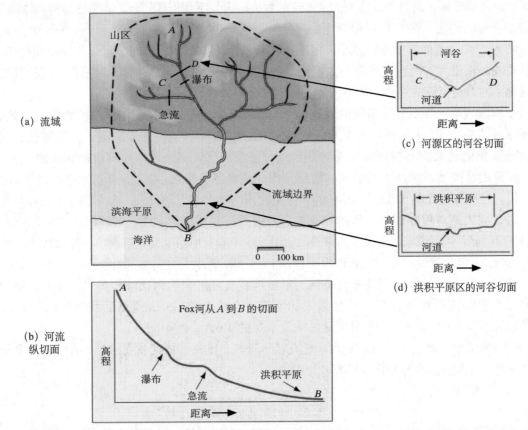

图 6 - 4   （a）河流的流域；（b）河床的坡度；（c）峡谷形河床；（d）在沉积平原上的河床

河流泥沙

河流是自然物质循环的重要通道，河流中输运的不仅仅是水，还有大量的固体物质。全世界河流每年向海洋输送数万立方千米水量、数十亿吨泥沙和化学物质。河流输运的固体物质中90%是悬浮在河水中的泥沙，其余10%是沿河床底部输移的石块等物质。在洪水季节，或当河流流过水土流失严重的地区，泥沙等悬浮物所占的比例还要高。以黄河为例，洪水季节流经黄土高原、进入河南小浪底水库的黄河水中，每吨水中悬浮的泥沙含量高达30 kg。

河流搬运固体物质的能力与河水的流速和固体物质颗粒的大小有关：流速越大，搬运能力越强；物质颗粒越小，越容易被搬运。图6 - 6是水流搬运物质能力实验结果的示意图，可以看出，固定颗粒大小的物质只有在河流流速超过一定大小时才能够被搬运，否则便会沉积；在固定的流速下，颗粒越大的物质越容易沉积。

在河流的上游地区，地形一般较为陡峭，河床坡度很大，河道相对狭窄，湍急的河水不断侵蚀土壤和岩石，从而形成峻峭的峡谷；而在河流的中下游地区，河床逐渐变宽，河流速度减缓，搬运能力下降，河水所携带的泥沙等固体物质便逐渐沉积下来。

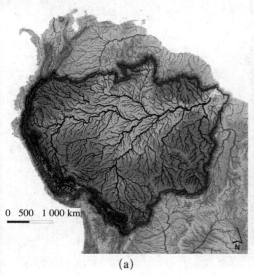

(a)　　　　　　　　　　　　　　　　　(b)

图 6 - 5　世界上最大的河流亚马孙河：（a）亚马孙河流域；（b）蜿蜒穿过广阔雨林的亚马孙河

河流在同一地点的不同季节的搬运能力也有所不同，非汛期河流流量小，流速也较低，河水输沙能力下降，颗粒较大的泥沙便会在河床上沉积；汛期河流流量大，流速高，沉积在河床底部的泥沙则会被冲走（图 6 - 10）。

冲积平原

在地壳长期沉降的区域，地表不断接受从周围高处剥蚀和侵蚀下来的碎屑物质，地表原有的起伏被填平，最终形成平原。河流是能带来碎屑物质的最大的物质通道。河流搬运的碎

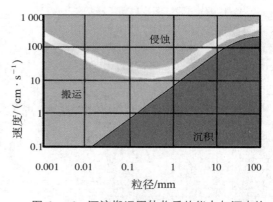

图 6 - 6　河流搬运固体物质的能力与河水的流速和固体物质颗粒的大小有关；流速越大，搬运能力越强；物质颗粒越小，越容易被搬运

屑物质因流速减缓而逐渐沉积形成的平原就叫作冲积平原。广阔的河漫滩平原、三角洲平原与冲积—洪积平原均可统称为冲积平原。

世界上绝大多数平原都是冲积平原。位于南美洲的亚马孙平原是世界上最大的冲积平原，面积为 $560 \times 10^4 \ km^2$。中国的华北平原主要由黄河、淮河和海河等大河合力冲积而成。黄土高原每年经黄河下泄的泥沙近 $16 \times 10^8 \ t$，而华北平原地区自第三纪以来持续沉降，故形成沉积层厚数百米乃至上千米、总面积达 $30 \times 10^4 \ km^2$ 的大平原。

洪水在冲积平原的形成中扮演着重要的角色，汛期洪水流量大、流速高，因而具有较高

图 6 - 7　水土流失，黄河变色。洪水季节流经黄土高原的黄河每吨水中悬浮的泥沙含量高达 30 kg

图 6 - 8　位于美国亚利桑那州西北部的科罗拉多大峡谷，总长 446 km，平均深度有 1 200 m，宽度从 0.5 ～ 29 km 不等。科罗拉多河数百万年持续不断地下切侵蚀形成了这一世界自然奇观

图6－9 在平原地区流淌的河流，河曲发育，河道在河流的侧向侵蚀作用下越来越弯曲，最终在洪水期河水冲破河弯颈部取直道前进，原来弯曲的河道被废弃，形成牛轭湖。图为大兴安岭嫩江源头湿地的牛轭湖

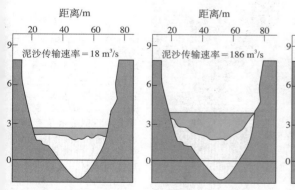

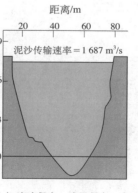

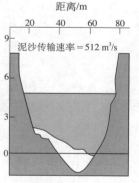

(a) 流速小，流量小，泥沙沉积，低泥沙传输速率

(b) 流速增大，流量增大，沉积减少，低泥沙传输速率增加

(c) 流速很大，流量很大，高泥沙传输速率，切割河床

(d) 流速减少，流量减少，泥沙传输速率降低

图6－10 河水搬运泥沙的能力与河水的流速、流量有关。非汛期河流流速低、流量小，泥沙沉积；汛期河流流速高、流量大，河水不仅冲走河床底部的泥沙，还能不断地向下切割河床

的携沙能力，河流流出山口进入平原或冲溃堤防泛滥时，河流比降急剧减小，流速减缓，所携泥沙便会沉积，久而久之便形成了冲积平原。

冲积平原土地肥沃，地势平坦，适于人类的生存和发展，因此是人类开发最多的区域，但冲积平原同时又是洪水泛滥的高风险区，人类的进入使得原本只是自然现象的江河洪水成为威胁人类的灾害。

人和洪水的相互作用也集中在冲积平原上，河流造就冲积平原，人类生活在冲积平原上。于是，人和洪水的斗争，在冲积平原上有声有色地贯穿了人类的整个历史。

图 6 - 11　卫星照片中的尼罗河。尼罗河在埃及境内长度为 1 530 km，两岸形成 3～16 km 宽的河谷，到开罗后分成两条支流，注入地中海。这两条支流冲积形成的尼罗河三角洲，面积 $2.4 \times 10^4 \ km^2$，是埃及人口最稠密、最富饶的地区，人口占全国总数的 96%，可耕地占全国耕地面积的 2/3。埃及水源几乎全部来自尼罗河。根据尼罗河流域九国签订的协议，埃及享有的河水份额为每年 $555 \times 10^8 \ m^3$

冲积平原——尼罗河三角洲

尼罗河（River Nile）发源于埃塞俄比亚高原，流经布隆迪、卢旺达、坦桑尼亚、乌干达、肯尼亚、刚果民主共和国、苏丹和埃及等九国，全长 6 700 km，是非洲第一大河，也是世界上第二长的河流，可航行水道长约 3 000 km。尼罗河有两条上源河流，西源出自布隆迪群山，经非洲最大的湖——维多利亚湖向北流，被称为白尼罗河；东源出自埃塞俄比亚高原的塔纳湖，被称为青尼罗河。青、白尼罗河在苏丹的喀土穆汇合，然后流入埃及。尼罗河河谷和三角洲是埃及文化的摇篮，也是世界文化的发祥地之一。河流冲积形成的尼罗河三角洲，面积 $2.4 \times 10^4 \text{ km}^2$，是埃及人口最稠密、最富饶的地区，人口占全国总数的 96%，可耕地占全国耕地面积的 2/3。

洪水

虽然对于洪水的定义尚无统一说法，但通常泛指大水，广义地讲，凡超过江河、湖泊、水库、海洋等容水场所的承纳能力的水量剧增或水位急涨的现象，统称为洪水。

洪水三要素

将河流某断面流量从起涨至峰顶到退落的整个过程称为一场洪水。定量描述一场洪水的指标很多，主要有：洪峰流量与洪峰水位，洪水总量与时段洪量，洪水过程线，洪水历时与传播时间，洪水频率与重现期，洪水强度与等级等。在水文学中，常将洪峰流量（或洪峰水位）、洪水总量、洪水历时（或洪水过程线）称为洪水三要素，并通常用洪水过程线来表达这三个要素。

洪水过程线是以时间为横坐标、以流量（或水位）为纵坐标绘出的从起涨至峰顶再回落到接近原来状态的整个洪水过程曲线（图 6 - 12）。从洪水起涨到洪峰流量出现为涨水段；从洪峰流量出现到洪水回落至接近于雨前原来状态的时段为退水段。

洪水过程线的形状有胖、瘦和单峰、双峰的区别。其影响与流域面积、坡面、坡度、降雨历时以及河道的调蓄能力等诸因素有关。一般说来，流域面积较小、雨前河道或溪沟流量很小或者断流、降雨历时又很短时，洪水历时较短，洪水过程线比较清晰，呈尖瘦、单峰状；反之，若流域面积很大、河道基流较高且降水又连续不断，则洪水历时很长，过程线常呈肥胖、多峰状。

洪峰流量是指一次洪水过程中通过某一个测站断面的最大流量（简称"洪峰"），单位为立方米每秒（m^3/s）。洪峰流量在洪水过程线上处于流量由上涨变为下降的转折点，出现时间往往与最高水位出现时间一致或相近。洪峰流量对于研究河道的防洪具有重要意义。不同河流洪峰流量的差异很大，例如长江大通站实测最大洪峰流量为 92 600 m^3/s（1954 年 8 月 11 日）；黄河花园口站最大洪峰流量为 22 300 m^3/s（1958 年 7 月 18 日）。同一河流、同一断面、不同年份的洪峰流量差异也很大，即使是同一年份，不同场次的洪水的洪峰流量也不同。例如，长江宜昌站 1998 年出现 8 次洪峰，各次洪峰流量如表 6－2 所示。与洪峰流量有关的洪峰水位是指一次洪水过程中的最高水位，其出现时间和洪峰流量基本同步。在一个水文年内，各次洪峰水位的最大者被称为年最高洪水位，年最高洪水位与年最大洪峰流量的出现时间大致相同，但也并非完全同步。

表 6－2　长江宜昌站 1998 年 8 次洪峰流量及出现日期

项目	第一次	第二次	第三次	第四次	第五次	第六次	第七次	第八次
洪峰流量 /（m³·s⁻¹）	53 500	56 400	52 000	61 500	62 600	63 600	56 300	57 400
出现日期	7月3日	7月18日	7月24日	8月7日	8月12日	8月16日	8月25日	8月30日

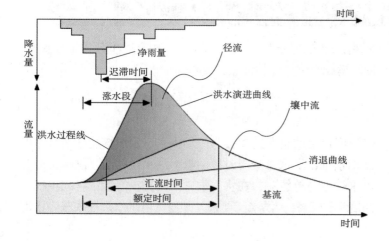

图 6－12　洪水过程示意图。示意图上方为降雨过程，下方为流量随时间变化的过程线。洪峰流量出现时刻通常滞后于最大降雨强度出现时刻；洪水过程线的最大值便为洪峰流量，而洪水过程线所包围的面积为洪水总量，洪水过程线从起涨到落平所经历的时间即为洪水历时

洪峰流量在一定程度上反映洪水的严重程度，洪峰流量越大，则洪水越大。一般说来，河道洪峰流量随流域面积的增大而增加，但有些河流进入平原之后反而会沿程减小。西北内陆河流一出山口，洪水大量入渗地下以致逐渐消失，就是例子。

洪水总量是指一次洪水过程通过河道某一断面的总水量。洪水总量等于洪水流量过程线所包围的面积（图 6－12）。严格说来，洪水总量不应包括基流（深层地下水），以便于和流域内其他场次的暴雨总量相比较。

洪水历时是指河道某断面的洪水过程线从起涨到落平所经历的时间。由于形成洪水的流域空间尺度变幅极大，因而洪水的时间尺度也有巨大的变幅。洪水历时主要与流域面积及其地表覆盖、地貌、降雨时空分布、河道特征及其槽蓄能力等因素有关。

河道的洪水历时可以分为短历时、中等历时、长历时和超长历时四类情况。

短历时洪水是指洪水总历时一般在两小时以内，流量陡涨陡落，过程线有时呈锯齿形，直接反映降雨强度的变化，降水往往为局部雷阵雨。

中等历时的洪水，总历时大多小于 1 天，洪水过程反映暴雨中心地区的降水情况和流域的调蓄能力，降水性质往往具有明显的大气运动系统即天气系统特征。

长历时洪水，总历时可以达 5 ～ 10 天，一般出现于流域面积在 $1 \times 10^4 \sim 20 \times 10^4\,\mathrm{km}^2$ 之间的较大河流，这类大洪水可以对较大范围的地区造成严重水灾。

超长历时的洪水，多反映特大流域多次降水过程形成的洪水，流域面积多在 $10 \times 10^4\,\mathrm{km}^2$ 以上。如长江宜昌以下河段，支流众多，干流比降较小，且受沿江湖泊、洼地滞蓄洪影响，洪水历时往往很长。长江中、下游梅雨期，暴雨和降水日数可持续数十天，如汉口站、大通站常在 50 天以上。

洪水频率、重现期与洪水等级

洪水频率是指洪水要素（如洪峰流量或时段洪量）在已掌握洪水资料系列中实际出现次数与总次数之比，常以百分率表示，如 0.1%，1%，10%，20% 等。通常所说的洪水频率一般是指洪水累积频率 P，其值越小，表示某一量级以上的洪水出现的机会越少，则该洪水要素的数值越大；反之，其值越大，表示某一量级以上的洪水出现的机会越多，则该洪水要素的数值越小。

重现期是指随机变量大于或等于某数值平均多少年一遇的年距。重现期（T_p）等于（累积）频率（P）的倒数，即 $T_p=1/P$。洪水重现期是指某洪水变量（如洪峰流量或时段洪量）大于或等于一定数值，在很长时期内平均多少年出现一次的概念。如某一量级的洪水的重现期为 100 年（俗称百年一遇），是指大于或等于这样的洪水在很长时期内平均每百年出现一次的可能性。这是一种基于样本量的统计结果，不能简单地理解为每隔百年出现一次。

洪水频率和重现期是衡量洪水量级的指标之一。洪水重现期一般是在洪水频率分析基础上估算确定的。

洪水等级是衡量洪水大小的一个标准，是确定防洪工程建设规模的重要依据。由于洪水要素的多样性和洪水特性的复杂性，洪水等级可以从不同角度进行划分。通常是根据洪水重现期（或洪水频率）确定洪水等级。中国《国家防洪标准》（GB 50201— 94）中依据洪水重现期将洪水划分为 12 个等级，如表 6 - 3 所示。一般认为：洪水等级 $N=1$ 的洪水为小洪水；$N=2$ 的洪水为一般洪水；$N=3$ 的洪水为较大洪水；$N=4$ 的洪水为大洪水；$N=5$ 的洪水为特大洪水；$N=6$ 的洪水为非常洪水。

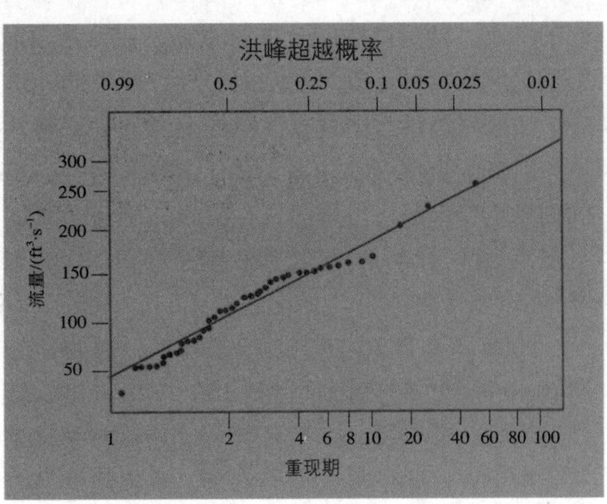

图 6 - 13　幼发拉底河流量与其重现期及洪峰超越概率的关系（重现期 × 洪峰超越概率 = 1）
资料来源：J. J. W. Rogers et al.，1998

表 6-3 洪水等级划分标准

洪水频率 P/%	洪水重现期 T_p/a	洪水等级 N
>20	<5	1
20～10	5～10	2
10～5	10～20	3
5～2	20～50	4
2～1	50～100	5
1～0.5	100～200	6
0.5～0.2	200～500	7
0.2～0.1	500～1 000	8
0.1～0.05	1 000～2 000	9
0.05～0.02	2 000～5 000	10
0.02～0.01	5 000～10 000	11
<0.01	>10 000	12

洪水的分类

洪水的分类方法很多,一般按洪水的形成原因,将洪水分为暴雨洪水、融雪洪水、冰凌洪水、暴潮洪水等。

暴雨洪水指的是由暴雨引起的江河水量迅增、水位急涨的洪水。暴雨洪水最重要的气候要素是降水。相对其他类型的洪水而言,暴雨洪水一般强度大、历时长、面积广。我国绝大多数河流的洪水都是由暴雨产生的,且多发生在夏秋季节,发生的时间由南往北推迟。

暴雨洪水的特点决定于暴雨,也受流域下垫面条件的影响。同一流域不同的暴雨要素,如降雨范围、过程历时、降水总量、暴雨中心位置以及移动路径等,可以形成大小和峰形不同的洪水。暴雨洪水的一般特点是,洪水涨落较快、起伏较大、具有很大破坏力,特大暴雨形成的洪水常可造成严重洪灾,导致巨大的经济损失和人员伤亡。

按照暴雨洪水出现在河流的上游还是下游,可将暴雨洪水细分为上游洪水和下游洪水。

河流的上游多在山区,由于其地形复杂,降雨多由小气候条件决定。当一个山谷在短时间内发生暴雨时,流量会有几倍到几十倍的增加,咆哮而下的上游洪水,也就是常说的山洪,具有巨大的破坏力。尽管其发生的时间很短,影响的区域有限,但在河流上游的山区或干旱、半干旱的山前地区,上游洪水造成的灾害绝不能小看。

2005 年 6 月 10 日,一场二百年一遇的强降雨发生在黑龙江省宁安市的山区,沙兰河上游在 40 分钟内,降雨量达到 150 ～ 200 mm,瞬间形成巨大山洪,袭击了地处低洼的沙兰镇中心小学,整个操场一片汪洋,高达 2 m 的水头从门、窗同时灌进了教室。当时 300 多名师生正在上课,除少数人跑了出来,多数师生都被淹死或闷死在教室里。

(a)   (b)

图 6－14　（a）2005 年 6 月 10 日黑龙江省宁安市沙兰镇突发洪水示意图；（b）沙兰镇中心小学受灾情景

　　在河流的下游，河水来自广大的流域。当河流的流域出现大面积暴雨时，就会发生下游洪水。此时，由于洪水总量超出河道行洪能力，往往会漫过甚至冲溃堤坝，并迅速淹没广大的平原低地。由于下游平原地区人口密集、经济发达，下游洪水往往会造成巨大的损失。

　　1998 年我国气候出现异常，长江流域频繁发生大范围、长时间的暴雨、大暴雨，长江流量迅速增加，7 月下旬至 9 月中旬初，长江上游先后出现 8 次洪峰，并与中下游洪水遭遇，形成了全流域型大洪水。长江下游大通站 8 月 2 日流量最大达 82 300 m³/s，仅次于 1954 年洪峰流量，为历史第二位。同年，东北的松花江、嫩江泛滥，西江、闽江流域亦发生大洪水。中国全国包括受灾最重的江西、湖南、湖北、黑龙江四省，共有 29 个省、市、自治区都遭受了这场无妄之灾，受灾人数上亿，近五百万栋房屋倒塌，两千多万公顷土地被淹。

　　融雪洪水是由冰融水和积雪融水为主要补给来源的洪水，主要分布于高纬度地区或是海拔较高的山区。在我国，融雪洪水主要分布在我国东北和西北的高纬度山区。融雪洪水是漫长的冬季积雪或冰川在春夏季节随着气温升高融化而形成的。若前一年冬季降雪较多，而春夏季节升温迅速，大面积积雪的融化便会形成较大洪水。融雪洪水一般发生在 4 ～ 5 月（冰川洪水一般发生在 7 ～ 8 月），洪水历时长，涨落缓慢，受气温影响，具有明显的日变化规律，洪水过程呈锯齿形。

　　1996 年的冬季，美国北达科他州和明尼苏达州下了多次大雪，总厚度达 2 ～ 3 m。1997 年春天，融化后的雪水大量涌入红河。4 月 18 日，红河开始泛滥，三百多栋房屋被淹没，十余万居民被紧急疏散。这次洪水给当地社会经济造成了巨大的损失，同时还产生了两亿多吨的垃圾，对环境也造成了极大的破坏，红河沿岸城市的恢复重建持续了半年之久。

　　冰凌洪水，又称凌汛，是地处较高纬度地区河流特有的水文现象，是指由于大量冰凌阻塞形成的冰塞或冰坝拦截上游来水，导致上游水位壅高，而当冰塞溶解或冰坝崩溃时槽蓄水

图 6 - 15　1997 年美国北部发生的融雪洪水

量迅速下泄所形成的洪水过程。在我国，冰凌洪水主要发生在黄河河道的宁夏、内蒙古、山东河段以及松花江哈尔滨以下河段。

1969 年 2 月，黄河下游洛口以上形成长达 20 km 的冰坝，上游水位一度超过 1958 年特大洪水位，大堤多处出现渗水、管涌、漏洞等险情。1967 年 12 月 8 日至 1968 年 2 月 3 日，黄河上游中宁河段出现持续 50 天冰塞，河水漫溢，造成 1 566 户居民、1 144 hm^2 农田受灾。1996 年 3 月 25 日，内蒙古自治区伊克昭盟（现鄂尔多斯市）达拉特旗境内黄河河道阻冰，发生凌汛，从 10 时到 19 时，黄河水位猛涨，冲垮堤坝近 1 000 m，3 个村庄、一个林场被淹，332 户、1 333 人受灾。2001 年 12 月 20 日，内蒙古自治区乌海市乌达区黄河凌汛决堤，河水淹没了桥西镇和乌兰乡 5 个村，受灾面积近 50 km^2，近 900 户、4 000 余人受灾，大量房屋倒塌，死亡大小牲畜 4 900 余头，15 km 乡村公路、6 座扬水站被毁。

冰塞、冰坝的形成往往会造成严重灾害，因此，除加强监测、加固堤防外，通常还需要通过轰炸破冰等手段来疏通河道。

按照洪水发生地区的不同，可将洪水分为山地丘陵区洪水、平原地区洪水和滨海地区洪水。由于气候和地面条件的差异，这几种洪水的性质和特点有较大的差别。一般而言，山地丘陵区洪水历时短暂，影响范围小，但其破坏力很大，常常导致建筑物毁坏和人员伤亡。由于这类洪水突发性强，因此较难进行预测和预防，前文中提到的黑龙江省宁安市沙兰镇的洪灾即属于此类洪水。平原地区洪水，主要是由于来自上、中游山地或丘陵区的洪水峰量过大，排泄不畅，从而漫过或冲毁堤坝淹没平原造成的，这类洪水的特点是积涝时间长，影响范围广。由于平原地区往往是工农业以及城镇集中地区，平原地区的洪水往往会造成巨大的经济损失。滨海地区洪水主要是由天文大潮、台风暴潮以及海啸等造成的，其致灾的因素和灾害的特点又有所不同。

图 6 - 16　2011 年 9 月泰国洪水

　　此外，洪水还可以按照不同的分类标准进行划分，例如：按照洪水发生的时间长短，可将其分为突发性洪水（如山洪、堤坝崩溃导致的洪水等）和渐发性洪水；按洪水发生的流域范围，可分为区域性洪水与流域性洪水；按洪水重现期，可分为常遇洪水（小于 20 年一遇）、较大洪水（20～50 年一遇）、大洪水（50～100 年一遇）与特大洪水（大于 100 年一遇）。

6.3　洪水灾害

洪水灾害系统

　　洪水孕育于由大气圈、岩石圈、水圈、生物圈共同组成的地球表层环境中，其发生属于自然变异。若它发生在荒无人烟的地方，没有承受灾害的客体，就不成为自然灾害；而当洪水发生在有人类活动的地方，对人类社会和自然资源造成了损失，就形成了洪水灾害。所以，洪水灾害的形成必须具备两个条件：一是自然环境发生变异从而诱使洪水发生；二是洪水影响地区有人类居住或者分布有社会财产，即有承受灾害的客体。

　　洪水灾害是一个人与自然相互作用的复杂灾害系统，其发生与危害和当地的各种自然环境条件以及人为因素有着密切的关系。地球上不同大洲、不同国家，甚至在同一国家的不同地区，由于自然环境和社会经济发展水平不一，洪水灾害的发生和影响都是不同的。在洪水强度相同的情况下，经济发展水平高但防抗灾害能力低的地区，洪水灾害的危害程度就高；反之，在经济发展水平低但防抗灾害能力强的地区，自然灾害的危害程度就低。例如，同样大小的洪水会因河道的整治标准不同、两岸的工农业设置不同、人口的密度和社会财产的集约化程度的不同而造成不同的灾害程度。

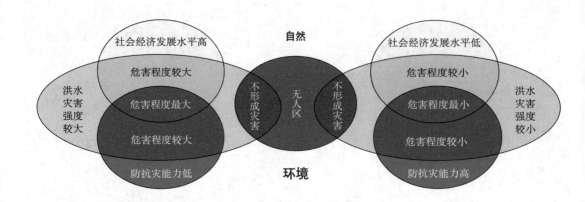

图 6 - 17　洪水灾害系统示意图。洪水如果发生在荒无人烟的地方，没有承受灾害的客体，就不成为洪水灾害；而若洪水发生在有人类活动的地方，对人类社会和自然资源造成了损失，就形成了洪水灾害。地球上不同的大洲、不同国家，甚至在同一国家的不同地区，由于自然环境和社会经济发展水平不一，洪水灾害的发生和影响都是不同的。在洪水强度相同的情况下，经济发展水平高但防抗灾害能力低的地区，洪水灾害的危害程度就高；反之，在经济发展水平低但防抗灾害能力强的地区，自然灾害的危害程度就低

洪水灾害的时空分布

　　洪水灾害是世界上最严重的自然灾害之一，洪水往往分布在人口稠密、农业垦殖度高、江河湖泊集中、降雨充沛的地方，如北半球暖温带、亚热带。中国、孟加拉国是世界上洪水灾害最频繁的地方，美国、日本、印度和欧洲的洪水灾害也较严重（图 6 - 18）。

　　中国幅员辽阔，地形复杂，季风气候显著，是世界上水灾频发且影响范围较为广泛的国家之一。全国约有 35% 的耕地、40% 的人口和 70% 的工农业生产经常受到江河洪水的威胁，并且因洪水灾害所造成的财产损失居各种灾害之首。

　　根据史料统计，从公元前 206 年至 1949 年的 2 155 年当中，全国各地发生较大的洪涝灾害 1 092 次，平均约两年发生一次。

　　从洪涝灾害的发生机制来看，洪涝具有明显的季节性、区域性和频发性。世界上多数国家的洪涝灾害易发生在下半年，我国的洪涝灾害主要发生在 4 ~ 9 月。如我国长江中下游地区的洪涝几乎全部都发生在夏季。洪涝灾害与降水时空分布及地形有关，世界上洪涝灾害较重的地区多在大河两岸及沿海地区，对于我国来说，洪涝一般是东部多、西部少；沿海地区多，内陆地区少；平原地区多，高原和山地少。洪涝灾害同气候变化一样，有其自身的变化规律，这种变化由各种长短周期组成，使洪涝灾害循环往复发生。

图 6-18 哥伦比亚大学地球研究所制作的世界洪水灾害风险等级分布图，图中风险等级越高的地区遭受洪水灾害的风险越大。全世界约有 1 150×10⁴ km² 的土地，23 亿人口受到严重的洪水威胁，其中，孟加拉国是世界上洪水灾害最频繁的地方，美国、中国、印度和欧洲各国的洪水灾害也较严重

洪水灾害
风险等级

1～4级

5～7级

8～10级

表 6 - 4　中国水灾年表

年份	水灾	简要描述
1915	珠江水灾	华南地区 6 月下旬至 7 月上旬，出现大面积的大雨和暴雨，雨区面积约 $50 \times 10^4 km^2$，暴雨中心位于南岭山区和武夷山区。这场暴雨造成珠江流域罕见的特大洪水，西江梧州洪峰流量 54 500 m^3/s，北江横石洪峰流量 21 000 m^3/s，均为近 200 年来最大洪水，东江也同时发生大水。三江洪水遭遇，又适逢大潮顶托，使珠江三角洲遭受空前严重水灾，三角洲所有堤圩几乎全部溃决，受淹农田 $43.2 \times 10^4 hm^2$，受灾人口 379 万，死伤 10 余万人，水淹广州市 7 天
1917	海河大水	海、滦河大水，堤决泛滥，下游平原严重水灾，受淹面积 $3.9 \times 10^4 km^2$，103 个县市受灾，天津市被淹，京汉、津浦、京奉铁路中断
1921	淮河水灾	淮河全流域大水，干流中渡站洪峰流量 15 000 m^3/s。豫、鲁、皖、苏 4 省 $327 \times 10^4 hm^2$ 农田被淹，灾民 760 万，死亡 24 900 人，经济损失 2.12 亿银圆
1931	长江、淮河水灾	长江各大支流普遍发生洪水，干流上游宜昌河段最大流量 64 600 m^3/s，长江中下游江堤圩垸普遍决口，江汉平原、洞庭湖区、鄱阳湖区、太湖区大部被淹，武汉三镇受淹达 3 个月之久。淮河干、支流同时暴发洪水，干流下游中渡站洪峰流量达 16 200 m^3/s，蚌埠上下淮北大堤一百多千米尽行溃决。据统计，湘、鄂、赣、浙、皖、苏、鲁、豫 8 省合计受灾人口 5 127 万，占当时全国人口的 1/4，受灾农田面积 $973 \times 10^4 hm^2$，占当时耕地面积的 28%，死亡约 40.0 万人。其为 20 世纪受灾范围最广、灾情最重的一次大水灾
1932	松花江水灾	松花江流域特大洪水，干流哈尔滨站最大流量 16 200 m^3/s。松花江大堤溃决 20 余处，哈尔滨市区受淹长达一个月，街巷可行船，全市 38 万人口中有 24 万受灾，死亡 2 万余人，市内交通断绝。据统计，黑龙江、吉林省有 46 个县（市）受灾，仅黑龙江省农田受灾就达 $190 \times 10^4 hm^2$，占其耕地面积的 80%，毁坏房屋 8.65 万间。当时的北满铁路遭到严重破坏，冲毁路基近 100 处，累计约 20 km²，铁路交通全部中断
1933	黄河水灾	黄河特大洪水，干流陕县站洪峰流量达 22 000 m^3/s，为 20 世纪最大洪水。下游堤防决口 50 余处，陕、冀、鲁、豫、苏 5 省 67 县受灾，受灾面积约 $1.2 \times 10^4 km^2$，受灾人口 364 万，死亡 1.8 万人，冲毁房屋 169 万间，淹没耕地 $85 \times 10^4 hm^2$
1935	长江、黄河水灾	长江中游 7 月上旬发生历时 5 天罕见特大暴雨，暴雨区位于长江中游及汉江中下游地区，200 mm 等雨量线笼罩面积达 $11.94 \times 10^4 km^2$，相应降水总量 $593 \times 10^8 m^3$，暴雨中心五峰站累计 5 天雨量 1 281.8 mm。灾情最重的是汉江中下游和澧水下游。汉江下游左岸遥堤溃决，一夜之间淹死 80 000 多人，澧水下游两岸淹死 30 000 多人。这次洪水造成湘、鄂、赣、皖 4 省 152 个县市受灾，$5.9 \times 10^4 km^2$ 面积被淹。受灾农田 $150.9 \times 10^4 hm^2$，受灾人口 1 000 余万，死亡 14.2 万人，损毁房屋 40.6 万间。黄河大水，花园口洪峰流量 14 900 m^3/s，河决山东鄄城，淹苏、鲁两省 27 个县，受灾面积 $1.2 \times 10^4 km^2$，灾民 341 万，死亡 3 065 人
1938	黄河水灾	国民党政府 6 月于郑州花园口扒开黄河大堤，水淹豫东、苏北、皖北地区 44 个县市，黄泛区面积达 $5.4 \times 10^4 km^2$，1 250 万人受灾，死亡 89 万人
1939	海河水灾	七八月间海河流域内出现连续多次暴雨，海河流域 7 月、8 月两月洪水总量 $304 \times 10^8 m^3$，受淹面积达 $4.94 \times 10^4 km^2$，被淹房屋 150 万户，灾民近 900 万人，死伤 1.332 万人。冲毁京山、京汉、津浦等铁路 160 km，冲毁公路 565 km，交通几乎全部中断。天津市被淹浸长达一个半月，市区百分之七八十的街道水深 1～2 m
1947	珠江水灾	珠江大水，粤、桂两省 120 余县市水灾，$107 \times 10^4 hm^2$ 农田受灾，死亡 2 万余人
1949	珠江水灾	珠江水系的西江流域发生大范围的大雨和暴雨，为西江干流近百年来罕见的特大洪水。西江流域和珠江三角洲遭受严重水灾，广东、广西两省区农田受灾 $39.3 \times 10^4 hm^2$，灾民 370 万人。梧州、桂林、柳州、南宁等沿江城市尽被水淹，梧州市被淹历半月之久，市区水深达 5～6 m

年份	水灾	简要描述
1951	辽河大水	辽河中下游特大洪水,铁岭站洪峰流量 14 200 m³/s,辽宁、吉林 2 省 33 个县市受灾,受灾农田 37.6×10⁴ hm²,死亡 3 100 人。沈山、长大铁路停运 47 天
1953	辽河水灾	辽河中下游特大洪水,铁岭站实测洪峰流量 11 800 m³/s,27 个县市受灾,死亡 167 人,沈山、长大铁路中断行车 59 天
1954	长江水灾	长江流域中下游 6 月、7 月两个月大范围暴雨达 9 次之多。长江中下游发生了近百年来罕有的特大洪水,长江中下游地区遭受严重水灾
1957	松花江水灾	松花江特大洪水,哈尔滨站洪峰流量 14 800 m³/s(还原值),全流域农田受灾 93×10⁴ hm²,受灾人口 370 万,经济损失 2.4 亿元
1958	黄河水灾	黄河中下游特大洪水,干流花园口实测洪峰流量 22 300 m³/s。这次洪水对黄河下游威胁很大,横穿黄河的京广铁路桥交通中断 14 天。黄河滩区和东平湖区受淹村庄 1 708 个,淹没耕地 20×10⁴ hm²,倒塌房屋 30 万间
1963	海河水灾	海河流域 8 月初发生了一场连续 7 天的特大暴雨,暴雨中心 7 天降雨量达 2 050 mm,为我国大陆最高纪录,造成海河流域特大洪水。洪水总量达 330×10⁸ m³。据统计,海河流域有 104 个县(市)受灾,其中 35 个县(市)被淹,36 座县城被水围困,刘家台等 5 座中型水库垮坝。京广铁路被冲毁 75 km,中断行车 27 天。全流域淹没农田 440×10⁴ hm²,粮食减产 30×10⁸ kg,倒塌房屋 1 450 万间,受灾人口 2 200 余万,死亡 5 600 余人,直接经济损失达 60 亿元
1975	淮河水灾	淮河上游支流洪汝、沙颍河特大洪水,板桥、石漫滩 2 座大型水库溃坝,冲毁房屋 560 万间,淹死 26 000 人,京广铁路中断行车 18 天,被称之为"75·8"洪水
1981	长江水灾	7 月岷江、沱江、嘉陵江特大洪水,嘉陵江北碚站出现有实测记录以来最大洪峰,流量 44 800 m³/s,长江干流上游同时大水,宜昌洪峰流量 70 800 m³/s,四川省 138 个县市受灾,农田受灾 117.1×10⁴ hm²,死亡 1 369 人,倒塌房屋 139 万间,直接经济损失 25 亿元
1982	黄河下游水灾	暴雨中心区主要在漳卫河,5 天平均雨量 300 mm 以上笼罩面积约 408×10⁴ km²,中心林县 1 072 mm。暴雨区呈南北向分布,三花区间 5 天雨量在 100 mm 以上的笼罩面积 4.09×10⁴ km²。由于黄河下游河道淤积,花园口至孙口河段,多年最高洪水位较 1958 年普遍高 1 m 左右,开封柳园口高 2.09 m,长垣马寨至范县邢庙高 1.5~2.02 m,是新中国成立以来该地区黄河的最高洪水位
1991	淮河水灾	5 月,淮河水系平均降雨 176 mm,是常年的 2.1 倍,使江河湖库底水充盈。6 月 28 日至 7 月 11 日,淮河流域降暴雨,总降雨总量 480×10⁸ m³。60 天洪水总量 500×10⁸ m³,相当于 20 年一遇。淮河干流主要站出现仅次于 1954 年的最高水位。安徽省有 38 个城市一度进水,全流域受灾耕地 551.7×10⁴ hm²,成灾 401.6×10⁴ hm²,受灾人口 5 423 万,死亡 572 人,倒塌房屋 196 万间。同年,太湖也发生特大洪水
1996	淮河水灾	暴雨区集中在淮河上游干流及淮南山区,7 天降雨量超过 500 mm 的地区面积为 707 km²。这次降雨历时较长,使淮河上游涨水相当于 50 年一遇。洪水淹农田 50.7×10⁴ hm²,受灾人口 365.23 万,死亡 480 人,倒塌房屋 76.07 万间,冲垮堤防 845 km。同年,柳江也发生特大洪水
1998	长江水灾	1998 年汛期,长江以南地区暴雨日数多、强度大,降雨持续时间长、范围广,长江中上游干支流相继发生大洪水,这次洪水的特点是:全流域性。其中岷江、嘉陵江、清江洪水超过 1954 年。同年,松花江和西江也相继发生特大水灾

注:表中 1900~1981 年的数据根据《中国大洪水》(骆承政等,1996)一书中给出的特大洪水资料,稍加简化编辑而成。1981 年以后的资料来源于中华人民共和国水利部网站,引用时作了简化与编辑

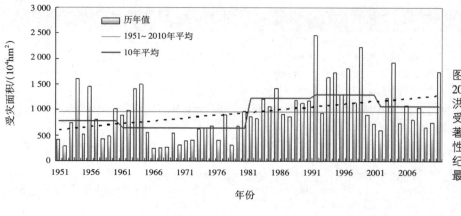

图 6 − 19 1951～2010 年全国因暴雨洪涝导致的农作物受灾面积总体呈显著增多趋势，阶段性特征明显，20 世纪 90 年代受灾面积最大

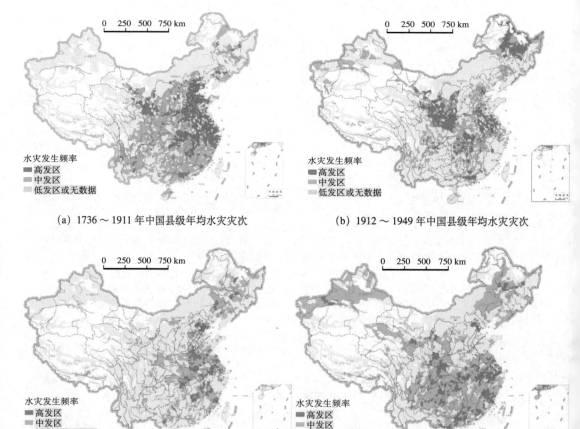

(a) 1736～1911 年中国县级年均水灾灾次

(b) 1912～1949 年中国县级年均水灾灾次

(c) 1949～1965 年中国县级年均水灾灾次

(d) 1978～2000 年中国县级年均水灾灾次

图 6 − 20 中国水灾灾次图

资料来源：(a)、(b) 来自北京师范大学环境演变与自然灾害教育部重点实验室的"中国七大江河水灾历史数据库"；(c)、(d) 来自北京师范大学环境演变与自然灾害教育部重点实验室的"中国报刊自然灾害数据库"

从中国水灾灾次图（图 6 - 20）中可看出 18 世纪中叶以来不同时段的中国水灾格局。

中国历史时期水灾格局呈现东西分异，青藏高原以东、燕北—鄂尔多斯高原以南的广大地区水灾相对集中：1736 ～ 1911 年中国水灾高值中心大面积集中在华北平原，其成为当时水灾最为严重的区域，此外，江淮流域和甘肃河西以东地区也是高值区域，而东北地区水灾少见；1912 ～ 1949 年，水灾高值中心转移最为突出的是，华北水灾中心有所削弱，东北松嫩平原出现另一个水灾中心，关中—陕南—河西成为重灾中心，此外江淮地区仍为高值中心。水灾空间表现为后一时段较前一时段水灾县范围向西北和向东伸展，而且水灾县分布始终呈现团块状。通过对比可以看出：第一，中国水灾的宏观分异与人口分界线（胡焕庸线）相对应，是气候—地貌—人类活动相互作用的产物，其中水灾承灾体控制着水灾的分界线，这在两个时段都有显示。第二，中国水灾重灾区呈团块状分布，主要与地貌格局相对应，最为典型的是华北平原、长江中下游平原、东北平原以及四川盆地等；与暴雨中心对应最为明显的有青藏高原东缘的陕、甘、青接壤地区。第三，从历史发展的角度看，水灾范围总体上有向南方扩展、向东北扩展和向西北扩展的趋势，这与人类开垦土地的进程关系密切。

1949 ～ 1965 年中国水灾格局的东西分异性仍十分明显，水灾县主要分布在胡焕庸线以东，而且二级阶梯以东为水灾严重区。1978 ～ 2000 年中国水灾格局呈现东北—西南走向、东南—西北更替的四个梯度区分异：胡焕庸线以东较重，半干旱地带次重，北疆严重，寒、旱区轻的格局。把 1949 ～ 1965 年中国水灾格局和 1978 ～ 2000 年水灾格局作对比，无论在水灾县分布范围上，还是程度上，后者均大于前者，而且水灾高值中心由华北平原特别是以河南为中心的区域向南、向北、向西南扩展。

中国水灾格局的变化主要受土地利用变化的制约：一方面，平原地区人类活动向低湿地进入，特别是东北低湿地开垦和长江中下游围湖造田建垸造成的影响较大；另一方面，大力开垦丘陵和砍伐林地造成生态环境恶化、水土流失，尤其是大兴安岭—青藏高原东缘一线的水源地的植被破坏，直接加剧了山洪强度及其影响范围。

洪水灾害案例

黄河洪水

黄河发源于青海省巴颜喀拉山北麓，流经青海、甘肃、四川、宁夏、内蒙古、山西、陕西、河南、山东九个省区，注入渤海，全长 5 464 km，流域面积约 75×10^4 km^2，是中国第二大河。黄河河水灌溉着其两岸广大土地，孕育出中华文明，人们亲切地称它为"母亲河"。可是黄河又是一条著名的"灾难河"，数千年来黄水泛滥给人民带来无穷灾难，被称为"中国的忧患"。黄河在 2 000 年内决口成灾 1 500 多次，重要改道 26 次，水灾波及范围达 25×10^4 km^2。1117 年黄河决口淹死百余万人。1642 年黄河决口，水淹开封城，全城 37 万人中有 34 万人淹死。1933 年黄河决口 54 处，受灾面积 1.1×10^4 km^2，受灾人口 360 多万，死 1.8 万人。中国历史上没有哪一个朝代不面临治黄问题。

黄　河

　　黄河发源于青藏高原巴颜喀拉山北麓，流入渤海，全长 5 464 km，流经青海、甘肃、四川、宁夏、内蒙古、山西、陕西、河南、山东九省区。

　　人们称黄河是中华民族的摇篮，也称黄河是中华民族的"母亲河"，原因是黄河和中华民族的发展有密切的关系。

　　从历史来说，黄河沿岸的许多城市曾经是历代王朝的都城：夏朝定都阳城（今河南登封），商朝定都于亳（今河南商丘），后迁都于殷（今河南安阳），周朝定都于镐京（今陕西西安），东周迁于洛邑（今河南洛阳），秦朝定都于咸阳，西汉定都于长安（今陕西西安），东汉定都于洛阳，魏晋均定都于洛阳，隋唐均定都于长安（今陕西西安），宋朝定都于东京（今河南开封）。

　　从文化来说，黄河沿岸有著名的云冈石窟、龙门石窟、炳灵寺石窟、麦积山石窟、须弥山石窟和敦煌莫高窟等。其中云冈石窟、龙门石窟、麦积山石窟、敦煌石窟号称我国四大石窟。古代文化中也有许多关于黄河的诗词歌赋，如"君不见黄河之水天上来，奔流到海不复回"等。

图 6 - 21　作为中华民族母亲河的黄河的洪水灾害十分严重。自公元前 602 年至公元 1938 年的 2 540 年间，黄河下游决口泛滥的年份有 543 年，达 1 590 余次，较大的改道有 26 次，平均三年两决口，百年一改道。公元 1117 年（宋政和七年），黄河决口，淹死 100 多万人。公元 1642 年（明崇祯 15 年），黄河泛滥，开封城内 37 万人中有 34 万被淹死。1938 年，蒋介石在河南花园口扒开黄河大堤，使 1 250 万人受害。2003 年 8 月下旬至 10 月下旬，黄河中下游遭遇了罕见的"华西秋雨"天气，咸阳、临潼和华县站均出现历史最高洪水位，堤防决口 8 处，56.25 万人受灾，迁移人口 29.22 万，受灾农田 137.8 万亩，倒塌房屋 18.72 万间

为什么"母亲河"会成为"灾难河"？这主要是由于黄河上游流经黄土高原，干流和支流中的滚滚黄水不断冲刷肥沃的黄土，挟带着它们奔向下游，沉积在下游和海口。北起天津、南达淮河的广大冲积平原（黄淮海平原）都是黄河淤积形成的。黄河一出山区，实际上就没有固定河道，而在广阔的大三角洲中摆动奔流，历史上发生过多次大改道。生活在大平原上的人民不得不在黄河两岸修建堤防，希望将它的行水道限制和固定下来。在西周时，黄河堤防已具规模，战国时更是连绵百里。在人类的围堵下，黄河也许会在设定的范围内稳定奔流一段时间，但由于上游泥沙源源而下，河道不断淤高，两岸大堤被迫也加高，形成"水涨船高"的恶性循环，最后河床高出地面成为"地上悬河"。恶性循环的结果，就是在发生特大洪水时，滚滚狂洪终将摧毁束缚它的大堤，扑向两岸，横扫一切，泛滥成灾，并自然地形成新的河道，人们如无法迫使它回归故道，就只能在新河道两侧再次修堤约束，进行新的恶性循环。这样周而复始，就在黄淮海平原上留下了许多黄河故道和大堤遗迹。

历史上黄河大改道已有 26 次了。最后一次改道发生在明朝后期至清代中期，改道前黄河一直是沿郑州、开封、杨山、徐州、宿迁、淮阴的河道东流出黄海的，到清咸丰年间，下游河道已淤得很高（滩地已比两岸外平地高出七八米）。1855 年（咸丰五年）7 月，大雨倾盆，河水猛涨，堤水相平，一望无际。7 月 4 日至 6 日，铜瓦厢（今河南省兰考县东坝头）终于溃决。决口后的黄河水主流向东北冲击，分股漫流，最后夺大清河至利津县出渤海，其后清政府无力堵口，任凭黄河水沿东北方向流入渤海，形成目前的河道。一百多年来，人们沿新河两岸不断修筑、加高大堤，又形成今日的千里长堤。

现在黄河下游两岸防洪堤总长已达 1 538 km，安然度过了四十多年大汛考验。但开封附近河道平均高出城市地面 11 m，新乡市处高出二十多米，济南市区设防水位高出地面 10 m，悬河形势十分严峻。已修建的小浪底水利枢纽，将带给我们一段时间的稳定的机会。但解决黄河的防洪和排沙问题仍将是我们长期研究和奋斗的目标。

长江洪水

长江是我国第一大河。发源于青藏高原唐古拉山脉主峰各拉丹冬雪山的西南侧，源头海拔高达 5 400 m。干流全长 6 397 km，流经青、藏、川、渝、滇、鄂、湘、赣、皖、苏、沪 11 个省、市、自治区，在崇明岛以东注入东海，长度居世界第三位。流域面积大部分处于亚热带季风气候区，温暖湿润，多年平均降水量达 1 100 mm，多年平均入海水量近 1×10^{12} m^3，占中国河川径流总量的 36% 左右，水量居世界第三位，仅次于亚马孙河和刚果河，约为黄河水量的 20 倍。

长江在 1 300 多年间发生水灾 200 多次。1931 年自沙市至上海沿江城市多被水淹，受淹百日，淹没农田 333.3×10^4 hm^2，受灾人口 2 850 万，死亡 14.5 万人。1932 年汉江大水受灾面积 150.9×10^4 hm^2，1 003 万人受灾，死亡 14.2 万人。1954 年长江大水，汉口最高水位达 29.73 m，超出 1931 年决堤水位 2.8 m，经全力抢护，保住重点堤防和武汉市的安全，但受灾农田仍达 317×10^4 hm^2，受灾人口 1 800 万，死亡 3.3 万人。1981 年长江大水 53 个县以上城市、

580 个城镇、2 600 多座工厂企业、83.3×10^4 hm^2 耕地受淹，倒塌房屋 160 万间。

下面是从文献中摘抄的关于长江洪水灾害的一些片段：

1870 年（同治九年）农历五月，宜昌，长空漆黑如墨，整个四川和湖北都笼罩在强大的暴雨云团之下。那雨，倾盆倾缸、无休无止，百川千溪，直泻长江。从三峡吐出来的滔滔巨浪，直扑两湖。江水日升夜涨，4 天之内长江的流量就从 4 万（单位：m^3/s，编者注）猛涨到 10 万以上。城里乡下，不论是官吏百姓、富豪贫民，都面如死色，烧香磕头，祈求上苍开恩。可是苍天并不容情，"不好了，大水进城了！"半夜里突然锣声四起，宜昌全城顿时乱成一团。滚滚江流，无际无涯，南扑洞庭，北吞江汉，以排山倒海之势，席卷着一座座城市和一片片乡村。江湖已连成一片，什么江陵故郡、公安新城，什么松滋、石首、监利、嘉鱼、咸宁、安乡、华容……全都消失了。衙署、民房、寺观、牌坊统统倒塌。汪洋巨浸中偶尔露出几处塔尖房顶，飘来几艘挤满难民的诺亚方舟……逃得性命的地方官连夜给万岁爷上奏折"……此诚百年未有之奇灾……"，恳请朝廷赶快放赈救灾。

图 6 - 22　1998 年夏、秋，在长江流域发生大洪水。这场洪水影响范围广、持续时间长，洪涝灾害严重。图为四川省广安市的受害状况

长江近年来为何洪灾频繁

长江流域的水灾在近几十年内愈来愈频繁，原因是什么呢？

从 20 世纪 70 年代末到现在，东亚夏季风系统减弱，因此夏季的雨带多停留在江淮流域。这是近几年来长江流域洪灾频发的气候成因。

大面积的森林砍伐、水土流失，导致河流泥沙量增加，而泥沙量的大量淤积，又必定抬高河床，于是为了防洪，只好不断地筑高河堤。汛期到来，滚滚洪水全靠大堤支撑，这样的悬河，只要河堤稍有闪失，便将带来灭顶之灾。

湖群的消失，是长江流域水灾愈来愈频繁的另一个重要的原因。19 世纪初，洞庭湖面积还曾广达 6 000 km²，1949 年仍有 4 350 km²，然而 1949 年到现在 40 年来，每年淤积在湖内的泥沙达 1.5 × 10⁸ t，加上大面积的围湖造田，到 1984 年洞庭湖的总面积仅剩下 2 145 km²；同样 40 年中，鄱阳湖湖面也缩小了 1/5 以上。长江中下游的湖泊星罗棋布，容纳七百多条大小河流，与长江形成了一个和谐的整体，但泥沙淤积和围湖造田，使湖群面积剧烈缩减、调节洪水的功能减弱。

长江流域愈来愈频繁的洪灾留给了我们深刻的启示：人类在利用自然资源的同时对生态环境的疯狂破坏导致资源的短缺和环境的恶化。停止砍伐森林，大力植树造林，再不做围湖造田之类的蠢事，是我们从根本上治理长江水患必须要做的大事，它是任何水利工程都无法比拟的。

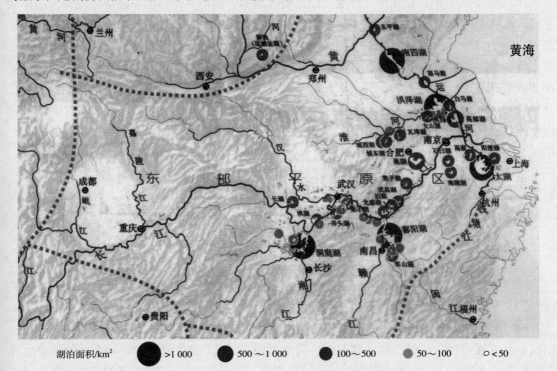

图 6 - 23　长江中下游湖群星罗棋布，是水资源的天然仓库，但是随着湖群生态系统遭受破坏，逐渐消失的湖群对洪水的调节作用显得力不从心，洪水也因此更加肆虐，更加频繁
资料来源：中国科学院南京地理与湖泊研究所，2005

图6-24 1931年大洪水中被困的武汉。三镇被淹没水中达三月之久，受灾16万户、78万余人，待救济灾民23万余人。据事后统计，死于此次水灾的共33 600人。武汉遭此重创，逐渐由盛转衰

1954年6月中旬，长江中下游发生三次较大暴雨，历时9天，雨季提前且雨带长期徘徊于长江流域，直至7月底，流域内每天均有暴雨出现，且暴雨强度大、面积广、持续时间长，在长江中下游南北两岸形成拉锯局面。8月上半月，暴雨移至长江上游及汉江上中游。由于在上游洪水未到之前，中下游湖泊洼地均已满盈，以致上游洪水东下时，宣泄受阻，形成了20世纪以来的又一次大洪水。百万军民奋战百天，为了保"帅"，只得弃"车"，动用了荆江分洪区和一大批平原分蓄洪区，丰收在望的四大分洪区顷刻化为一片汪洋，飞机、船只紧急出动援救被困灾民。虽保住了武汉、黄石等重点城市免遭水淹，确保了荆江大堤未溃决，但洪灾造成的损失仍然十分严重。武汉附近长江南北两岸相继决口，十余座中小城市埋于水底，淹没的良田、建筑、工矿、油田、铁路公路不计其数，受灾农田4 755万亩，受灾人口1 888万，因灾死亡3.3万人，损毁房屋427.6万间。武昌、汉口被洪水围困百日之久，京广铁路100天不能正常通车。

淮河流域"75·8"洪水

1975年8月，在河南省发生了一场巨大的洪水灾害，人们把这场灾害简称为"75·8"洪水。

1975年8月4日，3号台风在福建登陆。它并没有像通常那样在登陆后逐渐减弱消失，却以罕见的强劲势头，越江西，穿湖南，到达常德附近。8月5日晚，行径诡秘的这个台风突然转向，北渡长江，直入中原腹地，在河南境内"停滞少动"。具体停滞的区域，是在伏牛山脉和桐柏山脉之间的弧形地带，也就是河南省淮河上游的丘陵腹地，这里奔流着颍河、北汝河、沙河、洪河、汝河等河流，兴建的上百座山区水库星罗棋布，像繁星般地点缀在青翠

图 6 - 25 1998 年长江流域大洪水九江决堤时受灾情况。1998年长江全流域，嫩江、松花江流域发生了特大洪水，总经济损失达 2 000 亿元

资料来源：国家气象局办公室

(a)

(b)

图 6 - 26 （a）1975年河南驻马店板桥水库被洪水冲垮后的惨境（李德武摄）；（b）洪水将铁轨拧成了麻花状

的大地上。3 号台风在这里停滞少动，带来了空前的灾难。

从赤道地区涌来的暖湿水汽源源不断地到达雨区，和北部的冷空气团相遇，倾盆大雨的强度达到了令人难以置信的程度。三天三夜内雨量大于 200 mm 的范围有 $4.4 \times 10^4 \text{ km}^2$，相应的总降水达 $201 \times 10^8 \text{ m}^3$。降雨中心林庄雨量达 1 631 mm，6 小时降雨量达 830 mm，创世界纪录。暴雨中心的老百姓说："雨像盆子里的水倒下来一样，对面三尺不见人。"在林庄，雨前鸟雀遍山冈，雨后虫鸟绝迹，死雀遍地！

这是真正的暴雨洪水。河南省板桥、石漫滩两座大型水库及一大批中小水库垮坝失事。水库垮坝所带来的大水和通常的洪水相比，具有极为不同的特性。这种人工蓄积的势能在瞬间突然释放，不仅出现巨大的流量，而且洪水的前沿形成一道高高的水墙，快速横扫下游，具有无法抗拒的力量。垮坝后洪水席卷而下，大型拖拉机被冲到数百米外，合抱的大树被连根拔起，巨大石碾被举在浪峰。水库凌晨 01:00 时垮坝，1 小时后洪水就冲进 45 km 外的遂平县，城中 40 万人半数漂在水中，一些人被途中的电线勒死，一些人被冲入涵洞窒息而死，更多的人在洪水翻越京广铁路高坡时坠入旋涡被淹死。洪水将京广铁路的铁轨拧成麻花状，京广铁路被冲毁 102 km，运输中断 18 天。

5 小时后，库水泄尽。汝河沿岸 14 个公社的土地被刮地三尺，田野上的黑色熟土悉被刮尽，遗留下一片令人毛骨悚然的鲜黄色。这次灾害受灾面积 $1.2 \times 10^4 \text{ km}^2$，受灾人口 1 100 万，26 000 人遇难，是世界上有史以来未见的特大灾害。

图 6 - 27 2008 年 6 月，美国中西部地区持续暴雨，密西西比河水位急升，洪水泛滥。这是 15 年来最严重的水灾，估计造成的经济损失高达数十亿美元，数百万亩农田失收或遭受破坏，从而推高了全球粮食价格，大豆和粟米价格创新高，同时带动饲料成本上涨，猪、牛期货价格飙至新高

北京"7·21"特大暴雨

2012 年 7 月 21 日，北京遭遇特大暴雨。据北京防汛抗旱指挥部通报，全市平均降雨量 164 mm，为 61 年以来最大。北京房山区遭受山洪袭击成为重灾区，暴雨造成 79 人遇难，受灾人口达 160.2 万，因灾造成经济损失 116.4 亿元。

位于华北平原北缘、主要依靠季风带来降水的北京，在气象上是个极不"幸运"的城市，长期干旱少水。人们盼下雨，盼下大一点的雨，希望密云水库不再只有一个水底，永定河能重新恢复径流。如今大雨终于来了，却来得这样猛烈凶狠，房山区几个小时的暴雨就几乎下了平时全年的降水，酿成了大灾难。

······

很多人在说北京的下水道太差了，这个理已经明摆在每一次大雨中，而且已是老话题。但北京市的减灾软肋岂止是下水道，它还包括很多其他硬件上的细节以及人们防灾意识的淡薄。当大雨已成定局时，很多人仍开车上街，政府阻止不力，体育场还有足球比赛，各种补习班多如牛毛。但有几个人受过专门的逃生训练呢？

······

北京地下排水系统都如此不堪一击，其他城市可想而知。其实不仅是排水系统的问题，它还暴露出北京应急系统等管理系统的严重滞后。

据统计，2010 年中国城市化率已近 50%，用 30 年时间走过了西方 200 年的城市化过程，显然是城市化的"大跃进"。但公共设施配套、制度建设、产业配套，以及生活成本增长、文化不适等问题，少有应对方案，所隐藏的社会风险不容轻视。

大陆城市综合竞争力排名最前的北京，超级拥堵、空气污染、排水不畅等，让市民感受到的却是城市生活的烦恼。当下这种"半城市化"是一种残缺的生活状态，不仅意味着经济、政治、文化权利的不完整，也意味人们享受城市文明成果的不平等。此外，快速城市化带来

图 6 - 28 2012 年 7 月 21 日，北京遭受特大暴雨，全市平均日降雨量为 164 mm，为 61 年以来最大。由于降雨过大，2012 年 7 月 21 日北京"白昼如夜"

的公共设施不足、社保薄弱、文化贫乏、社会治理与制度滞后、环境污染、户籍隔离等一系列"半城市化"问题。

北京"7·21"大雨灾害暴露和揭示出来的这些深层次的问题值得我们深思。

6.4 减轻洪水灾害

洪水灾害是一种不以人的意志为转移的自然现象，彻底根治洪水和期望洪水灾害不再发生的想法都是不现实的。但人类活动可以改变洪水灾害事件发生的频率，扩大或减小其危害性及影响范围，改变生命财产的受灾损失率及其抗灾性能，因此减灾建设显得尤其重要。减灾建设基本方针是：以防为主，防灾、抗灾和救灾相结合；以群众为主，群众、集体和国家力量相结合；以生产自救为主，生产自救、互助互济和国家救济扶持相结合。减轻洪水灾害，必须重视除害与兴利并举的灾害管理思想，既要研究河流的自然规律使其造福于人类，又要注重与水为友，实现人、水的和谐共存，也要注重工程措施与非工程措施的有机结合和流域全局利益与区域利益相协调。

工程措施减灾

工程措施作为抵御洪水最有效的手段之一，在人类与洪水的斗争历史中扮演了重要的角色。具体而言，工程措施主要包括河道堤防、水库、分洪工程、蓄滞洪区和河道整治工程等。

河道堤防是最早出现也是应用历史最久的防洪工程。早在春秋中期，我国黄河下游的堤防工程就已初步形成；到了战国，黄河下游堤防已具有相当规模；而到了明代，堤防工程的施工、管理和防守技术都达到了相当高的水平。新中国成立以来，黄河大堤工程在修、防、管方面都有了很大的发展，科学技术水平有了很大提高。目前黄河下游计有各类堤防总长 2 291 km，其中临黄堤 1 371.227 km。

在长江中游的江汉平原地区，也有一段十分重要而且历史悠久的堤防——荆江大堤。荆江大堤是江汉平原防洪安全的屏障，保护着 $53 \times 10^4 \text{km}^2$ 的耕地和 800 万人民的生命财产安全。它的建设最早可追溯到公元 345 年（东晋永和元年），至 1542 年（明嘉靖二十一年），自堆金台至拖茅埠长 124 km 的堤段连成整体，当时称万城大堤。1788 年（清乾隆五十三年）大溃后，乾隆拨库银 2 000 000 两，调 12 县知县负责修筑，堤身得到加强。新中国成立以后，对荆江大堤进行了大力加固。

水库也是防洪的主要工程措施之一。水库不仅具有蓄水灌溉、供水、发电等作用，在汛期的防洪作用也十分重要。水库的防洪作用主要表现在两方面：一是通过拦蓄洪水减少下游地区的洪峰流量；二是直接或间接为干流洪水错峰或削峰，优化整体防洪调度。一般而言，库容越大，水库在抗御洪水中的防洪效益越明显。我国最著名的水利水电工程三峡大坝，不但具有年均 $849 \times 10^8 \text{ kW·h}$ 的发电能力以及 $5\,000 \times 10^4 \text{ t}$ 的航运能力，而且其 $221.5 \times 10^8 \text{ m}^3$ 的防洪库容，也将在长江防洪体系中发挥巨大的作用：荆江河段防洪标准将从十年一遇提高

图 6 - 29　束缚着 "地上悬河" 的黄河大堤。含沙量大的河流，至河谷开阔、比降不大、水流平缓的河段，泥沙大量堆积，河床不断抬高，水位相应上升，为防止水害，两岸大堤亦随之不断加高，年长日久，河床高出两岸地面，便成为 "悬河"。黄河每年大约有 4×10^8 t 泥沙淤积于下游河道，河床逐年升高，使黄河下游成为世界上著名的 "悬河"。现在黄河下游的河床，一般比堤外地面高出 $3 \sim 5\,m$，在河南封丘县的曹岗，竟高出 $10\,m$ 之多

到百年一遇，荆江两岸的 1 500 万人口和 154×10^4 hm^2 耕地将更加安全，而武汉地区的防洪安全也将得到保障，洞庭湖区的洪水威胁也会大大减轻，同时，长江中下游防洪调度的可靠性和灵活性也将极大地增强。

　　分洪工程是防洪的另一重要工程措施，其主要作用是分泄或蓄纳干流超额洪水，削减干流洪峰流量，以保证干流中下游地区的防洪安全。位于荆江南岸（右岸）湖北省公安县境内的荆江分洪工程，又称荆江分洪区，是保障荆江大堤安全的重要防洪工程措施。荆江两岸平原区共有耕地约 133×10^4 hm^2，人口一千余万，是中国著名的农产区，也是历史上长江中下游洪灾最为频繁而严重的河段。荆江河段的安全泄洪能力与上游频繁而巨大的洪水来量很不适应，上游来量常在 $60\,000$ m^3/s 以上，最大达 $110\,000$ m^3/s，而河道仅能安全通过约 $60\,000$ m^3/s，相当于十年一遇洪水，其防洪能力与荆江区的重要地位极不相称。新中国成立之后，国家决定兴建荆江分洪工程。1952 年 4 月 5 日荆江分洪工程开工，主体工程历时 75 天建成，工程主要由分洪区围堤、分洪闸、分洪工程和节制闸等组成。全区面积 920 km^2，南北长约 70 km，东西宽约 30 km，四面环堤，有效容积 54×10^8 m^3（图 6 - 30）。

　　国外在防洪工程建设方面也有很多成功的案例，例如，美国密西西比河防洪工程、胡

佛大坝，埃及阿斯旺高坝等。

胡佛大坝位于美国科罗拉多河流经内华达州和亚利桑那州交界的黑峡中大孤石处，距拉斯韦加斯50.6 km。其建设主要是为了解决科罗拉多河流域的水流调控问题，是集防洪、航运、灌溉、城市生活和工业用水以及发电等多项功能于一身的水利工程。

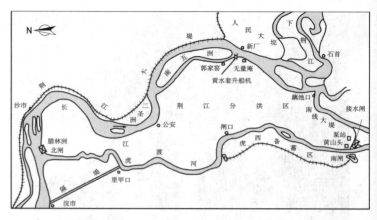

图6－30　荆江分洪工程由分洪区围堤、分洪闸、分洪工程和节制闸等组成。分洪区面积920 km², 南北长约70 km, 东西宽约30 km, 四面环堤，有效容积54×10⁸ m³

图6－31　世界闻名的长江三峡水库大坝。我国最著名的水利水电工程三峡大坝，具有221.5×10⁸ m³ 的防洪库容，在长江防洪体系中发挥着巨大的作用

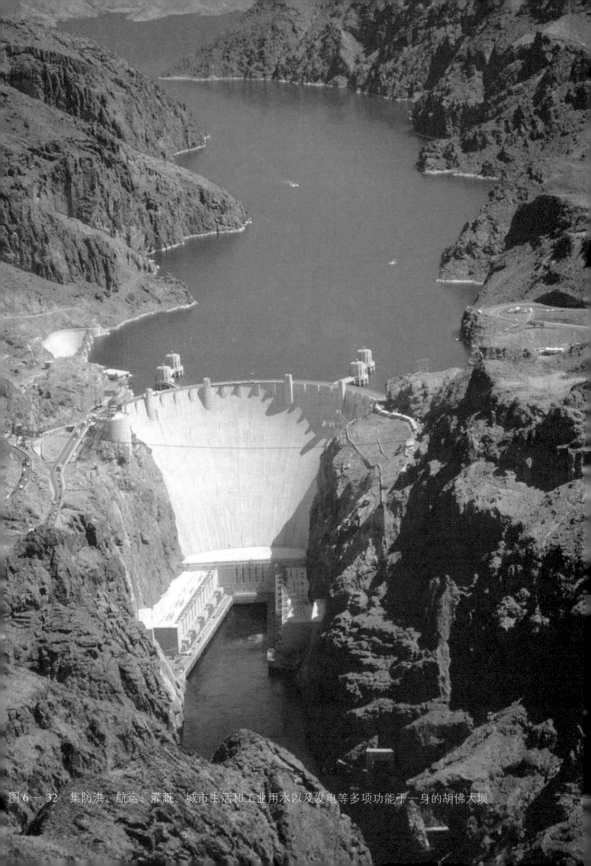

图6—32　集防洪、航运、灌溉、城市生活和工业用水以及发电等多项功能于一身的胡佛大坝

位于开罗以南约 800 km 的埃及尼罗河上的阿斯旺高坝也是一座集防洪、抗旱、灌溉、发电、航道改造于一体的综合利用工程。水库有 $410 \times 10^8 \, m^3$ 的防洪库容，加上容量为 $1\,196 \times 10^8 \, m^3$ 的分洪区（分洪道在上游 250 km 的左岸岸边），可完全控制尼罗河洪水，成功地经受了 1964 年、1975 年和 1988 年的大洪水。

都江堰水利工程

都江堰水利工程是我国乃至世界历史上水利工程的典范，它用事实证明了在正确的洪水自然观指导下，工程措施是减轻洪水灾害的有效方法。

都江堰位于四川成都平原西部的岷江上。岷江是长江上游最大的支流之一，贯穿成都平原，是古代蜀地的重要河流。都江堰修筑前，岷江水害严重，每年夏秋汛期，洪水大至，泛滥成灾，汛后又河干水枯，形成旱灾，百姓苦不堪言。

公元前 256 年（秦昭王五十一年），蜀郡太守李冰主持修建了著名中外的都江堰水利工程，不仅消除了水患，而且发展了灌溉和航运，使灾害频繁的成都平原变成了旱涝保收的天府之国，创造了一个奇迹。

都江堰枢纽位于自岷江从崇山峻岭中奔腾而出、进入冲积平原的咽喉地带——灌县（现都江堰市）。它由很多建筑物组成，其中最主要的是鱼嘴、飞沙堰和宝瓶口三者。

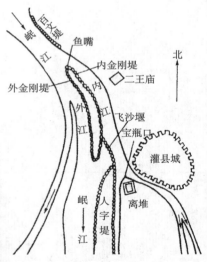

图 6 - 33　都江堰工程是我国古代著名的水利工程，位于四川省岷江上游，公元前 256 年由蜀郡太守李冰主持修建。都江堰不仅消除了水患，而且发挥了灌溉和航运功能，使灾害频繁的成都平原变成了旱涝保收的天府之国

先说说鱼嘴。这是一座修建在自岷江江心的分水建筑物,形状像一条逆水而上的鱼的嘴巴。鱼嘴作为分水坝,把岷江江水分为东西两股。西股叫外江,就是岷江的主流,主要起泄洪作用。东股叫内江,主要起引水进入平原区进行灌溉的作用。鱼嘴和一些辅助堤堰的设计是煞费苦心的,使在春耕季节大部分的岷江来水(约 60%)进入内江以满足灌溉需要。洪水季节,内外江的分水比例则自动颠倒过来,60%的水进入外江排泄,真是妙不可言。

要将内江的水引入成都平原,还遇到一座玉垒山的阻挡。李冰将玉垒山凿开,建成一个引水口,人称宝瓶口。这个引水口宽约 20 m,高 40 m,长 80 m,工程艰巨。内江水流入宝瓶口后,就分道进入许多大大小小的河渠,组成交错的扇形水网,灌溉着成都平原的大片田地。

另一个重要的建筑物位于宝瓶口前的侧面,称为飞沙堰。当进入内江的流量超过宝瓶口的接纳上限时,多余的水量便从飞沙堰顶自行溢入外江。另外,从上游挟带下来进入内江的泥沙卵石也通过飞沙堰排入外江,以免宝瓶口和下游灌区淤积变浅,做到了“正面进水、侧面排沙”,这又是一项匠心独运的设计。飞沙堰实际上就是一座泄洪排沙闸。

都江堰枢纽构思之巧妙,配合之科学,成效之显著,即使是请现代水利专家来设计恐怕也难出其上。都江堰工程完工后,成都平原从此“水旱从人,不知饥馑,时无荒年,天下谓之天府”。李冰建的都江堰至今已有 2 200 年,经历代不断维修改造,至今还在应用,不愧是我国科技史上的一座丰碑。都江堰已被评选为“世界文化遗产”。

密西西比河防洪工程

密西西比河是美国最大的河流,流域辽阔,支流众多,但也是美国洪灾最为严重的地区,百余年来,密西西比河曾发生重大洪灾 36 次,平均 3 年就有 1 次。1993 年上密西西比河流域发生了历史罕见的洪水,95 个预报站水位超过历史最高水位,约占美国土地面积 15%的 9 个州遭受水灾。圣路易斯站流量超过 30 000 m³/s(1973 年为 24 100 m³/s),水位超过 1973 年最高水位 1.95 m。这次洪灾死亡 38 人,毁房 5 万多间,54 000 人背井离乡,直接经济损失 150 亿～200 亿美元。

密西西比河的防洪是从下密西西比河筑堤开始的。早在 1717 年,法国殖民者即在新奥尔良附近筑堤保护该市,此后堤防不断加长。1879 年密西西比河委员会成立后,积极对密西西比河的防洪、航运工程进行了整治。1927 年密西西比河水灾后,美国国会于 1928 年通过了 1928 年防洪法,要求建设包括防洪在内的多目标工程,以取得不断增长的经济效益。以后,国会又陆续通过了各种防洪法案,推动了该河的大规模防洪工程建设。

目前密西西比河的防洪系统由堤防(含防洪墙)、分洪工程、河道整治、支流水库等工程措施及洪水预报与警报系统、洪泛区管理系统等非工程措施组成。其中,堤防是密西西比河的主要防洪工程。该河现有干流堤防 3 540 km(包括城市防洪墙在内),支流堤防约 4 000 km,保护耕地 606.7 × 10⁴ hm²。干流堤防平均高 7.5 m,顶宽 9 m,高出当地最高洪水位 1.5 m。当密西西比河洪峰流量超过河槽宣泄能力时,即运用新马德里分洪工程、阿查法拉亚分洪工程和邦内特卡雷分洪道等分洪工程分泄多余的洪水。此外，密西西比河委员会还建立了150余座具有较大防洪作用的支流水库，总库容达 $2\,000 \times 10^8\ \text{m}^3$，并对下密西西比河河道进行了整治，20世纪三四十年代，在孟菲斯至雷德河码头之间裁弯16处，使该段河流泄洪能力增加 $2\,800 \sim 22\,600\ \text{m}^3/\text{s}$。这些防洪工程建设历时半个多世纪，发挥了巨大的效益。据统计，1970～1980年累计防洪经济效益达800亿美元，1983年一年就达170亿美元。1993年仅水库的防洪经济效益即达110亿美元。

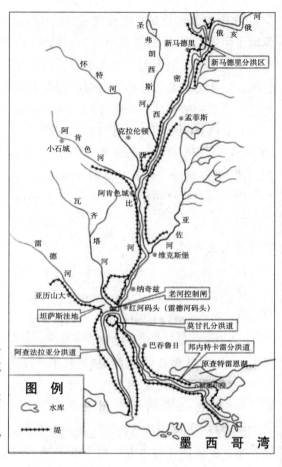

图 6 - 34　密西西比河下游防洪工程由堤防（含防洪墙）、分洪工程、河道整治、支流水库等工程措施组成，这些防洪工程建设历时半个多世纪，发挥了巨大的效益。据统计，1970～1980年累计防洪经济效益达800亿美元，1983年一年就达170亿美元。1993年仅水库的防洪经济效益即达110亿美元

资料来源：中国水利百科全书，http://www.cws.net.cn/zmslgc/ArticleView.asp?ArticleID=No&ClassID=1840

非工程减灾措施

非工程减灾措施是在肯定工程措施作用的前提下，根据一定的条件，通过法令、政策、行政管理、经济手段、技术手段等，尽可能地减轻洪水灾害损失。其主要内容包括灾害预报、监测与预警、灾害应急、灾害保险、紧急救助、减灾规划、减灾教育与减灾立法等。

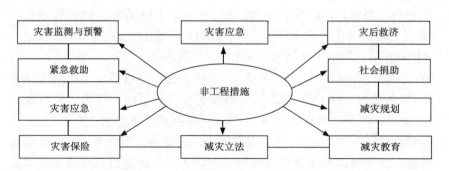

图 6 - 35　非工程减灾措施示意图

洪水灾害监测与预警

灾前灾害监测与预警体系的建立和完善对于防灾减灾具有重要意义。我国洪水预报主要以气象观测数据和历史气候资料为基础，结合气候、气象预报模型来进行。而水灾监测研究目前已从过去传统的降雨、水文观测发展到运用遥感和地理信息系统等对地观测新技术手段对水灾进行监测。目前，我国水文动态与洪涝灾害监测与预报网络基本上已覆盖全国大部分地区，各主要专业部门均初步建立了中央—省—地级市的三级自然灾害监测网络。全国建有水文站 3 450 个、水位站 1 263 个、雨量站 16 273 个、地下水观测井 13 648 处，形成了水文灾害监测网。同时，卫星遥感技术也在洪涝监测中得到越来越广泛的应用，已可以进行比较准确的临灾预报和跟踪预报。

洪水灾害应急

灾害过程中应提高应急响应能力，突出以人为本，尽可能降低灾害性事件造成的人员伤亡和财产损失，最大限度地保护自然资源与环境。为更有效地开展突发事件的管理和救助工作，2006 年 1 月国务院发布了《国家突发公共事件总体应急预案》。《预案》根据突发公共事件的发生过程、性质和机理，将突发公共事件分为自然灾害、事故灾难、公共卫生事件、社会安全事件四类。按照各类突发公共事件的严重程度、可控性和影响范围等因素，分为四级，即特别重大（Ⅰ）、重大（Ⅱ）、较大（Ⅲ）和一般（Ⅳ）。同时还根据风险分析结果，将可能发生和可以预警的突发公共事件依次用红色、橙色、黄色和蓝色表示。目前，我国主管防洪的机构分中央、地方两大序列：国务院设立国家防汛抗旱总指挥部，统一指挥全国的防汛工作。国家防汛抗旱总指挥部办公室为其办事机构，负责管理全国防汛的日常工作，办公室设在水利部。省、地、县设立防汛指挥部，负责所辖地区内的防汛组织和指挥工作，办事机构设在其相应水行政主管部门，总指挥为当地行政领导。各大江河流域也设有防汛指挥部，负责流域内防汛组织和指挥工作(图 6 - 36)。近年来我国洪水灾害的应急管理工作取得了较大进展，应急队伍建设和技术装备水平在不断加强，人民的生命和财产安全得到了较好的保障。

洪水灾害保险与基金

抗灾、救灾、安置灾民、恢复生产，需要大量的资金、人力和物力。灾害保险作为灾害转移的一项重要经济活动，正在受到国内保险机构和进入我国的国际保险机构的关注。过去几年的实践证明，保险工作在重建灾区、安置灾民生活中发挥了巨大的作用。我国水灾保险是 1980 年中国人民保险公司恢复业务后设立的一个非单一综合险种。经历了 1981 年四川大水，1982 年武汉水灾，1983 年陕西安康洪水，1985 年、1986 年辽宁水灾，1991 年江淮大水，1998 年长江、松花江特大洪水等多起较大赔付活动，水灾保险表现了其优越

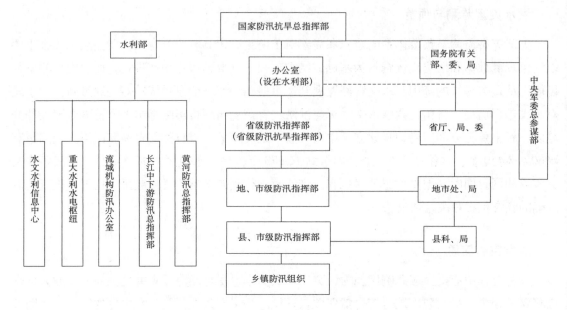

图 6－36　全国防汛抗旱指挥系统图。国务院设立国家防汛总指挥部，统一指挥全国的防汛工作。国家防汛抗旱总指挥部办公室为其办事机构，设在水利部。省、地、县设立防汛指挥部，负责所辖地区内的防汛组织和指挥工作，办事机构设在其相应水行政主管部门，总指挥为当地行政领导。各大江河流域也设有防汛指挥部，负责流域内防汛组织和指挥工作

功能和作用。但是，总体来讲，此项事业刚刚起步，尚未走入正轨，还有许多问题需要研究和探索。当前，我们需要扩大保险业务范围，进行保险灾害区划，使全社会都来协助减灾、救灾。基金是指政府和社会筹集的专门用于灾后灾民生活救济的款项。我国目前尚未开展这项工作，但国际经验表明，专项救灾基金的发放，对于灾区重建、人民生活安置所起的作用绝不亚于保险。因而，随着经济的发展，国家和社会团体及个人收入的增加，适时增设抗灾、救灾基金是十分必要的。

减灾立法

我国已于 1997 年通过了《中华人民共和国防洪法》，但有关条例仍需进一步研究和制定，而且我国尚无一个综合性规范防灾、减灾工作的全面大法，减灾亟待走向法制化。灾害立法是最终保障防灾、减灾体制顺利建立和发展的根本出路。为了保证各项减灾措施的实施，节制人类盲目地开发和非科学活动，惩治对减灾工程和减灾工作的破坏行为，必须制定法规，以法减灾。只有通过有关法律、法规的颁布，才能从根本上建立起全国统一的防灾体制，明确各级政府的职责，使人们在减灾活动中，有法可依，依法行事。可喜的是，我国已成立了国家减灾委及国家减灾中心，全面领导、组织、协调各个部门和区域的减灾业务和科研工作，加速实现减轻自然灾害的目标。

尊重自然规律，减轻洪水灾害

图 6 - 37 李冰修建了都江堰，岷江流域以李冰为水神，并建立祠堂、道观加以膜拜，以求平安

资料来源：中国水利国际合作和科技网

图 6 - 38 殷商盛行占卜，为求河神保佑、不发洪水，人们将祭祀河神的祷文刻于龟甲之上，有些地区为求河神保佑将少女投入河中作为祭品

　　古代人对黄河和其他河流的敬畏，尽管现在看来显得有些可笑，但在当时是极其认真的。清朝皇帝派专人去调查河源，不是为了科学考察或者治理黄河，而是为了祭河神，因为当时人们认为黄河之所以灾害不断，是河神没有得到应有供奉。到了我们这个时代，当然不再相信有这样一个虚幻的河神，但是我们要尊重自然的规律。河流综合治理框架的构建以及它的实现，可以避免违背自然规律的不合理开发，能为我们的未来、为我们的子孙后代留下发展的空间和余地。

减灾教育

随着社会经济的发展，人们的减灾意识也越来越强。减灾教育始终是提高减灾能力的基础，亦是全民风险意识养成的重要措施。减灾教育强调学校减灾教育与公众防灾意识养成相结合。学校减灾教育要注重实践，如最基本的应急避灾常识和技能的掌握，要特别关注各种减灾与应急响应"标识"或"标志"的标准化与国际化，以满足不同语言和文化环境条件的灾民应急的需要。减灾意识的养成需要针对不同文化环境，从多个层次开展宣传与普及工作，要利用一切可利用的传媒手段，普及风险与避险知识，整合各种传媒渠道，形成持续与系统的防灾避险知识的全民普及，进而建设和完善不同文化环境区域的"安全文化"推进设施，使社会各界都形成自觉的风险综合防范体系。

思考题

1. 什么是流域盆地, 流域盆地是如何形成的?

2. 描述洪水的三要素。

3. 请描述中国人治理黄河洪水的历史, 并请思考治理是否成功了。从治理黄河洪水过程中我们可以得到哪些启示?

4. 处在上游和下游的洪水有什么不同的特征?

5. 我们通常说的十年一遇的洪水或者百年一遇的洪水是什么意思?

6. 画出洪水频度曲线, 并且解释曲线在城市建设和规划中的作用。

7. 请画出洪水水位线示意图, 并且解释是什么控制着水位线的形状。

8. 举一个例子说明大洪水的产生过程。

9. 洪水灾害系统由哪几个要素组成?

10. 分析我国洪水灾害的时空规律。

11. 工程减灾与非工程减灾措施的区别与联系是什么?

12. 洪水风险评价包括哪些方面的内容?

参考资料

程晓陶, 吴玉成, 王艳艳, 等. 2004. 洪水管理新理念与防洪安全保障体系的研究 [M]. 北京: 中国水利水电出版社

骆承政, 乐嘉祥. 1996. 中国大洪水 [M]. 北京: 中国书店出版社

潘家铮. 2000. 千秋功罪话水坝 [M]. 北京: 清华大学出版社; 广州: 暨南大学出版社

钱纲. 1999. 二十世纪中国重灾百录 [M]. 上海: 上海人民出版社

史培军. 2005. 四论灾害系统研究的理论与实践 [J]. 自然灾害学报, 14 (6): 1 - 7

中国科学院南京地理与湖泊研究所 (李世杰, 刘晓枚, 窦鸿身, 等). 2005. 中国重要湖泊分布图 [J]. 中国国家地理, (2): 42 - 43

Bruneau M, Chang S, Eguchi R, et al. 2003. A framework to quantitatively assess and enhance seismic resilience of communities [J]. Earthquake Spectra, 19 (4): 733 - 752

Dingman S Lawrence. 2002. Physical hydrology (2nd ed) [M]. Upper Saddle River, New Jersey: Prentice Hall

Kenneth Hewitt. 1997. Regions at risk: a geographical introduction to disasters [M]. London: Longman: 389

Rogers J J W, Feiss P G. 1998. People and the earth——basic issues in the sustainability of resources and environment [M]. Oxford: Cambridge University Press

UN/ISDR. 2004. Living with risk: a global review of disaster reduction initiatives [R]. United Nations

Wisner B, Blaikie P, Cannon T, et al. 2004. At risk: natural hazards, people's vulnerability and disasters (2nd ed) [M]. London, New York: Routledge: 49

相关网站

http://www.mwr.gov.cn

http://www.usgs.gov/themes/flood.html

http://www.fema.gov/final/

http://www.ag.ndsu.nodak.edu/flood

滑坡和泥石流是山区经常发生的灾害，在有些地方，它一年甚至可以发生多次。滑坡和泥石流是一种自古就有的自然灾害，但目前50%以上的滑坡是人为因素（如开挖坡脚、灌溉等）引起的。滑坡和泥石流是怎么形成的？为什么人类的活动会加剧这种灾害？如何通过约束人类的活动和采取措施来减轻这种灾害？

7 滑坡和泥石流灾害

① 滑坡

② 泥石流

③ 滑坡和泥石流的分布和危害

④ 滑坡和泥石流灾害实例

⑤ 滑坡和泥石流灾害的预防和减轻

7　滑坡和泥石流灾害

　　滑坡和泥石流是经常发生的灾害，与地震、海啸等灾害几十年、几百年才发生一次不同，在有些地方，滑坡和泥石流一年可以发生多次。全世界几乎所有的国家，特别是在它们的山区，每年都会发生滑坡和泥石流灾害。滑坡和泥石流灾害的特点是：发生频度高、分布地域广、造成的灾害严重。据中国地质环境监测院不完全统计，2010年，中国滑坡和泥石流等突发性地质灾害共造成 16 609 人死亡和失踪，财产损失近百亿元。

　　中国是一个滑坡、泥石流等地质灾害发生十分频繁和灾害损失极为严重的国家，尤其是

图7－1　2010年8月7日22时，中国甘肃省舟曲县突降强降雨，县城北面的三眼峪和罗家峪同时爆发泥石流，泥石流灾害共造成 1 144 人遇难，600 人失踪

图 7 - 2　泥石流冲毁沿途农田、村庄和城区，造成巨大破坏；舟曲泥石流堵塞白龙江，形成堰塞湖，回水淹没大量房屋，淤高河床 8 ～ 10 m，近 1/2 的舟曲城区被淹近一个月，加重了灾害，严重影响了抢险救灾，成为泥石流的链生灾害

西部地区。据卫星照片资料，全国有灾害点 100 万处以上，经调查证实的大型滑坡灾害点就有 7 800 多处，有成灾记录的泥石流灾害点 11 100 多处。新中国成立以来，共发生破坏较大的灾害 5 000 多次，造成重大损失的严重灾害事件 1 000 多次。

滑坡和泥石流等也是威胁世界其他国家的地质灾害。2006 年 1 月 4 日，印度尼西亚中爪哇省班查内加拉县和东爪哇省任抹县部分地区连降大雨，引发山体滑坡和泥石流，个别村庄被掩埋，至少造成 200 多人死亡或失踪。爪哇岛是人类居住密度最大的区域之一，对于泥石流灾难连续发生，环境保护组织说，这不仅是天灾，还是人祸。无限度的乱砍滥伐和围垦破坏了下垫面条件，降低了地表的调节能力，形成了有利于洪水和泥石流发生的条件。他们呼吁印度尼西亚政府马上采取措施，"如果人们不停止砍伐森林，不能让原生植物物种在那里重新生长起来，形成新的森林，我们可以预见另一场类似灾难的发生"。

据美国地质调查局统计：1969 ～ 1993 年间，全球死于滑坡和泥石流灾害的平均人数约为每年 1 550 人，同一时间，美国滑坡和泥石流造成的灾害损失平均每年约为 20 亿美元。

滑坡和泥石流是一种自然灾害，从古就有。但随着经济的发展，人类的活动又加剧了这种灾害，这是为什么呢？本章从认识滑坡和泥石流产生的原因谈起，介绍它们产生灾害的严重性，最后讨论如何通过约束人类的活动和采取必要的措施，减轻滑坡和泥石流灾害。

图 7 - 3 都江堰市麻溪滑坡：2001 年夏，位于紫坪铺水库工程建设区，在降雨和工程开挖的影响下发生了两次滑动，滑坡体总量达到 $60 \times 10^4\,m^3$，造成滑坡前缘 213 国道中断达 20 小时

资料来源：黄润秋提供图片

7.1 滑坡

顾名思义，滑坡有两重含义，一是"滑"，二是"坡"。显然，无"坡"不滑，在平原地区，不会出现滑坡，在陡峭的山区才有可能出现滑坡。而有"坡"未必"滑"，滑坡是在重力作用下，高处的物质向低处运动，用力学的语言来说，高处物质的重力势能有可能转化为向低处运动的动能。但是，并不是所有的山坡都自然地会发生滑坡，我们可以看到许多山脉和山丘屹立了成千上万年，仍保持着稳定的状态。坡面发生滑动需要满足一定的条件。掌握了这些滑动需要满足的条件，我们就能认识滑坡产生的原因和机理，就能加深对防止和治理滑坡的了解。

重力滑坡

滑坡是大量的山体物质在重力作用下，沿着其内部的一个滑动面，突然向下滑动的现象。滑坡有许多不同的类型，不仅泥土，而且岩石和人工堆积的垃圾、尾矿等废物，都会发生滑坡。雪崩是高山积雪的大量物质的突然运动，它们的产生原因和滑坡是大同小异的。

在重力作用下，山体物质突然向下滑动，形成滑坡。因此，重力是造成滑坡的根本原因。重力无时无刻不存在，但并不是每天都有滑坡发生。在重力作用下，许多物质都有沿滑动面向下滑动的趋势，但若没有达到滑动的条件，它们将仍然保持稳定。一旦当某些外界因素发生少许的变化、达到滑动的条件，长期积累的重力势能瞬间就释放了出来。我们把这些外界

图 7 – 4 2008 年汶川大地震引发中国四川省安县的山体发生了大型滑坡。大光包（地名，编者注）滑坡是中国已知的最大的滑坡：滑坡面宽 2.2 km，山体向下滑动距离 4.5 km，滑坡总体积达 7.5×10^8 m³，这也是全世界滑坡体积超过 5×10^8 m³ 的几次巨型滑坡之一。
　　资料来源：许强提供照片

的能够引起滑动的变化，叫作滑坡的触发因素。

　　能够触发滑坡主要有三种原因。第一是地震的影响，世界上最大的滑坡就是由地震触发的，其造成的灾害也最大；第二是水的作用，连续的降雨和冰雪融化，使土壤饱和，导致滑动层面润滑，也能造成滑坡；第三是人为的不合理的开挖，这可能破坏包括山体物质在内的山地系统的力学平衡。下面对这三种原因进行力学分析。

发生滑坡的条件

　　地球表面的物质（岩石和许多沉积物，以下称岩土），多数都是层状分布的。当我们观察河流切割的峡谷两旁的岩土时，可以发现岩土是一层一层分布的，每层之间都有清楚的层面，有些层面是近于水平的，有些层面是倾斜的。如图 7 – 5 所示，假定在一个山体上存在着一个倾斜的层面 AA'，它的倾角是 α，如果它是一个软弱的岩层，则层面上方的山体有可能沿着该层面发生滑动。我们现在来分析一下该山体的稳定性。

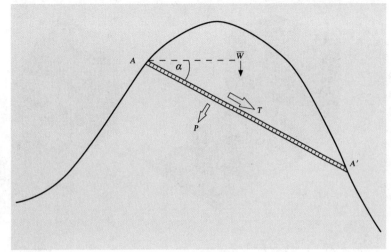

图 7 - 5　分析滑坡的力学模型：山体上假定存在着一个倾斜的层面 AA'，它的倾角是 α，如果它是一个软弱的岩层，则层面上方的山体有可能沿着该层面发生滑动

层面上方的山体，在地球重力作用下，在层面 AA' 上施加的力为 $\overline{W}$ ，该力可以分解成一个沿层面方向的下滑力（剪切力）T 和一个垂直层面方向的正压力 P：

$$T = \overline{W} \cdot \sin \alpha \qquad\qquad (7 - 1)$$
$$P = \overline{W} \cdot \cos \alpha \qquad\qquad (7 - 2)$$

剪切力 T 是造成滑坡的力，正压力 P 是阻碍滑坡的力，如果出现沿 AA' 面的滑动，从物理学中的摩擦定律可知，则摩擦力 T' 应为正压力 P 与摩擦系数 μ 的乘积，摩擦力是阻碍滑动的力。滑坡的条件是一个面上的下滑力等于该面上的摩擦力，于是，发生滑坡的临界条件可以写为：

$$T' = T = \mu P \qquad\qquad (7 - 3)$$

下面我们分别讨论层面倾角 α，层面上摩擦系数 μ 和滑动面的形态对滑坡的影响。

层面倾角 α 的影响

由式（7 - 1）、式（7 - 2）得知，接近水平的层面（倾角 α 很小的层面），层面上的剪切力很小，而正压力很大，摩擦力也很大，因此，不满足式（7 - 3）的条件，这种层面不可能发生滑坡。

但对于很陡峭的层面（倾角 α 很大的层面），层面上的剪切力大，而摩擦力（阻止滑坡的力）却不大，这样的高倾角的层面就容易发生滑坡。事实表明，滑坡主要是发生在高倾角的层面上。

上面的讨论限于静止的情况，即上覆岩体仅仅在重力作用下的情况，当发生地震时，特别是发生大地震时，情况就完全不同了。地震时，上覆岩体除了受重力作用外，还受到地震力的作用。以唐山地震为例，地震时地面加速度可以超过 $1g$（相当于除了重力以外，还受到另外一个地震力，加速度 $1g$ 表明这个地震力的量级和重力一样大），这表明，上覆岩体作用在层面 AA' 上的力，除了重力产生的竖直方向的力 $\overline{W}$ 外，还要加上由地震力产生的额外的力，而且地震产生的额外负载往往不是竖直方向的，而是有很大的水平分量。这样，有一些较大

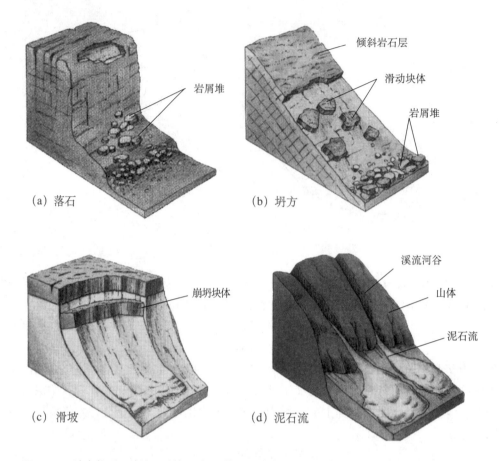

图 7 - 6　地表物质运动的几种情况：(a) 落石，陡峭的岩石山坡上，零星岩石的下落；(b) 坍方，表层土滑落，倾斜山坡上表层土壤和植被的缓慢和个别的滑动；(c) 滑坡，整个滑坡体的整体运动；(d) 泥石流，大量大小混杂的松散固体物质和水的混合物沿山谷猛烈而快速运动

倾角的层面，它们在静态重力 $\overline{W}$ 作用下是稳定的，不会发生滑动，但在动态地震力的作用下，沿层面方向的剪切力大大增加了，这些层面在地震时满足式（图 7 - 3）所示的滑动条件，滑坡便发生了。导致滑动的动态力不仅来自地震，火山喷发等也可以成为滑坡的动态动力的来源，这就是许多大型滑坡往往发生在地震和火山喷发时的原因。

层面上摩擦系数 μ 的影响

层面上摩擦系数受水的影响很大，水的作用主要有两种。

水的第一种作用是润滑作用，干燥的岩土层面摩擦系数大，不容易发生滑动，而一旦有水进入层面时（特别是松软的岩层，水很容易渗入），摩擦系数会大幅度地降低，这就是为什么大量的滑坡出现在夏季多雨季节的原因。原来稳定的山体，在大量降雨或冰雪融化时，容易出现滑坡。

　　水的另一种作用，是减小正压力，当水进入岩土层后，水的孔隙压力增大，导致有效正压力减小，从而减小了摩擦力。

　　上述无论哪种水的作用，都是滑坡的促进因素，因此，水的存在，例如大的降雨、冰雪融化等，都有助于滑坡的产生。

滑动面的形态

　　多数情况下，发生滑动的岩土层面并不是教科书中所画的那样的理想平面，图 7 - 8、图 7 - 9 给出了一个滑坡体的示意图，潜在的滑动面是一个凹形面，重力作用下，上覆岩土体的重量使其有一下滑的趋势，由于滑动面的平均倾角不够大，而且还由于滑动前方有一阻碍体的存在，整个山体处于稳定状态。但是，若在上覆岩土体上面增加载荷（如建一些建筑物或堆积许多重物）或在阻挡体（坡脚）处进行开挖，减小了阻挡作用的体积，在这两种情况下，滑坡就有可能发生了。以上无论是哪种做法，都与人类的活动有关，因此，人类活动也是产生滑坡的原因之一。

　　据世界范围内不完全统计：人类每年约消耗 500×10^8 t 矿产资源，已超过大洋中脊

图 7 - 7　孙家沟滑坡——1920 年中国海原（当时属甘肃，现属宁夏）8.5 级大地震在甘肃静宁县孙家沟引起滑坡，滑坡体宽 1 200 m，厚 50 m，向下滑动距离 400 m（图中白色虚线表示滑坡体的边界）
　　资料来源：王兰民提供图片

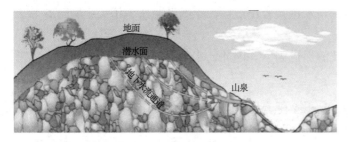

图 7 - 8　山体表面下均有一潜水面，用以接受和容纳日常的降雨，这是地下水的来源地。而山体内部存在的一些岩石裂缝和裂隙，形成了地下水流动的通道，这些通道在长期地下水流作用下，强度降低，形成了山体内部潜在的滑动面（多数是曲面）

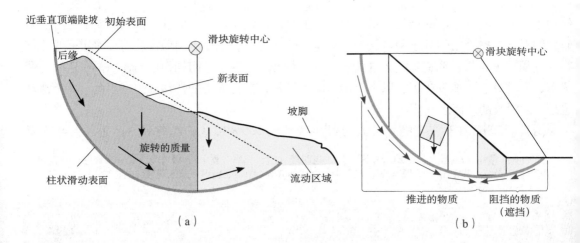

图 7 - 9　（a）山体中有一个潜在的滑动画（绿色线），正常时，山体处于稳定状态；（b）在山坡上建造房屋或对滑动体前缘（坡脚）进行开挖，易导致山体失稳，使滑坡发生

每年新生成的岩石圈物质（约 300×10^8 t）的数量，更大大高于河流每年搬运物质（约 165×10^8 t）的数量；人类建筑工程面积已覆盖地球陆地面积的 10%～15%；今天，有些地面建筑高度已在 300 ～ 400 m，地下开挖深度已超过 1 000 m，最高人工边坡已达 700 m，最大人工水库已超过 $1 500 \times 10^8$ m^3。

　　大型工程活动数量之多、规模之大、速度之快、波及面之广，举世瞩目。这集中反映出一个最基本的事实：即人类作用已成为与自然作用并驾齐驱的营力，某些方面已超过自然地质作用的速度和强度，在当今全球变化中起着巨大的作用，是影响环境的重要力量。

　　据《中国地质环境公报》（2001，2002）统计结果，近年来人为因素已成为引发突发性地质灾害的重要原因，全国地质灾害发生次数和死亡人数中有 50% 以上与人类工程经济活动有关，而且所占比例迅速增加。例如，贵州 2001 年发生了 17 起重大突发性地质灾害，有 10 起与人类工程活动有关；广东 2001 年人为因素造成的地质灾害达 50 起，占灾害发生总数的 64.1%，2002 年达到 83%，死亡人数占总死亡人数的 54%；广西 2001 年有 70% 的突发性地质灾害是人类活动造成的，2002 年达到 83%，死亡人数占总死亡人数的 92%；福建

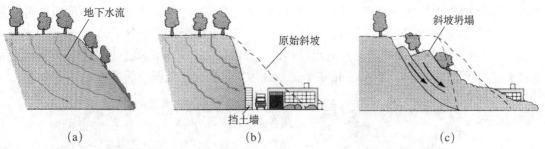

(a)　　　　　　　　　　(b)　　　　　　　　　　(c)

图 7 - 10　（a）原始的山坡，地下水的流动渠道，在山坡内形成了一些潜在的滑动面；（b）人工开挖山坡，在形成的山坡附近的平地上建筑房屋；（c）山体沿潜在的滑动面发生滑坡，掩埋建筑物

图 7 - 11　紧急放置沙袋压脚，有效减缓了滑坡变形滑移，避免了一场灾难（四川丹巴，2005）。当滑坡仍在变形滑动时，可以在滑坡后缘拆除危房，清除部分土石，以减轻滑坡的下滑力，提高整体稳定性。清除的土石可堆放于滑坡前缘坡脚处，达到压脚的效果
　　资料来源：孙文盛提供图片

2002 年发生的重大突发性地质灾害中，有 82% 是人类活动诱发。引发突发性地质灾害的主要人类活动包括：切坡建房、采石、采矿、修路、开挖水渠和乱垦滥伐等。

　　人类工程活动对地表地形的改造已经超过了自然营力，人为活动引起的滑坡数量已大大超过了自然产生的滑坡，50% 以上的滑坡是人为因素（如开挖坡脚、灌溉等）引起的。

图 7－12　房屋建在河流冲刷陡坡地带，非常危险，水位变化和降雨容易诱发滑坡，新选场址应尽可能避开江、河、湖（水库）、沟切割的陡坡地带

　　资料来源：孙文盛提供图片

图 7－13　1995 年 6 月 10 日三峡库区发生的二道沟（平湖路）滑坡（4.6×10⁴m³），从勘查、治理获取的资料分析，系地下水排泄不畅形成的小型浅层滑坡

　　资料来源：黄润秋提供图片

图 7－14　1995 年 10 月 29 日三峡库区发生的三道沟滑坡（12.8×10⁴m³），从勘查获取的资料分析，系冲刷陡岸在江水位迅速下降情况下形成的小型浅层滑坡

　　资料来源：黄润秋提供图片

表 7 - 1　触发滑坡的因素

触发因素	主要作用机理			
	增大下滑力		减小抗滑力	
1.坡脚处的下切作用或人为的深开挖工程活动	◎	③	●	②
2.坡脚处的侧蚀作用或人为的扩展、拓宽场地			●	②
3.坡脚处的冲刷作用或人为的采石、取土、减载			●	②
4.斜坡上的各种自然堆积作用（滑坡、崩塌等）	●	④		
5.植树造林	●	④		
6.斜坡上的人为加载作用（建设物、车辆、机械设备、堆渣、堆土等）	●	④		
7.地震	○	④⑤	◎	③⑤
8.人为的动载荷（爆破作业、行车和机器振动等）	○	③	◎	③
9.暴雨			◎	⑦⑧
10.霪雨	◎	④	●	⑥
11.地下水补给	●	①④	●	⑥
12.融雪水	◎	④	◎	①
13.各种地表水（渗入）	◎	④	◎	①
14.地下水通道堵塞	●	①④	●	⑥⑦⑧
15.潜蚀作用			●	①
16.溶蚀作用			●	①
17.坡前地表水体（江、湖、海、库）水位上升	●	①④	○	⑨
18.坡前地表水体（江、湖、海、库）水位下降	●	⑧		
19.地下洞室的开挖、采空			◎	①②③
20.火山岩浆室充气、放气和谐振	●	④		②③⑨
21.溶洞气体因洞口被水体封闭、压缩	●	④		
22.风化作用	◎	①②	●	③
23.干、湿反复交替			◎	①③
24.冷、热反复交替			●	③
25.冻、融交替			●	①③⑥

注：●直接发生作用，◎间接发生作用，○在特定作用下还产生相反作用，即增加坡体稳定性；①减小抗剪强度，②削弱抗滑段，③破坏坡体完整性（增大、扩大节理裂隙），④增大坡体重量（滑动面上的切向分力），⑤液化作用，⑥增大孔隙水压力，⑦增大静水压力，⑧增大动水压力，⑨增大对滑坡体的顶托力（如水的浮托力、压缩气体的顶托力）等

资料来源：刘希林提供

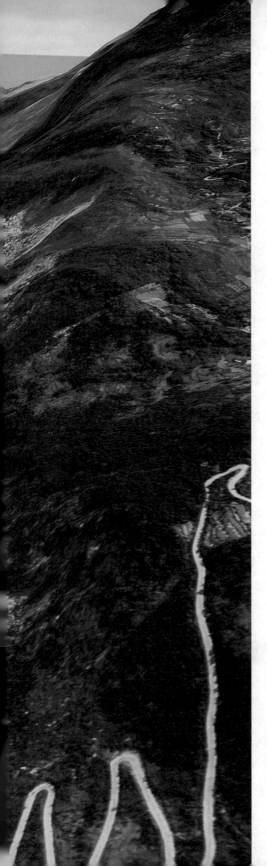

图 7 - 15　2008 年汶川地震引起的山体滑坡——汶川地震极震区北部的航空照片。图中弯弯曲曲的羌河河流两岸是高山峻岭，地震引起了周围山体的滑坡，造成了巨大的灾害，该地区的人口伤亡多数由滑坡造成，滑坡时产生的巨大空气冲击波可达滑坡前缘 100 m 以外

　　资料来源：郭华东提供图片

7.2 泥石流

泥石流是沙石、泥土、岩屑、石块等松散固体物质和水的混合体在重力作用下沿着沟床或坡面向下运动的特殊流体。

在降雨过程中，山区堆积的松散的固体物质和雨水混合，形成泥石流，沿着沟床或坡面流动，在流体和沟床或坡面之间存在着泥浆滑动面，但不存在山体中的破裂面，这是泥石流和滑坡的明显区别。两者运动的能量来源都是重力，这是泥石流和滑坡的相同之处。

泥石流是介于流水与滑坡之间的一种地质作用，典型的泥石流由悬浮着粗大固体碎屑物并富含沙石及黏土的黏稠泥浆组成。在适当的地形条件下，大量的水体浸透山坡中的固体堆积物质，使其稳定性降低，饱含水分的固体堆积物质在自身重力作用下发生运动，就形成了泥石流。泥石流是一种灾害性的地表过程。泥石流经常突然暴发，它来势凶猛，可携带巨大的石块，并以高速前进，具有强大的能量，破坏性极大。

泥石流经常发生在峡谷地区和地震、火山多发区，在暴雨期具有群发性。世界上有50多个国家存在泥石流的潜在威胁，其中比较严重的有哥伦比亚、秘鲁、瑞士、中国和日本。最近几十年，几起大型泥石流形成重大灾难，给人类生命财产造成严重损害。1970年，秘鲁大地震引发瓦斯卡兰山泥石流，500多万立方米的雪水夹带泥石，以100 km/h的速度冲向秘鲁的容加依城，造成2.3万人死亡，灾难景象惨不忍睹。1985年，哥伦比亚的鲁伊斯火山泥石流，以50 km/h的速度冲击了近$3 \times 10^4 \, km^2$的土地，其中包括城镇、农村、田地，造成2.5万人死亡，15万家畜死亡，13万人失去家园，哥伦比亚的阿美罗城成为废墟，经济损失高达50亿美元。1998年5月6日，意大利南部那不勒斯等地区突然遭到建国以来非常罕见的泥石流灾难，造成100多人死亡，200多人失踪，2 000多人无家可归，许多人被泥流无声无息地淹没、冲走，甚至连呼救的机会都没有。1999年12月16日凌晨，委内瑞拉阿拉维山北坡受到暴雨袭击，加勒比海沿岸6座旅游市同时被群发性泥石流冲毁，死亡3万余人，直接经济损失100多亿美元。

泥石流的成分和密度

泥石流中固体物质的大小不一，大的石块粒径可在10 m以上，小的泥沙颗粒只有0.01 mm，大小颗粒粒径相差1 000 000倍！泥石流中固体物质的体积比例变化范围也很大，小至20%，大到80%，因此泥石流的密度可以高达$1.3 \sim 2.3 \, t/m^3$。

如果把泥石流中的固体物质叫作"石"，把含水的黏稠泥浆叫作"泥"的话，泥石流按其"泥"和"石"的相对比例，可分成三类。

- 黏性泥石流，"泥"少"石"多，固体物质占40%～50%，最高达80%。水不是泥石流的搬运介质，而是组成物质。黏性泥石流稠度大，石块呈悬浮状态，暴发突然，持续时间短，破坏力大。

- 稀性泥石流，"泥"多"石"少，以水为主要成分，黏性土含量少，固体物质占 10%～40%，有很大分散性。其中水为搬运介质，石块以滚动或跃移方式前进，具有强烈的下切作用。稀性泥石流有时也称为"泥流"。
- 过渡性泥石流，"泥"和"石"比例大体相当，由大量黏性土和粒径不等的砂粒、石块组成。

泥石流的密度从整体上表征了泥沙石块和水的组合特征，因此也可以根据密度对泥石流进行分类（表 7 - 2）。

图 7 - 16　甘肃礼县西汉水— 鱼翅坝泥石流中固体物质比较均一，颗粒较细
资料来源：崔鹏提供图片

图 7 - 17　四川盐源塘房沟泥石流中固体颗粒有大有小，其中，最大的石块的直径达 3 m

资料来源：崔鹏提供图片

表 7 - 2　泥石流的分类及其特征

泥石流分类	固体物质比例	密度范围 /(t·m⁻³)	流动性
稀性泥石流	10%～40%	1.3～1.6	强
黏性泥石流	50%～80%	1.8～2.3	弱
过渡性泥石流	40%～50%	1.6～1.8	中等

　　以上是我国最常见的两种分类方法，除此之外还有多种分类方法。如按泥石流的成因分类：冰川型泥石流、降雨型泥石流；按泥石流沟的形态分类：沟谷型泥石流、山坡型泥石流；按泥石流流域大小分类：大型泥石流、中型泥石流、小型泥石流；按泥石流发展阶段分类：发展期泥石流、旺盛期泥石流、衰退期泥石流；等等。

图 7 - 18　黏性泥石流，"泥"少"石"多，固体物质占 40%～50%，最高达 80%。其中水不是搬运介质，而是组成物质。黏性泥石流稠度大，石块呈悬浮状态，暴发突然，持续时间短，破坏力大
　　资料来源：黄润秋提供图片

图 7 - 19　稀性泥石流，"泥"多"石"少，以水为主要成分，黏性土含量少，固体物质占 10%～40%，有很大分散性。其中水为搬运介质
　　资料来源：黄润秋提供图片

图 7 - 20 过渡性泥石流，"泥" 和 "石" 比例大体相当，由大量黏性土和粒径不等的砂粒、石块组成
资料来源：谢洪提供图片

泥石流的形成条件

泥石流的形成必须同时具备地形、松散固体物质和水源三个条件，三者缺一不可。

孕育泥石流的流域一般地形陡峭，山坡的坡度大于 $25°$，沟床的坡度不小于 $14°$。巨大的相对高差使得地表物质处于不稳定状态，容易在外力触发（降雨、冰雪融化、地震等）作用下，发生向下的滑动，形成泥石流。

孕育泥石流的流域的斜坡或沟床上必须有大量的松散堆积物，能为泥石流的形成提供必要的固体物质。作为泥石流主要成分之一的固体物质的来源有：滑坡、崩塌的堆积物，山体表面风化层和破碎层，坡积物，冰积物以及人工工程的废弃物等。

水不但是泥石流的重要组成部分，而且也是决定泥石流流动特性的关键因素。我国多数地区受东亚季风的影响，因此夏季暴雨是泥石流最主要的水源。其次，其水源来自冰雪融化和水库溃坝等。

泥石流活动可以分为三个过程：形成—输移—堆积。在形成区，大量积聚的泥沙、岩屑、石块等，在水分的充分浸润饱和下，沿着斜坡（主要是沿着谷地）开始形成石、土和水的混合流动，一个活跃的泥石流形成区可以由简单的单向发展为树枝状多向。在流通区，泥石流主要限于坡度较缓的山谷地带，在发展过程中相对稳定。堆积区多是地形较为开阔的地区，这里泥石流流速变慢，发生堆积，堆积区由于流域内来沙量的增长而不断扩展、进逼。泥石流的下游，经常掩埋或堵塞河道，造成原来的河道改道或变形。

泥石流的形成、发展和堆积是地表的一次破坏和重新塑造的过程。

影响泥石流形成的因素很多也很复杂。它们包括岩性构造、地形地貌、土层植被、水文条件、气候降雨等。泥石流既然是泥、沙、石块与水体组合在一起并沿一定的沟床运（流）动的流动体，那么其形成就要具备三个条件，即水源、松散固体物质及一定的斜坡和沟谷地形。

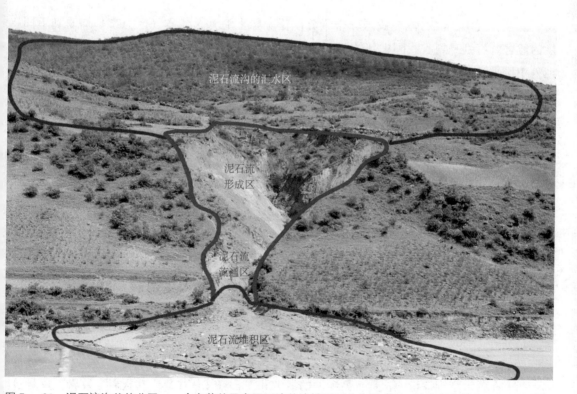

图7－21　泥石流沟谷的分区。一个完整的孕育泥石流的流域可以分为形成区、流通区和堆积区。泥石流的发生发展过程也相应地分为形成过程、输运过程和堆积过程
　　资料来源：孙文盛提供图片

水体主要源自暴雨、水库溃决、冰雪融化等。固体碎屑物来自于山体崩塌、滑坡、岩石表层剥落、水土流失、古老泥石流的堆积物及由人类经济活动如滥伐山林、开矿筑路等形成的碎屑物。其地形条件则是自然界经长期地质构造运动形成的高差大、坡度陡的坡谷形。

在泥石流发生的三个条件中，水是最重要的影响因素。当大量的地表水在沟谷中流动时，地表水在沟谷的中上段浸润、冲蚀沟床物质，随着冲蚀强度的加大，沟内某些薄弱段的块石等固体物松动、失稳，被猛烈掀揭、铲刮，并与水流搅拌混合而形成泥石流。当大量的降雨出现在山坡上的时候，山坡坡面土层在暴雨的浸润击打下，土体失稳、沿斜坡下滑并与水体混合、侵蚀下切而形成悬挂于陡坡上的坡面泥石流。更多的时候，是上面两种情况的组合，沟谷下面冲蚀，山坡上面滑落，这就是泥石流的产生过程。从泥石流产生过程来看，连续的暴雨是造成泥石流的自然原因，而乱砍滥伐森林，造成山体表面水土流失严重，是酿成泥石流灾难的人为原因之一。

🌐 7.3　滑坡和泥石流的分布和危害

滑坡、崩塌、泥石流在我国分布十分广泛。除上海外，各省（区、市）均受到不同程度的危害。特别是斜贯我国中部的辽、京、冀、晋、陕、甘、鄂、川、滇、贵、渝等省（区、市），地处中国西部高原山地向东部平原、丘陵的过渡地带，区域内地形起伏变化大、河流切割强烈、暴雨集中，加之人类对天然植被的严重破坏和广泛的改造地表斜坡、搬运岩土等活动，导致崩塌、滑坡、泥石流特别发育，分布密度大，活动频繁，是我国滑坡、崩塌、泥石流等地质灾害最严重的地区。其中，云贵高原、龙门山—横断山—五莲峰—乌蒙山、长江三峡、秦岭—大巴山、黄土高原的陇中高原和陕北高原、长白山—燕山—太行山等区域最为突出。

滑坡和泥石流的分布

我国滑坡和泥石流的分布明显受地形、地质和降水条件的控制。在地形方面，滑坡和泥石流主要分布在山区；在地质方面，主要分布在较软弱或风化严重的岩石地带；而且多与降雨有关，多发生在雨季和暴雨、大暴雨的时候。

（1）滑坡和泥石流在我国集中分布在两个带上。一个是青藏高原及其周边地区，另一个是中国东部的山区、低山丘陵和平原的过渡带。

（2）在上述两个带中，滑坡和泥石流又集中分布在一些沿大断裂、深大断裂发育的河流沟谷两侧。这是我国泥石流的密度最大、活动最频繁、危害最严重的地带。

（3）在各大型构造带中，具有高频率的滑坡和泥石流又往往集中在板岩、片岩、片麻岩、混合花岗岩、千枚岩等变质岩系及泥岩、页岩、泥灰岩、煤系等软弱岩系和风化沉积形成的第四系堆积物分布区。

（4）滑坡和泥石流的分布还与大气降水、冰雪融水的显著特征密切相关。气候干湿季较明显、较暖湿，局部暴雨强度大，冰雪融化快的地区，如云南、四川、甘肃、陕西、西藏等，经常发生泥石流。东北和南方地区的泥石流发生频率比较低。

值得指出的是，滑坡和泥石流的形成分布不仅受地形地貌、地质构造、新构造活动、地层岩性以及气候因素制约，而且还受人为活动的影响。

除了中国的地质灾害分布，下面对世界其他地区的滑坡和泥石流分布也作一简单的介绍。

亚洲的山区面积占总面积的 3/4，地表起伏巨大，为泥石流形成提供了巨大的能量和良好的能量转化条件，储备了丰富的松散碎屑物质，而且降水丰富、冰川发育，因此泥石流分布最密集。全洲有 30 多个国家有泥石流分布，泥石流分布密集或较密集的国家有中国、哈萨克斯坦、日本、印度尼西亚、菲律宾、格鲁吉亚、印度、尼泊尔、巴基斯坦等近 20 个国家。

欧洲地貌虽以平原为主，丘陵、山地只占 40%，≥2 000 m 的山地仅占 2%，但这些山地集中于南部，高耸，陡峭，多火山、地震，降水丰富，冰雪储量大，滑坡和泥石流分布广泛。全洲 20 多个国家有泥石流分布，其中意大利、瑞士、奥地利、法国、斯洛伐克、罗马尼亚、保加利亚、南斯拉夫、俄罗斯等 10 余个国家有泥石流密集或较密集分布。

北美洲西部为高原和山地，属高耸、陡峭的科迪勒拉山的北段，地震强烈，火山活动频繁，降水丰富，滑坡和泥石流分布广泛。全洲有 10 多个国家有泥石流分布，其中美国、墨西哥、加拿大、危地马拉等七八个国家有泥石流密集或较密集分布。

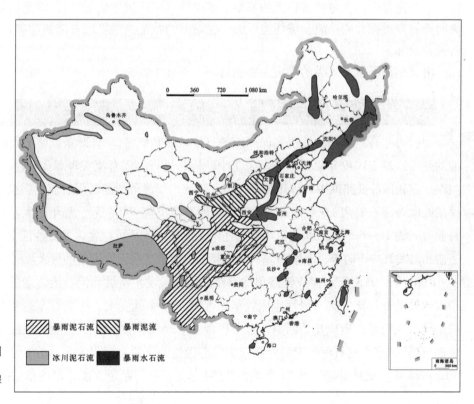

图 7 - 22　中国泥石流分布图
　资料来源：崔鹏提供图片

南美洲西部为陡峭、高耸的科迪勒拉山的南段，火山活动频繁，地震强烈，有足够的降水和冰雪融水，泥石流分布广泛，危害严重，其分布密度和活动强度仅次于亚洲。全洲各国（地区）都有泥石流分布，其中委内瑞拉、哥伦比亚、秘鲁、厄瓜多尔、圭亚那、玻利维亚、阿根廷等国有泥石流密集或较密集分布。

非洲为一高原型大陆，较高大的山脉矗立在高原的沿海地带；受地应力强烈作用，在东非地区形成了世界上最大的裂谷；在东非和中非，火山活动活跃，地震频繁；降水由赤道沿南北两侧逐渐减少，因此泥石流也由赤道（尤其在沿海地带）向两侧减少，但泥石流整体活动强度较低，报道也较少。根据泥石流形成的具体条件分析，全洲有近 30 个国家有泥石流分布，其中尼日利亚、喀麦隆、中非、加蓬、刚果（金）、刚果（布）、马达加斯加等近 20 个国家有泥石流集中或较集中分布。

大洋洲，即大洋中的陆地，由一万多个大小不同的岛屿组成，除澳大利亚面积较大外，其余岛屿面积较小，泥石流活动强度较低。根据报道资料和泥石流形成条件分析，全洲仅新西兰、巴布亚新几内亚、印度尼西亚（大洋洲部分）、澳大利亚、胡瓦岛等国家和地区有泥石流分布，其中新西兰分布较密集。

滑坡和泥石流是一种灾害性的地质现象，它们暴发突然，来势凶猛，很短时间内造成巨大数量的地表物质快速运动，具有强大的能量，因而破坏性极大。滑坡和泥石流所经之处，一切尽被摧毁。

泥石流密度高，可携带巨大的石块；流速快（可达每秒数十米），因此在重力作用下，巨大的势能变成强大的动能，破坏力极大。泥石流的特征决定了泥石流的危害方式主要有两种：冲刷和淤埋。

滑坡和泥石流对人类的危害主要表现在以下几个方面。

危害道路交通

中国每年有近百座县城受到泥石流的直接威胁和危害，有 20 条铁路干线经过滑坡和泥石流的分布区域；1949 年以来，先后发生中断铁路运行的泥石流灾害 300 余起，有 33 座车站被淤埋。在我国的公路网中，以川藏、川滇、川陕、川甘等线路的泥石流灾害最严重，仅川藏公路沿线就有泥石流沟 1 000 余条，先后发生泥石流灾害 400 余起，每年因泥石流灾害阻碍车辆行驶时间约 1～6 个月。泥石流还对一些河流航道造成严重危害，如金沙江中下游、雅砻江中下游和嘉陵江中下游等，滑坡和泥石流及其堆积物是这些河段通航的最大障碍。

1981 年，暴雨引起宝成铁路和陇海铁路宝天段发生滑坡和泥石流，造成了我国铁路史上最大规模的泥石流灾害：淤埋宝成线车站 5 座，50 余处受灾，中断行车达两个月之久；宝天段的泥石流泛滥，造成几处断道，总淤积量达 $1.3 \times 10^4 \, \text{m}^3$ 以上，使宝天段成了陇海线上"发炎的盲肠"。这次泥石流造成的经济损失没有确切的资料，但仅灾害后的复修改造费就达 4 亿元。1988 年，成昆铁路沿线 32 条沟发生 54 起泥石流，断道 5 次，淤埋车站两座。

图 7 - 23 四川茂县周仓坪滑坡危害公路，堵塞岷江
资料来源：谢洪提供图片

图 7 - 24 2010 年 4 月 25 日，台湾一条交通要道——"北二高"基隆段发生山体滑坡，倾泻而下的土石压垮了一座高架桥

不仅影响铁路运输，滑坡和泥石流对于河流航运也危害极大。1985 年 6 月 12 日湖北秭归县新滩大滑坡，新滩这个千年古镇顷刻滑入长江中，长江北岸江家坡至广家岩的 $1\,300 \times 10^4$ m³ 滑坡体整体高速向下滑移，有 600×10^4 m³ 滑坡体从整体中飘出，200×10^4 m³ 进入长江，推进江中 80 m，激起涌浪高 80 m，回浪高 20 m。因提前撤离险区内虽然无一人伤亡，滑坡在险区处却击沉、浪翻机动船 13 艘、木帆船 64 艘，由此导致 10 人死亡、2 人失踪、8 人受伤。长江航运受到严重影响。

堵江及溃决洪水

一旦滑坡和泥石流冲入河流的河道，就会阻碍河水流动。当冲入的滑坡体和泥石流足够多时，会完全中断河流，在河流的上游形成堰塞湖。堰塞湖的形成是由于河川的河道受到阻碍，溪水无法流出，慢慢累积水而形成的湖泊。西藏的易贡湖（图 7 - 25）就是由于大型滑坡（图中紫色所代表）阻塞了易贡藏布河道而形成的。

滑坡阻塞河道、形成堰塞湖的一个著名的例子是四川茂县境内的叠溪海子。水量丰富的岷江流经四川西部阿坝藏族羌族自治州茂县境内的高山峡谷。1933 年四川茂县发生 7.5 级大地震，引起大型滑坡，繁华一时的叠溪镇一部分崩倒江中，一部分陷落，一部分被岩石压覆，仅存下东城门和南线城垣。地震区内的龙池、猴儿寨、沙湾驿堡等羌族山寨也被崩岩、洪水吞没。岷江被堵塞成 3 个大堰，积水达 40 天后叠溪堰崩溃，形成洪水，洪峰到达都江堰后冲毁沿岸农田、道路和建筑物，造成巨大损失。

　　人类在影响和改变地质环境的同时，也在影响和改变着水圈—生物圈环境。其中最为典型的表现就是森林的集中过度采伐，导致采充失调、森林生态系统遭到破坏。其结果一方面是加剧水土流失；另一方面则使地质环境失去了良好的庇护，加速了环境的退化，致使滑坡、泥石流等地质灾害频繁发生。

　　岷江上游五县（理县、松潘、黑水、汶川、茂县），在元朝时森林覆盖率为50%左右，新中国成立初期为30%，20世纪70年代末降至18.8%。森林生态系统遭到极大破坏，出现干热河谷景象。尽管目前森林覆盖率有所上升，但生态系统已难以恢复。1981年岷江上游五县雨季暴发的129起泥石流，都与流域内森林过度采伐而破坏生态系统有直接关系。

图 7 - 25　大型滑坡体冲入易贡藏布河（紫色代表滑坡体），形成了一个堰塞湖——易贡湖
　　资料来源：黄润秋提供图片

图 7 - 26　四川茂县叠溪，1933 年 7.5 级地震造成大型滑坡，滑坡体积总计近 $1.5 \times 10^8 \, m^3$，在岷江形成堆石坝，堵江成湖，当地称其为上海子

资料来源：谢洪提供图片

危害城镇，造成人员伤亡

　　菲律宾每年都要遭遇大约 20 次台风，台风和强降雨造成的洪水和泥石流导致大量人员伤亡。莱特岛是菲律宾遭受台风袭击的重灾区之一，1991 年 11 月，莱特岛遭遇因热带风暴引发的洪水和泥石流，共有 6 000 人在灾难中丧生。2006 年 2 月中旬，拉尼娜现象使当地连续两周连降暴雨，导致附近山体松动，2 月 16 日，发生了大规模的泥石流。泥石流瞬间将村庄中 500 余座房屋和一所正在上课的小学全部吞没。事发当时，200 名学生、6 名教师和校长在校，全体师生均被泥石流冲散，仅有 5 名学生幸存了下来。一切都发生得太突然了，以至于村民们根本没有时间逃生，村中仅有 3 座房屋幸免于难。随着救援行动的进行和废墟的清理，死亡人数大幅度增加。一旦错过了救援的黄金时间，在泥浆中找到幸存者的概率也将越来越低。

　　这场泥石流导致约 400 人丧生，2 000 多人失踪，另有 500 多间房屋被掩埋。而该岛一共有居民 2 500 人，房屋不到 600 间。

　　此次泥石流为什么会造成如此严重的伤亡？原因大致有三：第一，连续的暴雨是造成泥石流的主要原因。第二，由于连降暴雨，当地政府担心发生洪水和泥石流，曾经组织将当地村民疏散到安全地区避难。但是后来几天天气有所好转，白天放晴，夜晚才下起大雨，一些

图7－27 1933年四川茂县发生7.5级大地震，引起大型滑坡，将岷江堵塞成3个大堰，积水约40天后叠溪堰崩溃，形成数个海子。图为其中的叠溪海子

村民放松警惕、开始陆续返回家园，不料却遭遇了灭顶之灾。第三，当地村民在附近的山上乱砍滥伐，造成山体表面水土流失严重也是酿成这次灾难的一个原因。概括这次灾害的原因，正是：天灾、人祸、连续暴雨是祸首。

图7－28 2006年2月16日菲律宾莱特岛泥石流灾害中的遇难者。及时抢救掩埋在泥石流中的人员非常重要，如果错过了救援的黄金时间，在泥浆中找到幸存者的概率将越来越低

　　资料来源：新华社／路透社

🌍 7.4 滑坡和泥石流灾害实例

国际上重大的滑坡和泥石流灾害

表 7－3　世界上一些重大的滑坡和泥石流灾害

年份	地点	死亡人数	年份	地点	死亡人数
1916	意大利，奥地利	10 000	1962	秘鲁	4 000～5 000
1920	中国[a]	20 000	1970	秘鲁[b]	70 000
1945	日本[c]	12 000	1985	哥伦比亚[d]	23 000
1949	苏联[b]	12 000～20 000	1987	厄瓜多尔[a]	1 000

资料来源：美国地质调查局网页（http://www.usgs.gov）；表中字母表示滑坡和泥石流的不同原因——地震（a）、暴雨（b）、洪水（c）、火山喷发（d）

2008年四川龙门山大滑坡

　　2008 年 5 月 12 日，汶川地震在四川省龙门山地区发生，震级 8.0。龙门山地处青藏高原东缘，为高山峡谷形地貌。8.0 级地震引发了大量滑坡、塌方、泥石流等严重的次生灾害，大面积的山体滑坡堵塞河道形成较大堰塞湖 35 处，造成的人员伤亡非常惨重。地震引发的地质灾害损失几乎与地震灾害损失相当，这在整个地震灾害史上都是极为少见的。

　　龙门山滑坡产生的主要原因是地震，地震发生的 5 月 12 日前后并没有降雨，因此水在滑坡中不是主要的因素。放在龙门山山谷中的仪器记录到地震时地面运动的加速度已经接近 $1g$(g 是重力加速度，$1g = 980 \text{ cm/s}^2$，当地面以 $1g$ 的加速度运动时，站在地面上的人会被抛起来)。可以想象，山顶上的运动加速度一定要比山谷里大很多，于是山顶上许多石头在地震时被抛了出来，地震后到处可见从山上滑下来的许多大石块，其中一些石块具有新鲜的破裂面，说明它们曾是山顶上的岩石的一部分，地震强烈的震动将它们从原来的岩石上剥离，抛了出来。

图 7 – 29　汶川县映秀镇是汶川地震中受灾最严重的地方之一。图中给出了映秀镇沿岷江 5 km 的一段山体滑坡的景象
资料来源：郭华东提供图片

图 7 – 30　汶川地震（8.0 级）发生在山高谷深的龙门山地区，引发了无数的滑坡和泥石流，远处看去，山川都变了颜色

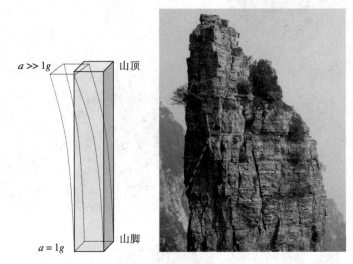

图 7 – 31 强烈地震时，山脚下记录的地面运动峰值加速度 (PGA) 接近 1g(g 为重力加速度，1g = 980 cm/s²，当地面以 1g 运动时，站在地面上的人会被抛起来) 时，山顶的 PGA 一定大于 1g，山顶的部分岩石会被抛离，进一步会被抛出

图 7 – 32 地震后，从山上滚落的石块随处可见，一些石块具有新鲜的破裂面，说明它们原是山顶上完整石头的一部分，地震强烈的震动将它们从原来的岩石上剥离，抛了出来

7.5　滑坡和泥石流灾害的预防和减轻

图 7 - 33 给出了预防和减轻滑坡和泥石流灾害的一些主要环节：首先，根据滑坡和泥石流产生的条件和造成灾害的机理，判断哪些地点可能发生滑坡和泥石流，估计造成灾害的大小和灾害的频度（调查与危险性评价，圈定隐患区 / 点）；其次，尽可能避开那些危险区和危险点（避让），实在避不开的，要采取工程措施进行治理（避让、治理）；对于生活在滑坡和泥石流可能发生地区附近的居民，要密切监测滑坡和泥石流的发展动态。因为它们都有一个发展的过程，都有发生的前兆，通过"专业监测""群测群防""预报预警"，可以在灾害发生之前，组织当地居民及时撤离，最大限度减少人员伤亡。如果未能事先作出预测，一旦灾害发生，千万不要惊慌失措，要按照事先准备好的应急预案，采取"应急措施"。

预防和减轻滑坡和泥石流灾害的措施，也可以按灾害前、灾害时和灾害后加以分类。

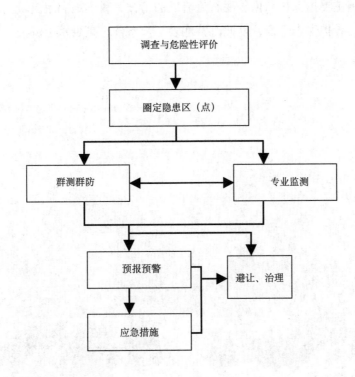

图 7 - 33　预防和减轻滑坡和泥石流灾害的一些主要环节

灾害前：预防为主、避让与治理相结合

1. 从避免灾害角度，安全选择建设场地。 在山区划分滑坡和泥石流的危险区和安全区，

在危险地段设立警示牌，避开危险区进行工程建设，将危险区内的人员和设施搬至安全地带，建设场地首先应选择平缓平地。尽可能避开江、河、湖（水库）、沟切割的陡坡。实在避不开的，要设立防护工程，建立泥石流预测点，开展监测和预警工作。

2．采取锚桩和排水等工程措施，增加山体稳定性——增大摩擦系数。

3．治理泥石流常用的措施包括工程措施和生物措施，两者结合的叫作综合措施。

（1）工程措施可以简单地概括为：稳固、拦挡、排导。

- 稳固：稳定沟岸，减少泥石流的松散固体物质的来源。

- 拦挡：在可能通过的沟道中修建拦挡坝，减少泥石流对下游的危害，同时，利用堆积在坝内的泥沙降低坡度，起到稳定岸坡作用。

- 排导：对通过泥石流隐患区的桥涵和桥梁，要扩大桥涵孔径，设立防冲墩，保证桥涵和桥梁的安全。

（2）生物措施主要指保护和恢复泥石流流域的植被，科学地利用流域内的各种资源，恢复流域生态环境，维护生态平衡，以此改善地表汇流条件，减少水土流失，进而抑制泥石流活动。

图 7 - 34　村庄建房避免直接坐落在沟谷口，以防泥石流灾害
资料来源：孙文盛提供图片

图 7 – 35 在山区，实在避不开山坡时，房屋可选择反向坡坡上、坡下
资料来源：孙文盛提供图片

4. 建立滑坡和泥石流的预警和预报系统。滑坡、崩塌、泥石流灾害虽然突发性强，来势迅猛，但是这些灾害发生前都具有明显的前兆。地质灾害发生前数天、数小时，甚至数分钟，前兆都是清楚的。只要知道了滑坡和泥石流的基本常识，对滑坡、崩塌体和建筑的裂缝经常进行简易的测量，及时捕捉前兆，迅速采取措施，就可以成功避免人员伤亡。

(a) (b)

图 7 – 36 锚桩也是预防滑坡的有效工程措施。穿透可能滑动的滑动面，进行锚桩加固，能防止滑动面之间相互滑动

图7－37　四川冕宁盐井沟泥石流3号拦砂坝，保护下游的成昆铁路孙水河大桥
资料来源：崔鹏提供图片，摄于2003年

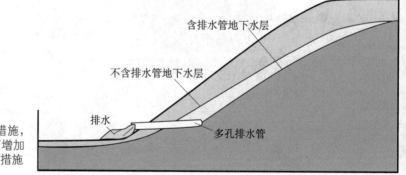

图7－38　采取合理的排水措施，减低岩层之间的水压力，从而增加摩擦阻力，是预防滑坡的工程措施

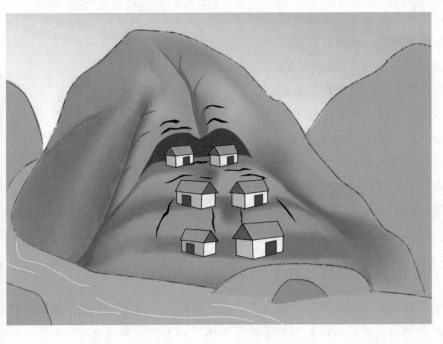

图 7 - 39　大量裂缝的出现，说明山坡已处于危险状态
资料来源：孙文盛提供图片

例如，滑坡的前兆有：

- 滑坡前缘土体突然强烈上隆鼓胀。
- 滑坡前缘泉水流量突然异常。
- 滑坡地表池塘和水田突然下降或干涸。
- 滑坡后缘突然出现明显的弧形裂缝。
- 滑坡体运动速度的突然变化。

……

图 7 - 40　埋桩法测量滑坡体后缘位移量
资料来源：孙文盛提供图片

灾害发生时：注意观测，尽快撤离，通知邻居

下面以泥石流为例，说明在发生灾害时，如何避免泥石流伤害。泥石流暴发突然猛烈，持续时间不长，通常几分钟就结束，时间长的也就一两个小时。由于泥石流较难准确预报，易造成较大伤亡，因此，万一没有作出预报，人们在遭遇泥石流之后采取正确的方法避险、逃生是非常重要的。

首先，泥石流主要发生在夏汛暴雨期间，而该季节又是人们选择去山区、峡谷游玩的时间。因此，人们出行前一定要事先收听当地天气预报，不要在大雨天或在连续阴雨后几天且当天仍有雨的情况下进入山区、沟谷游玩。

其次，可以根据当地的地理环境和降雨情况来估测泥石流发生的可能性。同时，我们还可通过一些特有现象来判断泥石流的发生，以便采取快速、正确的自救方法。发现河床中正常流水突然断流或洪水突然增大并夹有较多的柴草、树木，都可确认河上游已形成泥石流。仔细倾听是否有从深谷或沟内传来的类似火车轰鸣声或闷雷式的声音，如听到这种声音，哪怕极微弱也可以判定泥石流正在形成，此时须迅速离开危险地段。沟谷深处变得昏暗并伴有轰鸣声或轻微的震动感，则说明沟谷上游已发生泥石流。

图7－41　选择适宜的警报信号
资料来源：孙文盛提供图片

最后，一旦发生泥石流要采取正确的逃逸方法。泥石流不同于滑坡、山崩或地震，它是流动的，冲击和搬运能力很大。所以，当处于泥石流区时，不能沿沟向下或向上跑，而应向两侧山坡上跑，离开沟道、河谷地带，但注意不要在土质松软、土体不稳定的斜坡停留，以免斜坡失稳下滑，应跑向基底稳固又较为平缓的地方。另外，不应上树躲避，因泥

图7－42　雨季是泥石流多发季节（雨天提防泥石流）。泥石流发生时，不要沿泥石流沟跑，应向沟岸两侧山坡跑
资料来源：孙文盛提供图片

图 7 - 43　对划定地质灾害危险区，进行严格管理（浙江常山）

石流不同于一般洪水，其流动中可沿途切除一切障碍，所以上树逃生不可取。应避开河（沟）道弯曲的凹岸或地方狭小高度又低的凸岸，因泥石流有很强的掏刷能力及直进性，这些地方很危险。

灾害后：应急与自救

灾害发生后，要做两件事：一是应急，二是自救。

当滑坡、崩塌发生后，整个山体系统并未立即稳定下来，仍不时会发生崩石、滑坍，甚至还会继续发生较大规模的滑坡、崩塌。因此，不要立即进入灾害区去挖掘和搜寻财物。注意防范第二次滑坡和泥石流灾害。

灾害发生后，应立即开展自救、互救，有组织地搜寻附近受伤和被困的人。在仔细检查后，尽快离开那些有危险的建筑物。

立即派人将灾情报告给政府部门，以便利用更多的救灾资源，得到更多的灾害信息。

滑坡和泥石流灾害与本书介绍的其他自然灾害，有三点明显的不同。

第一，能量来源不同。地震、火山、海啸等灾害的能源是地球内部；而气象、空间灾害的能源主要来自太阳。滑坡和泥石流灾害能量的根本来源是地球的重力势能。重力是造成滑坡和泥石流的根本原因。一旦当某些外界因素发生少许的变化、达到滑动和泥石流的发生条件，长期积累的重力势能一瞬间就释放了出来。除了天然地震以外，能够触发滑坡和泥石流的，一是降水的作用，二是人为的不合理的开挖。由于能量来源不同，治理、减轻滑坡和泥石流灾害的方法也与其他灾害有不同。

第二，滑坡的一次性规模虽远小于地震等其他灾害，但其发生频率高，涉及范围更广。由于它们都是发生在地表的地质现象，人们的长期观测积累了丰富的资料，因此对于滑坡和泥石流的发生机理和治理方法的认识，也比其他灾害成熟。

第三，滑坡和泥石流灾害造成的人员伤亡中，农村人口占到了总数的80%以上。一方面，农村已成为滑坡和泥石流灾害减灾防灾的重点；另一方面，在普及防灾、减灾的科学知识方面，农村又是一个弱点。在许多农村，因为选址不当，把房屋建到了不稳定的滑坡体上，建在了泥石流沟谷附近，或者在危险的斜坡、沟谷中随意切坡开挖、改变河道、弃土堵沟、修建池塘等，这些人为不合理的工程活动为引发地质灾害留下了巨大的隐患。一旦暴雨来时，就可能会受到很大的灾害。

多年经验表明，地质灾害是可以有效防范的。关键是要让社会公众了解、把握地质灾害防治知识，孙文盛教授编写的《新农村建设中的地质安全保障》一书，包括如何安全地选择村镇和民居房屋的场址，在兴建房屋时如何防范地质灾害，在雨季如何开展地质灾害的应急调查和群测群防，灾害发生时如何进行临灾处置和开展应急救灾四方面内容。本书设立滑坡和泥石流灾害一章，也是希望通过对灾害的科学认识和防治机理的介绍，为减灾作一点贡献。

我国第一部关于地质灾害防治的行政法规——《地质灾害防治条例》于 2004 年 3 月 1 日起施行，它的出台和实施标志着我国地质灾害防治工作进入了规范化、法制化的轨道。

思考题

1. 滑坡和泥石流都是地面物质的运动。试举一些例子说明人类活动如何引起和触发地面物质的运动？

2. 水在滑坡和泥石流的形成和发展中起什么作用？

3. 为什么滑坡和泥石流多发生在雨季？

4. 滑坡和泥石流都是地质灾害，它们有何不同？

5. 假定山沟里发生了泥石流，下面三种躲避方向中哪种是正确的：(1) 沿沟向上；(2) 沿沟向下；(3) 向沟谷两侧的山坡。

6. 列举一些你所看到的预防滑坡和泥石流的工程措施。

7. 如何观察和判断滑坡和泥石流的发生。

参考资料

黄润秋，等．2009．汶川地震地质灾害研究 [M]．北京：科学出版社

崔鹏．2011．汶川地震山地灾害形成机理与风险控制 [M]．北京：科学出版社

孙文盛．2006．新农村建设中的地质安全保障 [M]．北京：中国大地出版社

谢洪．2006．泥石流灾害及防治 [J]．科学，58 (5)：28 − 31

相关网站

http://www.usgs.gov

http://zaiqing.casm.ac.cn

http://www.icimod.org

http://www.bosai.go.jp

空间环境在人类生活中开始起到越来越重要的作用，它是未开发的资源宝库，是理想的实验基地，是人类生存和活动空间的有效延伸。随着空间时代的到来，新的空间灾害也出现了，而且也越来越引起了人们的重视。

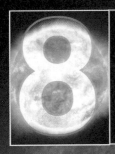

8 空 间 灾 害

① 空间环境
② 空间环境与人类活动的关系
③ 空间灾害
④ 陨石撞击地球
⑤ 空间灾害的减轻

8　空间灾害

　　所谓空间，是指从地球到太阳直至整个太阳系的广阔范围。远在古代，空间就已引起人们的种种思索和遐想，古人编织了许多动人的故事和神话。古希腊伊卡洛斯飞向太阳的传说、我国嫦娥奔月的故事，都表达了人类对于空间的向往。直到 20 世纪 50 年代，这些梦想才逐步变成了现实。

　　1957 年 10 月 4 日，苏联发射了第一颗人造地球卫星，标志着人类进入了空间时代。

　　1961 年 4 月 12 日，苏联宇航员加加林实现了人类第一次空间飞行。

　　1969 年 7 月 20 日，美国宇航员阿姆斯特朗首次踏上月球表面。

　　2003 年 10 月 15 日，中国宇航员杨利伟乘坐"神舟五号"顺利升空并安全返回。

　　2012 年 6 月 29 日，中国"神舟九号"载人飞船与"天宫一号"目标飞行器完成对接等任务后，成功返回地球。

　　空间已不再是可望而不可即的神仙禁地。开发空间、为民造福，也不再是痴人说梦的幻想了。

图 8 - 1　1957 年第一颗人造地球卫星的发射成功开辟了人类对空间直接探测的新时代。21 世纪初，中国先后发射了一颗赤道卫星（探测一号 Tance-1）和一颗极轨卫星（探测二号 Tance-2），对近地空间进行科学探测，简称为"双星计划"

资料来源：中国国家航天局

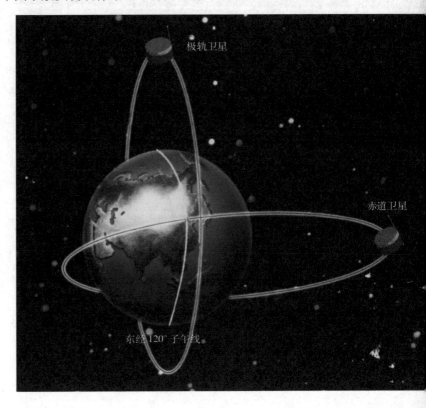

极轨卫星

赤道卫星

东经 120° 子午线

图 8 - 2　哈勃太空望远镜，人类的"千里眼"。以美国天文学家哈勃（1889—1953）命名的望远镜是目前被送入空间的口径最大的望远镜，距离地面 569 km。它全长 12.8 m，镜筒直径 4.27 m，重 11 t，由三大部分组成，第一部分是光学部分，第二部分是科学仪器，第三部分是辅助系统，包括两个长 11.8 m，宽 2.3 m，能提供 2.4 kW 的太阳能电池帆板

　　资料来源：NASA

图 8 - 3   运行在 569 km 高空上的哈勃太空望远镜从 1990 年 4 月 24 日升空至 2012 年，在过去 22 年的时间里为我们打开了一扇观察宇宙的窗户。哈勃太空望远镜在过去的时间里一共拍摄了大约 100 万张照片。鹰状星云（左图）和旋涡星系（右图）这两张照片一直被认为是哈勃太空望远镜的代表作。哈勃可能在 2018 年结束它光辉的一生

资料来源：The Hubble Heritage Team，STSCI/AURA，ESA/NASA

　　太阳为整个太阳系提供了能源，但它并不总是宁静的。特别在太阳活动峰年期间，经常会发生耀斑、日冕物质抛射等各种爆发现象，发出强烈的粒子辐射和电磁辐射，并向行星际空间抛射出大量的物质和能量。当这些辐射和能量到达地球附近空间时，会引起地球磁层和电离层状态的改变，导致电离层暴、磁暴等地球空间环境的一系列剧烈变化。

　　据统计，我国卫星故障的 40% 是由于空间环境灾害性变化引起的。美国大约 40% 的卫星故障都与空间天气条件有关，空间灾害天气导致航天领域的损失每年都高达数千万美元。这些灾害性事件能导致正在高空运行的卫星失效，低纬地区无线电通信中断，轮船、飞机的导航系统失灵，核电站变压器被烧毁，电网故障造成大范围停电等严重事故。它们的影响还能进一步波及低层大气，引起天气的异常变化。科学研究成果已经使我们认识到，影响人类生活的环境因素，不仅仅是贴近地面的底层大气，而是与整个空间环境息息相关，随着人类活动范围向太空的不断延拓，这一关系会变得越来越密切。将空间各层次视为一个整体系统，分析太阳爆发现象引起的太阳—地球空间环境灾害性事件的过程及其对空间和地面技术系统及人类活动的影响，这就是本章——空间灾害的主要内容。

8.1 空间环境

何谓空间环境

从现在的认识看，影响地球和人类生存发展的环境包括四个层次：固体地球、海洋、大气和空间。它们相互之间密切联系，共同构成人类赖以生存的地球环境。人们逐渐认识到决定人类生存与发展的地球环境，除了固体地球、海洋和大气外，还存在着一个空间环境。

本章介绍的空间，主要指从地球到太阳的空间区域，也叫作日地空间，又称日地系统，它是人类能够直接探测的一个空间系统，太阳到地球的平均距离约149 598 000 km，定义为一个天文单位。

日地空间可分为三个层次：太阳大气、行星际空间和地球空间（磁层、电离层和大气层），各层之间又是相互耦合、息息相通的。

图 8 - 4　日地空间环境。影响地球和人类生存发展的环境包括四个层次：固体地球、海洋、大气、空间（太阳至地球之间的空间又可细分为太阳大气、行星际介质（太阳风）、地球的磁层、电离层和中高层大气等）

资料来源：魏奉思提供图片

太阳大气和行星际空间

太阳是一颗庞大炽热的气质球体，直径约 140×10^4 km，占太阳系质量的99％以上。太阳内部的核聚变反应将氢转变为氦，其所释放的巨大能量通过辐射和对流向外传递，抵达太阳表面后，向周围空间辐射。

所有天体中，太阳对地球的影响最大。地球上大多数生物，都依赖太阳的能量；地球各圈层的环境状况，也受到太阳的制约。太阳每秒钟向空间辐射出极大量的能量。地球距离太阳约 1.5×10^8 km，地球大约每秒钟从太阳接收 40×10^{12} cal 的能量，相当于 700×10^4 t 煤产生的能量。太阳发出多种辐射，大部分在高处被地球大气吸收，只有可见光、一些红外线及少许紫外线能够到达地面。

人们用肉眼观察太阳，只能看到一个极亮的圆盘，被称为光球。由于光球太亮了，我们看不到光球之外的其他物质。其实太阳也有大气，日食时可看到太阳周围有向外放射的光芒，这就是太阳具有大气的证明。

实际上，太阳大气可以一直延伸到整个行星际空间，直至太阳系的外边界。由于太阳大气温度很高，组成太阳大气的物质是完全电离的，处于一种等离子体状态。同时，太阳释放的巨大能量驱使这些等离子体不停地向外运动，形成了太阳风。太阳风从没有停息的时候，即使在宁静的情况下，在地球轨道附近的太阳风速度也在 300 km/s 以上。彗星总在背向太阳方向拖着一条长长的尾巴，这就是太阳风造成的。

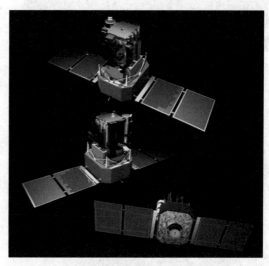

图 8 – 5　SOHO 在研究太阳。SOHO 是太阳与太阳圈观测卫星 (Solar & Heliospheric Observatory) 的英文缩写。它是由欧洲航天局 ESA 和美国宇航局 NASA 在 1995 年 12 月 2 日共同发射的，目的在于研究太阳内部、太阳表面以及太阳产生的太阳风。十多年来，SOHO 提供了大量关于太阳的观测资料。今天，通过 SOHO 的网站，我们可以看到太阳 1 小时前的变化照片。本书的许多关于太阳的图片，承蒙欧洲航天局和美国宇航局的同意，都取自 SOHO 的观测结果

资料来源：NASA

太阳像一个沸腾的火球。太阳外层的大气叫作日冕，从太阳照片上可以看出各种复杂的日冕结构和物质喷发现象。从日冕不断喷出带电粒子流(太阳风)，传送到太阳系的各个地方，当这些高能粒子流（太阳风）抵达地球时，大多数被地球磁场（或者称磁圈）偏转，少数进入南北磁极上方的大气层，在 90～300 km 高空中产生美丽的闪烁，叫作极光。大量的太阳粒子突然撞击磁圈的时候，其引起的磁暴会干扰地球的通信和电力系统。

太阳活动是造成空间灾害的主要诱发因素。太阳活动主要类别包括黑子、耀斑、日珥爆发和日冕物质抛射。这些活动现象往往在强太阳风暴中全部出现，而在弱太阳风暴中则不一定出现。与空间灾害关系最密切的两种太阳活动分别是太阳耀斑和日冕物质抛射（CME）。

图 8 – 6　彗星（中文俗称"扫帚星"）是一种小天体，由太阳系外围行星形成后所剩余的物质（如冰冻的气体、冰块和尘埃）组成，它的质量很小，约为地球质量的几千亿分之一。彗星的尾巴总是背离太阳，这就是由太阳风造成的

图 8 – 7　SOHO 网站（http://sohowww.nascom.nasa.gov/）中经常使用古代埃及太阳神的面具，它代表了 SOHO 的研究使命

资料来源：NASA

图 8 – 8　SOHO 网站上收集的关于太阳的版画，朴素地显示了太阳向外不断地辐射出能量和粒子的思想

图 8 - 9 科学家通过观察太阳在特定温度下各种化学物质的喷发现象，可以更好地了解太阳的活动。这个橙色星球因此变成了一个多彩的实验室。这张由 SOHO 远紫外成像望远镜（EIT）拍摄的照片其实是由三种不同波长的照片合成的，每张照片的太阳特征都有其独特之处。太阳中心温度为 $2\,000 \times 10^{4}$℃，表面温度为 $5\,800$℃。照片揭示了温度超过 $1\,000\,000$℃时，电离铁的活动情况，可以看到太阳周围有向外放射的光芒，这是光球上向外冲出的完全电离气体，它形成各种复杂的结构，其中包括日珥。日珥的观测就是太阳具有大气的证明

资料来源：SOHO，ESA/NASA

太阳耀斑

太阳耀斑是在太阳表面上，突然出现迅速发展的亮斑闪耀，其寿命仅在几分钟到几十分钟之间，亮度上升迅速，下降较慢。特别是在太阳活动峰年，耀斑出现频繁且强度变强。2003年10月20日至2003年11月6日，太阳上总共产生了53个能量较大的耀斑。

别看它只是一个亮点耀斑，一旦出现，简直是一次惊天动地的大爆发。一次耀斑增亮释放的能量相当于数百亿枚原子弹的爆炸；而一次较大的耀斑爆发，在一二十分钟内可释放巨大能量。除了日面局部突然增亮的现象外，耀斑更主要表现在从射电波段直到X射线的辐射通量的突然增强；耀斑所发射的辐射种类繁多，除可见光外，有紫外线、X射线和γ射线，有红外线和射电辐射，还有冲击波和高能粒子流，甚至还有能量特高的宇宙射线。

耀斑对地球空间环境造成很大影响。耀斑爆发时，发出大量的高能粒子到达地球轨道附近，与大气分子发生剧烈碰撞，会破坏电离层，使它失去反射无线电电波的功能。无线电通信尤其是短波通信以及电视台、电台广播，会因此受到干扰甚至中断。耀斑发射的高能带电粒子流与地球高层大气作用，会产生极光，并干扰地球磁场而引起磁暴。

传说，第二次世界大战时，有一天，德国前线战事吃紧，后方德军司令部报务员布鲁克正在繁忙地操纵无线电台，传达命令。突然，耳机里的声音没有了。他检查机器，电台完好无损，拨动旋钮，改变频率，仍然无济于事。结果，前线军队失去联系，陷入一片混乱，战役以失败而告终。布鲁克因此被军事法庭判处死刑。他仰天呼喊："冤枉！冤枉！"后来查清，这次无线电中断，"罪魁祸首"是耀斑。

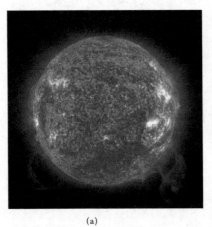
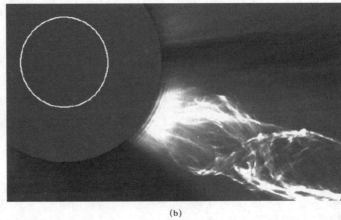

(a)　　　　　　　　　　　　　　　　(b)

图8－10　太阳——空间活动能量的最主要来源。（a）所示照片摄于2003年3月18日，拍到了极为罕见的两个喷发突起物，每一个太阳突起物的高度都大约是地球直径的25倍，看起来像是两条腿，它可能是太阳大气爆发的喷出物。（b）1998年6月2日拍到的一次罕见但非常清晰的太阳螺旋状日冕喷发

资料来源：SOHO，ESA/NASA

日冕物质抛射

日冕是指太阳光球以上的高温稀薄的太阳大气延伸到几个太阳半径的范围。当日食过程中月球挡住光球时，可以裸眼观测到日冕。

日冕物质抛射是最重要的太阳活动现象。观测表明日冕中经常会有大量的物质抛射出来。抛射速度在每秒几百千米至几千千米以上。每次抛射的物质总量可达上百亿吨。在太阳活动峰年，日冕物质抛射次数多达每天两三次。就是在太阳活动低年，日冕物质抛射也常常发生。2003 年 10 月 19 日至 11 月 6 日总共发生 12 次日冕物质抛射。图 8 − 11 是 2003 年 10 月 28 日发生的日冕物质抛射，从中可以看出，喷出物质的范围比几十个地球的直径还要大。

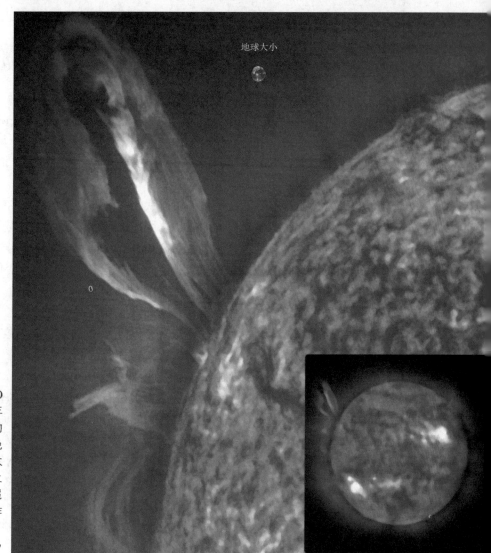

地球大小

图 8 − 11　SOHO 观测到的 2003 年 10 月 28 日日冕物质抛射。图中蓝色的球代表地球的大小，地球是后加上去的，意在和日冕抛射物质的大小作比较

资料来源：SOHO, ESA/NASA

表8－1　日冕物质抛射的一些物理性质

特征	数值
最大抛射质量/kg	$5 \times 10^{12} \sim 5 \times 10^{13}$
发生的频率	每天3.5个事件（太阳活动最大时）；每天0.5个事件（太阳活动最小时）
质量外流率/（kg·s^{-1}）	2×10^8
前沿速度/（km·s^{-1}）	50～1 200
平均前沿速度/（km·s^{-1}）	400
平均到达地球时间/h	100
平均动能/J	$10^{23} \sim 10^{24}$

磁层

　　上面说过，太阳大气温度很高，太阳大气的物质是完全电离的。同时，太阳释放的巨大能量驱使这些等离子体不停地向外运动，形成了太阳风。太阳风是从太阳日冕层向行星际空间抛射出的高温高速低密度的粒子流，主要成分是电离氢和电离氦。每秒几百千米的太阳风若吹到地球地面，其后果将不可想象。幸运的是，地球固有的磁场抵御着太阳风的侵袭。

　　地球有自己的磁场。地球中心好像存在一块柱状的大磁铁，这个假定的磁柱被称为磁偶极子，由它所产生的偶极子磁场强度约占地磁场总强度的90％，是构成稳定地磁场的主体，即地球的基本磁场。基本磁场在地面附近较强，向上逐渐减弱。这说明它主要为地球内部因素所控制，基本磁场也被称作内源磁场。除了基本磁场外，地磁场中还包括变化磁场。变化磁场的产生主要是由于来自地球外部的带电粒子的作用，它叠加在基本磁场之上，有时也被叫作外源磁场。太阳是这些带电粒子的主要来源，平时它通过太阳风持续不断地发射出比较稳定的粒子流，而当太阳表面出现黑子、耀斑、日珥爆发和日冕物质抛射时，便会把大量的带电粒子抛向地球，使叠加在基本磁场上的变化磁场突然增强，这不仅会使指南针失灵，而且还会干扰无线电通信和人类的生活，电磁感应可能会使大规模的供电回路被烧毁。

　　太阳风是一种等离子体，携带着行星际磁场。太阳风磁场对地磁场施加作用，好像要把地磁场吹走似的。尽管这样，地磁场仍能有效地阻止太阳风的长驱直入。在地磁场的反抗下，太阳风绕过地磁场，继续向前运动，于是在地球外部形成了一个被太阳风包围的、彗星状的地磁场区域，这就是磁层。地球磁场对地面的影响很小，只有用灵敏的指南针才能感觉到它的存在。但在几千米以上的高空，高空物质都处于电离状态，磁场对带电粒子的作用远比地球引力场作用强得多。整个由地球磁场控制的区域就是磁层。在磁层的阻隔下，太阳风大都只能绕着磁层顶吹过，而不能进入地球附近空间。但也有少数高能粒子可以闯进磁层，然而，它们往往会被地磁场所捕获，囚禁在被称为辐射带的高空某些特殊区域中。

　　地球磁层的外边界叫磁层顶，磁层顶在向阳的一侧距地心约 10 个地球半径，在两极约 13～14 个地球半径，在背阳的一侧最远处可达 1 000 个地球半径。在太阳风的压缩下，地球磁力线向背着太阳的一面延伸得很远，形成一条长长的尾巴，被称为磁尾。在赤道面附近，有一个特殊的界面，其两边磁力线方向突然改变，此界面称为中性片。中性片上的磁场强度微乎其微。中性片将磁尾分成两个部分：北面的磁力线向着地球，南面的磁力线离开地球。

　　太阳风每秒钟向磁层输入 5×10^{12} J 的能量，引起地球磁层剧烈扰动，产生磁暴、磁层亚暴、磁层高能粒子暴。磁层直接和太阳风与行星际磁场连接，它是研究日地关系，探索太阳大气—行星际介质—磁层—电离层—中性大气耦合过程中很重要的区域。磁层也是卫星和飞船的主要活动区域。磁层研究可以为宇宙航行提供重要的环境情况。

图 8－12　地球磁层是位于地球周围、被太阳风包围并受地磁场控制的等离子体区域，它有效地阻止了太阳风的长驱直入
　　资料来源：SOHO/LASCO/EIT ESA & NASA

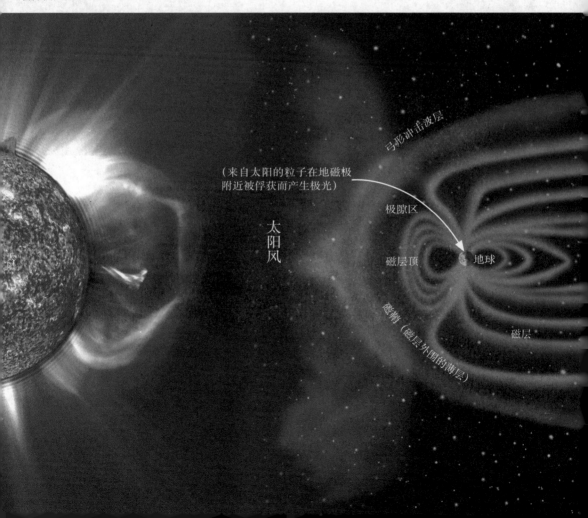

图 8 – 13 中国很早就对极光进行过观测。东汉班固在《汉书》中收有公元前 15 年 3 月 27 日（汉成帝永始二年二月癸未）在西安看到的极光形态的生动描述："夜，东方有赤色，大三四围，长二三丈，索索如树；南方有大四五围，下行十余丈，皆不至地灭。"在后来的中国史籍和地方志中，也有大量类似的记载。而如今人们更喜欢用图片来展现壮丽绚烂的极光之美

电离层和大气层

离地面 60 km 处向外是电离层，所谓电离层是因高空的气体分子与原子被太阳光的紫外线和高能粒子辐射所分解，使大气层中的氧原子和氮原子失去了电子，形成离子，形成如云状般的电子分层。电离层在白天时自下而上分成 D 层，E 层，F 层。在夜晚时 D 层会消失，E 层的密度会降低。F 层在白天有时还分成 F1 和 F2，夜晚时 F1 与 F2 合并成一层。高层大气电离对无线电波传播有显著影响。电离层能使电波折射、反射、散射、吸收，与短波通信、导航、定位等关系密切。

电离层向外与磁层通过电场、电流和沉降粒子不断进行能量的交换。了解电离层特征和

变化对于无线电通信非常重要，当然电离层本身的很多参数也是通过无线电在其中传播的特征获得的。

电离层以下，10 km 以上的地球大气被称为"中、高层大气"，中、高层大气主要是稀薄的中性大气，其状态参量随高度变化剧烈。中、高层大气虽然比较稀薄，然而它却占有非常巨大的体积，在其区域内存在复杂的光化和动力学过程，这些过程与人类的生存和发展以及航天和军事密切相关。

从生态环境角度来看，主要存在于低平流层内的臭氧强烈地吸收了来自太阳的紫外辐射，保护着地球生物圈的安全；中间层顶是整个地球大气中温度最低的区域（约 150 K），在这种低温条件下，水蒸气通过非均匀的核化过程产生冰晶粒子，显著地改变行星的反射率，从而影响局部或全球的气候；由于地球海气系统的滞后效应，中、高层大气的变化可为低层大气的变化提供早期的预警信号。

人们熟悉的风、雨、雷、电等天气现象，只发生在大气的底层，这一层只有几千米。由于它们最贴近地面，受地面和海洋的影响而经常处于对流状态，故被称为对流层。它是气象工作者的研究对象。在对流层之上，按热结构，地球的大气层又可分为平流层、中间层和热层，一直延伸到几百千米高度。这其中，还有十分重要的臭氧层。在太阳辐射的作用下，在 24 km 高

图 8 – 14　电离层研究开拓者——阿普尔顿（Edward V. Appleton，1892 – 1965）。1924 年，他利用变换频率的电磁波接收到来自电离层的回波，首次直接证实了电离层的存在，并发现了电离层的 E 层和 F 层。后来，他由电离层反射波的中断现象首次发现了电离层暴。1947 年，他凭借在电离层研究的贡献而获得诺贝尔物理学奖

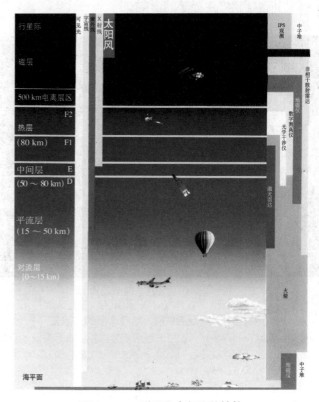

图 8 – 15　磁层和大气层的结构

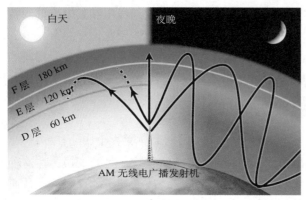

图 8 - 16 离地面 60 km 处向外是电离层，电离层在白天时自下而上分成 D 层，E 层，F 层。电离层的反射和折射是无线电波传播的基础

资料来源：Thomson Higher Education（2007）

度附近臭氧浓度达到极大。臭氧的浓度虽然只占空气的 1/4 000 000，但也足以将通过电离层以后的绝大部分紫外线都吸收掉，使地面的生物得以生存。人为造成的环境污染，现已经引起了臭氧层的破坏，在南极上空能观测到臭氧含量明显降低的臭氧洞，这实在是一个危险的信号。如果人类不珍惜和保护我们所拥有的得天独厚的生活环境，其后果将是不堪设想的悲剧。

从航天和军事方面来看，中、高层大气是各种航天器的通过区和低轨航天器的驻留区，远程战略导弹通常飞行在中、高层大气中，中、高层大气中各种扰动带来的大气参数偏差，将严重影响导弹的命中精度，卫星和飞船的安全发射、在轨寿命及顺利返回。

以上各个空间层次之间通过精巧的平衡相互联系着，只要一个环节上偏离了平衡，就将会对其他层次产生显著的影响。

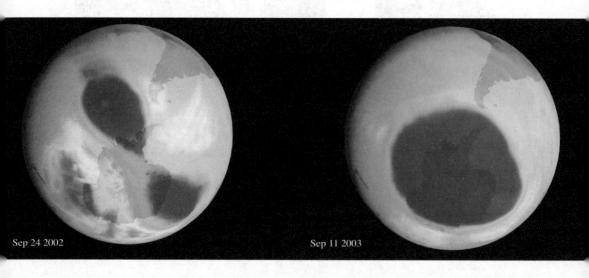

图 8 - 17 臭氧减少了紫外线对我们的伤害。但是人类排放到大气里的氯氟烷烃等化学物质会破坏臭氧层。所以，国际组织通力合作来降低这些破坏性化合物的使用量，于 1987 年在世界范围内签订了限量生产和使用氯氟烷烃等物质的蒙特利尔协定。图中的蓝色部分越深，表示臭氧的含量越少。从图中我们可以清楚地看到臭氧最少的地方在南极上空，这就是我们平常所说的南极臭氧空洞。科学家一直关注着南极上空的这个空洞的变化

资料来源：SVS TOMS，NASA

8.2　空间环境与人类活动的关系

　　宇宙空间一直是人类向往的地方。从上古神话（如嫦娥奔月、女娲补天、夸父追日）、诗人屈原的《天问》到汉代张衡的浑天仪，从哥白尼日心说的曲折历程到牛顿万有引力定律的发现，从爱因斯坦的相对论到哈勃望远镜的诞生，宇宙像黑洞一样吸引着人类的眼光和想象。

过去半个世纪人类对空间的认识超过了历史的总和

图 8 – 18　空间探测技术的快速发展——1969 年 7 月 20 日，人类登上月球：(a) 月球上第一次留下了人类的足迹；(b) 宇航员在月球上行走
　　　资料来源：NASA

(a)　　　　　　　　　　　　　　(b)

图8－19　（a）2005年10月12日9时0分0秒，"神舟六号"在酒泉卫星发射中心发射成功。航天员费俊龙、聂海胜乘坐"神舟六号"飞船在太空遨游5天，完成了一系列太空实验后安全返回地面；（b）2007年10月24日18时5分，在西昌卫星发射中心，长征三号甲运载火箭将"嫦娥一号"卫星成功送入太空

资料来源：（a）人民网（http://pic.people.com.cn/GB/31655/3969454.html）；（b）China Foto Press 2007年度照片（作者：涂德海）

　　对空间的认识是和对空间的探测密切相关的。我们现在谈到的空间，都是指利用空间飞行器（也称航天器，比如人造地球卫星、月球和行星探测器、天空实验室、空间实验室和航天飞机等）能够抵达并实施直接探测的宇宙空间的范围。

　　回顾现代空间科学的历史，战争客观上催生了它的迅速成熟。冷战时期，苏联抢先美国一年于1957年用洲际导弹的火箭装置发射了人类历史上第一颗人造地球卫星，这标志着人类开创了空间时代的新纪元。1961年，苏联发射载人宇宙飞船，人类首次飞向太空。人们可以更近距离地观测这个不可思议的地球外面的世界，虽然这个距离相对于宇宙的浩瀚无边几乎可以忽略，但对于人类来说毕竟跨出了一大步。利用空间飞行器从事空间科学研究，很快就取得了令人瞩目的成果，地球辐射、太阳风和磁层的发现得到了有力证实，20世纪五六十年代的主要任务是"普查"。

　　1969年，带着地球上全人类的关注与重托，"阿波罗11号"飞船首次登上月球。当阿姆斯特朗踏上月球的一刹那，梦想升华成了现实，无上荣誉涌向这个空间领域，它掀起了空间科学和空间技术发展的一个高潮，空间探测研究也从原先的"普查"发展到了有特定科学目的、围绕具体的课题的深入研究阶段。

1971 年，苏联建造空间站，人类首次在太空中有了活动基地。1981 年，美国发射航天飞机成功，从此人类可以自由进出太空。2003 年 10 月 15 日我国第一次载人航天飞行（"神舟五号"）取得圆满成功，杨利伟是人类历史上进入太空的第 952 人。如今各国开始广泛合作，每年不断地将空间飞行器送往太空，开辟了许多新的研究领域，给自然科学增添了许多崭新的知识，天体起源、地球起源、生命起源和人类起源的研究也有了重大进展。在空间的众多极端条件下，人们可以研制空间材料、医药制品等，还可进行物理、化学和生命等科学的实验，探索物质结构，并利用空间资源以实现空间工业化。

当这个地球越来越拥挤和贫乏的时候，空间环境在人类生活中开始扮演越来越重要的作用，它是人类的一顶保护伞，是未开发的资源宝库，是理想的实验基地，是人类生存和活动空间的有效延伸。探索和开发宇宙空间的新阶段已经来临。

图 8 - 20 "惠更斯号" 在土卫 6 降落的科学艺术想象图
资料来源：Craig Attebery，NASA

但是，水可载舟，亦可覆舟。恶劣空间环境也给人类活动带来严重危害。空间环境中给我们人类活动带来的那些突发性的、短时间尺度的、高度动态易变的灾害，最典型的体现就是太阳风暴事件，时间尺度可以是小时到天的范围。

太阳活动对日地空间环境的影响

太阳时而宁静时而活动，我们都说万物生长靠太阳，没有太阳，地球将成为一个冰冷的死寂星球。但是，地球上发生的很多破坏非常严重的自然灾害如风暴潮、台风（飓风），也统统要"归功"于太阳。太阳的能量和物质太大了，它局部地区的一举一动、瞬息变化，都足以影响到所有绕着它转的星球。太阳一"感冒"，地球就会打"喷嚏"。

太阳活动对日地空间环境的扰动方式主要有三种：

- 突然增强的电磁辐射（太阳耀斑）。
- 高能粒子注入日地空间（太阳耀斑或日珥爆发）。
- 大量的磁化等离子体冲击地球磁层（日冕物质抛射或日珥爆发）。

这些扰动引起地球磁场激烈变动，电离层发生强烈骚扰，地球高层大气化学成分、密度和温度发生急剧改变。上述变化可能进一步引起如下灾害性事件：

- 宇航员可能受到辐射伤害。
- 无线电传播受到强烈干扰。
- 电磁遥感测量在磁暴期间常常发生错误。
- 电波路径发生位移，GPS定位、导航产生误差。
- 大磁暴使电网超载，造成输电中断。
- 卫星衰老并过早陨落，星载电子仪器受到严重损害。

这些灾害性事件的例子，我们将在下面一节中给出。

图 8 - 21 太阳一"感冒"，地球就会打"喷嚏"。空间天气变化最主要的原因来自于太阳，受影响的有航天、航空、通信、导航和电力网络
资料来源：NOAA

空间天气

日常所讲的天气，是指发生在对流层内，影响人类生活、生产的大气状态，例如阴、晴、雨、雪、冷、暖、干、湿和风等。

如果扩大视野，还存在另一类天气，它关注的"风"叫"太阳风"，关注的"雨"是来自太阳的高能粒子雨，它不太关心"冷暖"问题，却特别注意太阳的紫外线和电磁辐射变化，不大关心"阴晴"，却对电磁场扰动情有独钟，这就是空间天气。

在 60 km 以上，中性大气密度和温度、电离气体的电子密度等参数对太阳变化的响应迅速，幅度变化大。这些参数迅速而大幅度的变化还将进一步衍生许多效应，对人类生活产生明显的影响。因此，人们需要像关心日常天气那样关心对流层以上的环境状态。这样，"天气"概念所涉及的空间范围自然要扩展。"空间天气"的概念就是在这一背景下产生的。

空间天气（space weather）是指太阳表面、太阳风、磁层、电离层和高层大气瞬时或短时间内的状态。众所周知，11 年太阳周是最重要的空间气候周期，而 27 天重现性是空间天气最易预报的特征之一，天气通常指短期的状态变化，所以不妨将 27 天定为空间天气时间尺度的上限。

空间天气变化最主要的原因来自于太阳，太阳是影响地球的电磁辐射和粒子辐射的能源。太阳发生变化，就会导致空间天气相应地变化。太阳活动时改变了太阳的辐射和粒子输出，在近地空间环境中以及地球表面会产生相应的变化。就空间天气效应而言，最有影响的事件是太阳耀斑和日冕物质抛射。

总之，空间不是空的，太阳不是稳定的，空间环境对不断变化的太阳的响应就构成了空间天气。

近 20 年来，日地物理科学最重大的成就之一就是使人们逐渐认识到这样一种新事实：地球 20 ~ 30 km 以上的高空，甚至千万千米的空间（或称太空），也存在恶劣的空间天气变化，犹如地球表层大气中的狂风暴雨、电闪雷鸣这些恶劣的天气变化给人们的衣、食、住、行和生产活动带来灾难一样，空间天气变化也会使卫星失效乃至陨落，通信中断，导航、跟踪失误，电力系统损坏及给人的健康与生命带来严重危害。

空间天气研究成为全世界众多基础科学领域共同面临挑战的重大前沿难题之一。无论从已实施的国际日地物理计划（ISTP）、日地能量计划（STEP）还是将要实施的"与星同在"（Living With A Star）、"日地系统空间气候与天气计划"（Climate and Weather of the Sun-Earth System）等，空间天气研究都是组织多学科交叉、协同攻关，去夺取重大原创性新成就的科学前沿领域。

中国气象局已开展了空间天气预报服务，国家空间天气监测预警中心每日都给出有关的空间物理参数图（网站：http://www.cma.gov.cn/tqyb/space.html）。

8.3 空间灾害

太阳每天不断地往外辐射电磁波（X射线、γ射线、紫外线等）、抛射粒子、"吹"出太阳风。这些电磁波约八分钟就可以抵达地球，直接影响高层大气和电离层的电离状态和热状态，比如造成臭氧含量降低和氮氧化物的成分发生变化，同时对气候和生物圈产生重要影响。它抛射的高能粒子流，如太阳质子事件，快的在数小时内抵达地球，使地球数万千米高空的质子流量陡增千万倍，影响航天安全。此外，太阳每时每刻不断"吹"出太阳风，这些高速的等离子体流冲向地球，在两三天后，似一股巨大的冲击波风暴扫过地球，幸运的是大多数风暴都被地球的"自卫体系"挡住了。但如果太阳风的速度突然增加到800 km/s，很多高速等离子体流就能突破防卫、闯入地球、威胁我们的生产和生活。此时地球则表现出很多症状：明亮的极光、电离层暴、地磁暴、亚磁暴，20 km以上的中、高层大气密度和温度突增以及高能电子流量增强事件等，它们影响航天、通信、导航、定位和电力等高技术系统的安全。人们将太阳活动和地球上的风暴天气相比，把这种太阳剧烈活动称为"太阳风暴"。

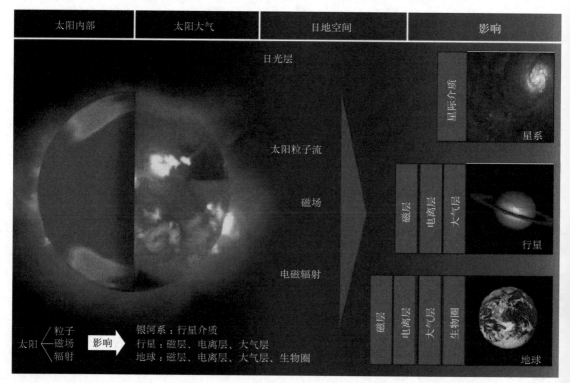

图8-22 太阳活动的影响十分广泛。通过粒子、磁场、电磁辐射等多种方式深刻地影响行星、地球甚至银河系

今天，正是由于人类探索空间天气变化规律，发展航天、通信、导航、电力等高科技遭遇到空间灾害，以及开发利用空间面临巨大挑战，使得空间天气学的研究与应用正迅速成为世界范围内的一项重大科技活动，成为众多国家的国家行为、全球行为，犹如 20 世纪 50 年代国际社会在地球天气方面作出的全球努力一样。

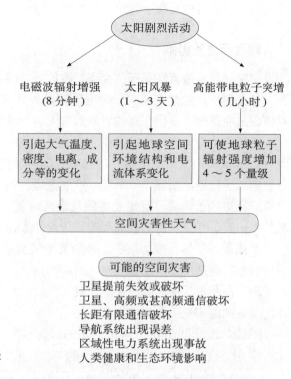

图 8 - 23　太阳的剧烈活动会引起各种空间灾害

空间灾害的各种影响

空间灾害主要指空间环境中的灾害性天气造成的对空间、地面技术系统的损坏以及对人类健康和生命的威胁（表 8 - 2）。小行星或陨石等近地天体对地球的破坏和威胁等将在下一节介绍。

在未进入空间时代以前，空间灾害带来的损失还是很小的，但当人类凭借以航天技术为代表的高科技能够占领空间时，受到的空间灾害反而越来越明显了。纵观大的空间灾害性天气事件，你会发现它们都发生在 20 世纪以后。

表 8 - 2　空间环境对技术应用的影响

影响源	电离层变化	磁场变化	太阳射电爆发	粒子辐射和电磁辐射	微流星体人工空间碎片	大气层变化
影响	• 在陆地、供电网、长途通信电缆和输运管线中产生感应电流 • 干扰地球物理勘探 • 无线信号的反射、传播和衰减 • 通信卫星信号的干扰和闪烁	• 航天器的姿态控制 • 罗盘定位	• 无线通信系统中过度的噪声	• 太阳能电池损坏 • 半导体仪器故障 • 航天器表面和内部材料带电 • 航天航空人员的安全	• 太阳能电池损坏 • 损坏镜头、表面材料甚至整套设备	• 低轨道卫星的阻力 • 无线信号的衰减和散射 • 航天器表面材料剥蚀

空间灾害可以从以下几个方面予以归纳。

对飞行器的影响

空间碎片或微流星局部击穿飞行器的外壁或击穿太阳能电池板，降低电能供应。

日冕爆发产生的高能粒子及电磁辐射会急速升高地球上层的大气温度，使大气密度增加数倍，从而使部分卫星在运动时遇到强阻力、改变轨道而坠落。

高能带电粒子以巨大的辐射剂量损伤各种材料，造成结构材料的性能恶化，特别是暴露于飞行器表面的太阳能电池，威胁在空间活动的宇航员的生命安全。它还能穿入卫星内部，导致单粒子效应，引起程序混乱，产生虚假、错误指令或锁定存储器。

高能等离子体使飞行器充电到几千伏以上，干扰以致彻底破坏飞行器的工作，造成电介质放电击穿，并使飞行器表面吸附推进剂而遭污染。

低能等离子体在表面沉积，污染光学镜头并改变其光学性能，空间环境的中性原子氧会对飞行器材料造成表面腐蚀。

地球高层大气密度的改变能改变卫星的轨道、缩短卫星的寿命、影响导弹的命中精度。磁场则能改变飞行器的姿态。

我国的地球同步轨道通信卫星的故障中，空间环境诱发的故障占总故障的40%左右。例如1990年11月我国"风云一号"气象卫星可能因高能带电粒子的轰击，使卫星姿态无法控制而失败。2000年7月14日发生的一次太阳耀斑和日冕物质抛射，使欧美合作耗资 20×10^8 美元的SOHO太阳科学卫星的探测器减寿1年。

美国天空实验室（Skylab）于1982年6月提前坠入澳大利亚附近的大海之中，是大气环境变化造成的空间天气灾害的典型例子（NASA原本打算用航天飞机提升天空实验室的运行轨道，但由于它的提前坠海而使这一计划泡汤）。

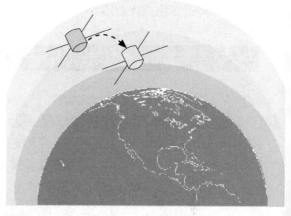

图 8 - 24　卫星轨道下降。太阳风暴改变大气圈的密度，从而使卫星运动时阻力增加，使卫星轨道下降、寿命减低甚至坠落

对导航和定位系统的影响

地球的磁力线从地磁两极（与南北两极并不重合）发出或进入，在高空中地球的磁力线因为受到太阳风（高能高速的带电粒子流）的影响而向后弯曲，使得地磁场在朝太阳方向的前沿产生一个半球形的包层，并向太阳方向延伸，当太阳活动剧烈时，地球磁场在突然增强的太阳作用下，会发生变形，严重时会在向阳一侧将地磁场压缩到 5～7 个地球半径之内，

使得地球表面磁场产生强烈扰动，即出现所谓"磁暴"现象。在磁暴期间，磁针无法正确指示方向。

　　无线电导航定位技术包括地面无线电导航、卫星导航和无线电测控技术。地面无线电导航系统如美国的罗兰 C、欧米加，俄罗斯的阿尔法和我国的长河二号等；卫星导航如美国的子午仪、GPS，俄罗斯的 GLONASS 及我国的北斗系统等；无线电测控技术如卫星测控技术、无人驾驶飞机的测控技术等。无线电导航原理都是通过计算发射点和接收点的传播相位延时来计算空间距离的，电离层扰动使相位变化、传播路径变化、折射率变化等，影响授时和时间同步系统进而致使测距不准。

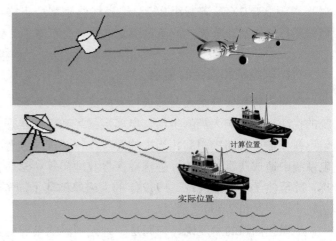

图 8 - 25　轮船导航系统失灵

对短波通信的影响

　　全球 3/4 的通信联系是通过卫星进行的，几乎所有波段通信都受到空间天气影响。当太阳活动强烈、高能的带电粒子流到达地球附近会与大气分子急剧碰撞，扰动距地 80 ～ 500 km 高空的电离层，使之失去反射无线电波的功能，影响到地球上的短波通信、卫星通信、短波广播，并且使电视台和广播电台的信号传播受到干扰甚至中断。

对天气和气候的影响

　　关于太阳活动与地球气候变化的关系，目前尚未形成统一认识。

　　主张太阳活动对天气和气候有影响的学者已经找到某些统计学证据，他们发现直接或间接描述太阳能输出的参量（如太阳黑子数、行星际磁场指向，地磁扰动指数等）与地球天气及气候的测量数据（如温度、气压降水、雷暴频率等）存在统计相关关系。

　　反对者则怀疑这些结果，认为这些数据是局部的，而不是全球性的；同时认为资料涉及的时间太短，没有经过必要的统计显著性检验。

　　但是种种迹象表明，太阳活动与地球上的天气和气候的变化具有一定的关联性。太阳活动急剧时紫外线变强，上层大气中化学反应更加活性化，进而使微粒子增多，而微粒子是成云致雨的凝结核。因此太阳活动对降水量有一定的影响，表现为太阳黑子数变化的周期与年降水量多少的变化周期基本相吻合，大约为 11 年。地球上洪水灾害发生率、平均气温变化等也有 11 年的类似太阳活动周期的变化。高纬地区的雷雨活动也和太阳磁扇形边界扫过地球有关。

另外，太阳活动造成太阳辐射量的变化。从 20 世纪 70 年代以来，发现太阳常数是波动变化的，变化的幅度为 0.2%～0.5%。从理论上分析，如果太阳常数增加 2%，地球表面气温平均会上升 3℃；若减小 2%，地表气温平均会下降 4.2℃。当太阳活动强时会出现低温、极地盛行气旋活动等天气，使整个北半球气温下降。

对国家经济和安全的影响

空间灾害性天气给人类造成巨大的经济损失。除了破坏空间飞行器外，更通过对地面系统的扰动直接影响人类的生活，电离层暴导致无线电通信中断；地磁活动可以在输油管、通信电缆和输电线路中引起相当大的感应电流，加速油管的腐蚀，干扰监测系统，并可能在输电系统中造成严重的事故。磁法勘探寻找地矿等科学研究活动也会受磁暴等天气灾害严重干扰，甚至使工作无法进行。1989 年的大磁暴破坏了加拿大和美国的电力系统，损失竟然分别达到 5 亿美元和 2 500 万美元。

从现代国防的角度说，空间是一种无国界的第四疆域，外层空间是维护国家安全的必争的新的制高点。航天武器、高精密打击武器、军事系统、天基系统等都处在平流层以上的空间，空间环境是空间对抗和信息对抗的主战场，空间环境信息的获取和应用能力直接影响未来战争的进程和结局。从科索沃战争和海湾战争中，我们得到的一个直接深刻的印象就是战争不再需要面对面，在空间技术支持下的高科技才是决定胜负的关键。因此，空间天气是有着重要军事应用前景的研究领域。1991 年以美国为首的多国部队开始向伊拉克发起代号为"沙漠风暴"的军事打击，其间 40% 的武器未击中目标，空间天气是重要原因。

对人心理和生理健康的影响

当太阳活动强烈爆发时，首当其冲的是在宇宙飞船舱外活动的宇航员，太阳的高能粒子和射线会危及他们的生命。当太阳风暴吹过地球期间，意外事故如火灾、交通事故、恶性犯罪事件等相应增多，心脏病、脑血管疾病的发病率会增加 15% 左右，科学家推测可能是由于地磁场变化使人脑的神经活动紊乱所致。

图 8 - 26 综合了空间天气对人类活动的影响，电离层高度（80～300 km）以上：卫星姿态、材料、太阳能电池、卫星轨道和宇航员安全受危害；电离层高度：无线电通信、卫星通信受影响；电离层高度以下：飞机乘客、GPS 信号、电网和海底通信以及输油管道等受影响。

重要的空间灾害事件

历史上，第一个有记载的空间天气损害技术系统的事件发生在 1847 年 3 月 19 日，当时在英格兰观察到电报的针自发地偏转，电报站间的通信完全中断。

第一次大规模跨国通信受影响，发生在 1872 年 2 月 4 日，当时出现了历史上所知的最大范围的极光。在此期间，德国所有的电报线受到影响，科隆与伦敦间的通信长时间不能

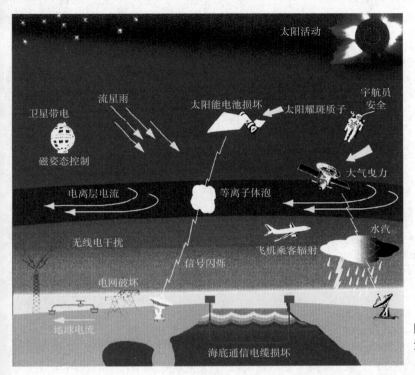

图 8 - 26　空间天气对人类活动的影响示意图

资料来源：范全林等，2003

进行；在英格兰、法国、澳大利亚、意大利等国也观测到地电流，用海底电缆进行通信也受到阻碍，特别是从里斯本到直布罗陀、苏伊士到亚丁、亚丁到孟买的线路。

　　第一次有记载的磁暴影响电力系统的事件发生在 1940 年 3 月 24 日，大磁暴造成美国明尼阿波利斯（Minneapolis）与外界 80% 的长途电话中断，新英格兰（New England）、纽约（New York）、宾夕法尼亚（Pennsylvania）、明尼苏达（Minnesota）、魁北克（Quebec）和奥兰多（Ontario）等地的供电服务受阻；1958 年 2 月 9 日至 10 日的大磁暴使连接加拿大纽芬兰（Newfoundland）与苏格兰（Scotland）的大西洋洋底电缆遭受破坏；造成加拿大多伦多（Toronto）成为有声通信盲区。

　　1972 年 8 月 4 日，美国连接普莱诺（Plano）、伊利诺伊州（Illinois）和艾奥瓦州（Iowa）的同轴电缆由于大磁暴的影响中断了 30 分钟。

　　1982 年 11 月 26 日，太阳耀斑产生的高能粒子使得美国的气象卫星 GOES - 4 停止工作 45 分钟。

　　1989 年 3 月 13 日至 14 日发生了近代科学史上罕有的空间灾害性天气事件：

- 造成世界范围内高频无线电通信无法使用——轮船、飞机的导航系统失灵。
- 日本同步气象卫星上双备份指令系统有一半失效或永久损坏。
- 由于大气阻力增加使 NASA 的一颗卫星从其轨道下降 5 km。
- 空间扰动期间，美国亚特兰蒂斯（Atlantis）号航天飞机的航天员眼睛的视网膜感觉到

供电系统损坏的原因分析

根据法拉第电磁感应定律：闭合电路中感应电动势 E 的大小，是由穿过这一电路的磁通量 $\Delta\Phi$ 的时间变化率所决定的，即

$$E = \frac{\Delta\Phi}{\Delta t}$$

磁通量是指穿过这一个闭合电路的磁感线的多少，它与闭合电路的面积成正比。供电系统包含了由发电厂、供电站和广大用户组成的覆盖面积巨大的闭合电路，而空间天气变化多发生在很短的时间之内，时间变化率很高。所以，当空间天气发生剧烈变化时，会造成闭合电路中产生巨大的感应电动势，从而破坏整个供电系统。

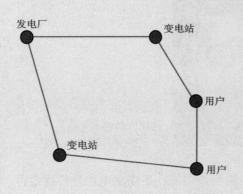

图 8 - 27　当空间天气发生剧烈变化时，闭合电路中会产生巨大的感应电动势从而破坏整个供电系统

高能粒子的轰击所引起的闪光。如果在舱外活动，约有 1/10 的航天员将吸收致命的剂量。太阳宇宙线事件甚至使高空飞行的旅客吸收到的剂量超过警戒线。

- 造成加拿大和美国部分地区电力网受损：地磁暴破坏坏了加拿大魁北克地区一个巨大电力系统，600 万居民停电达 9 小时，损失的功率近 $200 \times 10^8\,\mathrm{W}$，经济损失 5 亿美元！事件后魁北克电力公司耗资 13 亿加元改善系统性能。

- 地磁暴产生的地磁感应电流入侵新泽西州特拉华河（Delaware River in New Jersey）的核电站的大型变压器，造成其严重破坏，停产 6 周，直接经济损失达 2 500 万美元。

1994 年 1 月 20 ～ 21 日，两个加拿大通信卫星发生故障：地磁暴诱发卫星上 ESD（静电放电），造成加拿大的价值 3 亿美元的通信卫星（AnikE-1 和 AnikE-2）因动量轮控制系统发生了故障，AnikE-1 停止公众服务（例如电话、电视、无线电服务）几个小时，而 AnikE-2 经过数月才恢复了功能。其间，营救 AnikE-2 卫星费用加上损失税收和卫星工作寿命的降低，损失共达数千万美元。

1997 年 1 月 6 日至 11 日的日冕物质抛射使 AT&T 公司通信卫星报废。该通信卫星保险寿命为 12 年、价值 2 亿美元，只工作了 3 年便因恶劣的空间天气条件而失效。

1998 年 5 月 19 日，美国"银河四号"通信卫星因空间环境变化失效，使美国 80% 的

寻呼业务中断，同时德国一颗科学卫星报废。

2000 年 7 月 14 日，强度级别为 X5.7/3B 的太阳耀斑和日冕物质抛射，使得电离层发生强烈的突然扰动和电离层暴，短波通信中断，所有科学卫星受损减寿，导致：

- 美国的 GPS 导航故障频繁，成像卫星数天不能工作。
- 美欧合作耗资 20 亿美元的 SOHO 太阳科学卫星的探测器减寿 1 年。
- 美国东海岸电力网的一些变压器毁坏。
- 日本的一颗卫星 ASCA 轨道失控，欧美的 GOES，ACE，SOHO，WIND 等重要科学研究卫星受到严重损害，日本的 AKEBONO 卫星的计算机遭到破坏。

2003 年 10 月 28 日，欧美的 GOES，ACE，SOHO，WIND 等重要科学研究卫星受到不同程度的损害，日本"回声"卫星失控。

2005 年 1 月 18 日，一次较大的太阳磁暴袭击地球，美国观测太阳风的 ACE 卫星受到损坏，在北京时间 1 月 17 日晚 9 时 22 分，其观测仪器被损坏，发回的太阳风温度、速度、密度值均出现错误。

发生在中国的部分空间灾害事例

1990 年 11 月，我国"风云一号"气象卫星可能因高能带电粒子的轰击，卫星姿态无法控制而失败。

1995 年 8 月，我国"亚太二号"通信卫星因高空切变风而爆炸。

2000 年 6 月，太阳风暴造成我国部分地区短波通信中断达 17 小时。

2001 年 4 月 1 日，美军侦察机在海南上空撞毁我军战斗机并造成我军飞行员失踪。而 2001 年 4 月 3 日凌晨 5 时 51 分发生了 25 年来最大的太阳 X 射线爆发（表 8 - 3），短波通信因此中断 5 小时，影响了对飞行员的搜救工作。

2003 年 10 月 28 日，受太阳耀斑影响，地磁暴从 10 月 29 日 14 时持续到 11 月 1 日凌晨。

- 10 月 31 日，我国满洲里观测点短波信号中断近 6 小时，到下午 1 时多恢复正常。
- 11 月 3 日上午 9 时 30 分至 10 时 40 分，我国出现大范围无线电短波通信中断。"神舟五号"轨道舱轨道高度下降（国际上多颗卫星受到影响）。

■ 8.4　陨石撞击地球

在宇宙空间中，天体的相互碰撞是经常发生的。

月球表面遍布的坑洞，表明它曾遭受太空物体猛烈的撞击。月球上最大的撞击坑艾特肯盆地直径达 2 500 km。而地球的体积和重力都比月球大，因此它受到的冲撞会更强烈。

围绕太阳公转的除了八大行星外，还有一些固态小天体——小行星以及大量的太空碎块，其中有一些具有特殊轨道，会定期接近地球，在地球吸引力作用下有可能与地球发生碰撞。这些天外不速之客光顾地球虽然需要历经千百万年，而且之后经历了沧海桑田和环境变迁，但还是留下了它们当初碰撞的蛛丝马迹——陨石和陨石坑。陨石是较小的小行星碰撞碎块，多数陨石陨落到海洋和人迹罕至的地方，陨落到陆地而被发现的只有少数几次。

表 8 - 3　2001 年美军侦察机在海南上空撞毁我军战斗机后爆发的空间灾害事件

北京时间	太阳事件类型	级别	电离层骚扰类型	通信影响类型	持续时间
4月3日05:51	X射线耀斑爆发	X20	突然电离层骚扰	短波通信吸收加大。太阳东斜	5小时
4月3日11:57	X射线耀斑爆发	X1.2	突然电离层骚扰	短波通信中断非常严重，卫星信号干扰	2小时多

　　地球经常遭受太空碎块的撞击。据美国史密森尼博物馆的估计，在过去的 10 亿年间，撞击地球并造成直径超过 1 km 的陨石坑的陨石，就多达 13 万个。此类撞击点在月球表面清晰可见，但是由于地球表面的地质活动非常活跃，许多证据早已消失不见。到目前为止，全世界已辨识出 160 个陨石撞击点，而且每年仍不断有新的陨石坑被发现。

　　1992 年有三位美国天文学家发现了一颗彗星，命名为休梅克—列维 9 号（Shoemaker-Levy 9）。这颗彗星接近木星后，受到木星巨大的引力作用而崩解为 21 个碎块，形成延续 3×10^8 km 的一串"珠链"，两年后，于 1994 年 7 月 16 日至 22 日陆续撞上了木星。这 21 个彗星块依次撞击到木星上去，彼此的间隔约四五个小时。计算显示出这种由岩石和冰块组成的彗核撞击木星时的速度高达 21×10^4 km/h，比我们在高速公路上开快车的速度还要快两千多倍！因此其在木星大气上层造成强烈的冲击波，这接二连三的大撞击共达 21 次之多，真好比木星受到了 21 次巨型的连续大轰炸，撞击所释放出的能量远大于人类拥有的全部核子武器

图 8 - 28　1994 年 7 月，休梅克—列维 9 号彗星撞击木星的照片。这是人类第一次亲眼目睹的天体碰撞的全过程

　　资料来源：Dave Seal，Paul Chodas，JPL

图 8 - 29　澳大利亚的 Wolf Creek 陨石坑，位于北部沙漠中心，直径 875 m，形成于 30 万年以前，是一个比较年轻的陨石坑。坑边高度为 25 m，坑的中心深度为 50 m。陨石坑里至今还有铁陨石氧化后的残余物质以及高温下沙粒熔化形成的玻璃物

　　资料来源：(a) PASSC；(b) V. L. Sharpton, LPI

图 8 - 30　"阿波罗" 16 号拍摄的月球东部和背面的照片，上面布满了大大小小的环形山，多系太空物体撞击月球而形成的

　　资料来源：Apollo 11 Crew, NASA

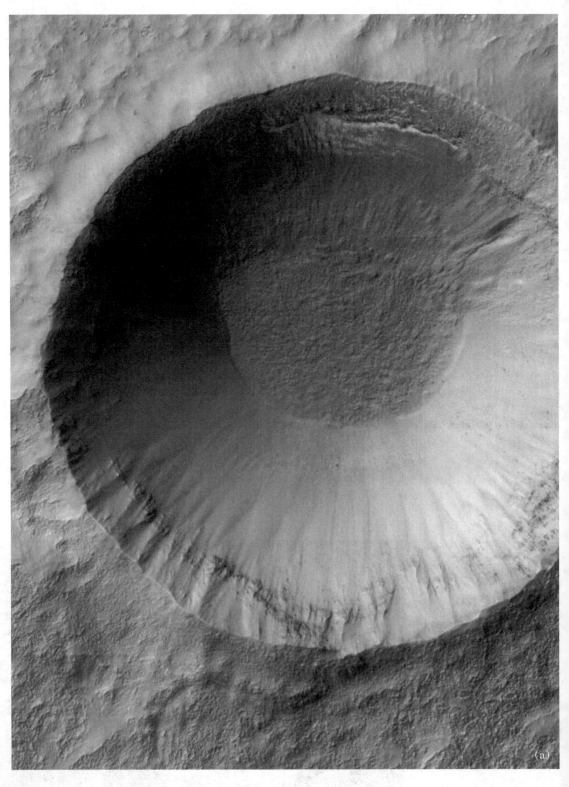

(a)

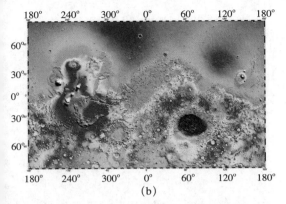

(b)

图 8 - 31　火星上太空物体撞击形成的坑洞和火星上的奇特地形

资料来源：（a）NASA/JPL/Malin Space Science Systems；（b）MOLA Science Team，MGS，NASA

图 8 - 32　休梅克（Eugene Merle Shoemaker，1928 — 1997），天文地质学家，因发现休梅克—列维彗星而出名。他长期研究亚利桑那大陨石坑和月球上的陨石坑，1998 年，美国航天局将他的骨灰放在飞船上带往月球，以实现这位科学家登月研究陨石坑的遗愿

的威力，而在木星上留下数十个撞痕，有的相当于地球的数倍大小。在漫长的岁月中，天体之间的撞击不知发生过多少次，类似的事件在太阳系的历史中也曾发生过，甚至地球上生命的起源及演化都可能和彗星的撞击有密切的关系。这是人类历史上第一次早期预测到天体的撞击，并且安排了有组织的观测计划。

墨西哥湾附近的陨石坑

约 6 500 万年前的白垩纪末期（KT 界线），一颗直径为 10 km 的小行星以 20 km/s 的速度一头扎进了地球大气层，在一番剧烈燃烧后，它的残躯仍然深深地扎进了墨西哥尤卡坦半岛。它的撞击为地球带来了巨大的灾难，陆地上大火燎原，海洋涌起大海啸，整个地球发生了强烈地震。这是迄今为止知道的在地球上发生的最大的能量事件，它的能量是唐山地震释放的能量的 1 000 万倍以上。一个地震可以毁灭一个城市，一个行星足以终结整个地质年代。它掀起的尘云笼罩在空中经久不散，许多科学家相信，恐龙等大型爬行动物主宰的白垩纪是因此而被终止的，它的撞击导致恐龙和地球上约 2/3 的动物灭绝。

20 世纪 80 年代，石油公司在墨西哥探测时，意外地发现了这个直径达 198 km 的陨石坑（图 8 - 33）。

美国科学家阿佛雷兹父子（图 8 - 34）发现在海洋黏土中存在高浓度的稀有元素铱，而地球上的铱元素非常稀少但却常见于陨石中（含有铱的黏土层的生成年代介于白垩纪（K）与第三纪（T）之间，这个时间在地质学上被称为 KT 界线）。于是他们提出假说，认为铱浓度高的最佳解释是曾有地球以外的物体，例如一颗极大的外层空间陨石，在 KT 界线时撞击地球。接着他们进一步推测，陨石的撞击造成了全球性的大灾难，导致恐龙灭绝。

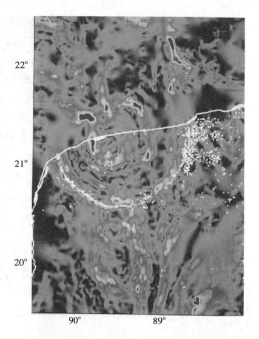

图 8 – 33 墨西哥湾附近的陨石坑位置是石油公司在墨西哥湾勘探石油时意外地发现的。墨西哥湾的水平重力梯度图显示了陨石坑附近存在明显的重力异常，这个陨石坑的位置大约在北纬 21°，西经 90° 附近（注意：从图中北纬 20° 和 21° 的标度，可以估计出陨石坑的大小）

资料来源：Geological Survey of Canada

图 8 – 34 发现太空物体撞击地球巨大事件的阿佛雷兹父子：（a）美国核物理学家阿佛雷兹（Luis Alvarez），他是 1968 年诺贝尔物理学奖得主；（b）阿佛雷兹的儿子地质学家小阿佛雷兹（Walter Alvarez）

亚利桑那的巨大陨石坑

位于美国亚利桑那州沙漠的大陨石坑是一个醒目的杯状大碗，它是地球上第一个被辨识出的陨石撞击点。科学家估计，约 5 万年前，坠落于此处的陨石直径约 50 m，重 30×10^4 t，以 6.5×10^4 km/h 的高速冲向地面，撞击力相当于约 $2\,000 \times 10^4$ t 标准炸药的威力，形成的陨石坑直径为 1.2 km。

休梅克通过对美国亚利桑那大陨石坑的研究，首次证实了地球上有陨石坑存在。因为他在陨石坑中发现了柯石英，柯石英在极高压和极高温的环境下才能生成，它从此成为了辨认陨石撞击地球的关键性的判断指标。

陨石是来自地球以外的太阳系的其他天体的碎块，绝大多数来自位于火星和木星之间的小行星，少数来自月球和火星。全世界已收集到 3 万多块陨石样品，它们大致可分为三大类：石陨石（主要成分是硅酸盐）、铁陨石（铁镍合金）和石铁陨石（铁和硅酸盐混合物）。地球上已被发现的最大的铁陨石重 60 t，被发现于非洲的纳米比亚。中国新疆发现的铁陨石重 30 t，质量是纳米比亚陨石的一半。

(a)

图 8 - 35　亚利桑那的巨大陨石坑。这个陨石坑被发现于 1891 年，估计撞击发生在 5 000 年至 5 万年前，直径 1 200 m，深约 180 m，沿高 60 m。经钻探发现，陨石位于坑下 210 m 至 240 m 处

资料来源：（a）Jet Propulsion Laboratory，Planetary Photo Journal/NASA；（b）D.Roddy，USGS，Lunar and Planetary Institute

(b)

图 8 - 36　纳米比亚的 Hoba 铁陨石，重 60 t，也
是世界上最大的陨石
　　资料来源：National Post of Namibia

图 8 - 37　1908 年 6 月 30 日，发生在西伯利亚
地区的通古斯大爆炸夷平了大面积的森林
　　资料来源：Smithsonian Institution

通古斯大爆炸

　　1908 年 6 月 30 日清晨，一颗陨石化成一个巨大的火球进入地球大气层，在大气层快速减缓时的应力和热作用下，在西伯利亚一个偏僻的地区发生爆炸。这一大爆炸，扫平了大约 2 000 km² 的森林，烧毁了大量树木，引起的大气冲击波绕地球好几圈。这一事件被称为通古斯爆炸。当时俄国和欧洲的许多地震台，有的远在 5 000 km 之外，都记录到了这次大爆炸产生的地震波。开始人们还以为这是一次大的构造地震；后来又有人提出了"彗星说""反物质说""黑洞说"和"外星飞船坠毁说"等，众说纷纭；但最令人信服的解释是：一块彗星碎块撞击了地球。这个由冰和尘埃构成的"脏雪球"长约 100 m，重 100×10^4 t，飞行速度 30 km/s，撞击产生的能量是广岛原子弹的 1 000 倍。幸而它落在荒无人烟处，没造成什么人员伤亡。如果晚到 8 小时，它就可能把伦敦城变成一片瓦砾场。

吉林陨石雨

　　陨石陨落作为天体运动的一种客观现象，对人类来说并不陌生。但大多数陨石陨落到沙漠、海洋和崇山峻岭之中，能够被人们发现是极为不易的，尤其陨落到人口稠密的地区并且有详细记载的更是极为罕见。吉林陨石雨就是在人口稠密的地区观测到的陨石撞击地球的事件。

　　1976 年 3 月 8 日 15 时 1 分 50 秒左右，一颗重约 4 t 的陨石以 15 ～ 18 km/s 的相对速度追上地球，似不速之客从天而降，霎时间火光熠熠，响声隆隆。当它飞临吉林省吉林市北

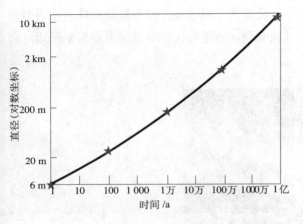

图 8 – 38　科学家们推算：不同大小陨石撞击地球的机会是不同的。例如，一块直径二十几米的陨石在 100 年内撞击地球的机会为 1%；而直径 200 m 的陨石在 1 万年撞击地球的机会也是 1%；一块直径近 2 km 的陨石要以 1% 的机会撞击地球，则需 100 万年以上的时间

图 8 – 39　1976 年 3 月 8 日呈雨状陨落在吉林市郊的陨石总质量达 2 700 kg，其中最大的 1 号陨石重 1 770 kg，体积为 117 cm×93 cm×84 cm，是迄今世界上收集到的最重的石陨石。图中的标尺为 30 cm

资料来源：姜兴国摄

郊距地 19 km 高空时发生了一场蔚为大观的陨石雨，这就是闻名中外的吉林陨石雨。这场陨石雨数量之多（共收集到 138 块标本）、重量之大（总重量超过 2 700 kg）、分布之广（东西长 72 km，南北宽 8 km，近 500 km²），世界罕见。其中，最大的"吉林一号"陨石重达 1 770 kg，是目前世界上已知的最大的单块石陨石（美国在 1948 年 2 月 28 日发现一颗名为"诺顿"的陨石，重 1 079 kg，当时为世界最大的陨石）。

　　吉林陨石是一颗有近 47 亿年年龄、直径约 440 km 的小行星的一部分。大约 800 万年前，在一次剧烈的天体撞击事件中，吉林陨石从距母体表面约 20 km 深处被撞击出来，改变了其原来的运行轨道，形成了一个新的椭圆形轨道，近日点 1.4×10^8 km，远日点 4.1×10^8 km，它的轨道同地球轨道有了交叉，这使其同地球相撞成为必然。1976 年 3 月 8 日，吉林陨石追上地球，在高速穿过大气层时与空气摩擦燃烧，形成了一个耀眼的火球，强烈的冲击波传到地面，产生了巨大的轰鸣声。受到高温高压气流的冲击，吉林陨石不断发生破裂，在距地 19 km 的高空发生了一次主爆裂，大大小小的陨石碎块散落下来，形成了吉林陨石雨。

　　2013 年 2 月 15 日早晨，一颗陨石以超音速进入大气层，在俄罗斯乌拉尔山脉地区上空距地面 30 ～ 50 km 时化为碎片。陨石在车里雅宾斯克上空爆炸后，目击者听到巨大的爆炸声，导致该地区 3 724 栋房屋受损。陨石坠落后形成的冲击波共致 20×10^4 m² 玻璃受损，人员受伤超过 1 000 人。美国宇航局评估，陨石直径为 15 ～ 17 m，重 7 000 ～ 10 000 t，至少以 5.4×10^4 km/h 的超音速进入大气层，在距地面 30 ～ 50 km 时化为碎片，释放的能量约为 50×10^4 t TNT，即 30 颗广岛原子弹的威力。

　　这颗陨石的体积大约为一辆公共汽车大小，目前天文望远镜并没有覆盖全球。在当前天文望远镜覆盖的地区中，类似这样的天体很难观测到，当前的天文望远镜主要用来观测更大的天体。

图8－40　2013年2月15日，一颗公共汽车大小的陨石以超音速进入大气层，在俄罗斯乌拉尔山脉地区上空距地面30～50 km时化为碎片，并发出巨大的爆炸声，该地区建筑物的玻璃几乎全部崩裂飞出，伤者超过千人。这次目前还无法预测的陨石袭击地球事件震惊了全世界

　　随着"吉林一号"陨石落地，落点附近翻滚着升起一股黄色的蘑菇状烟云，其高约50 m。浓烟散尽，地面出现一个直径2 m，深6.5 m的陨石坑。陨石撞击地面，溅起的碎土块最远达150 m，造成的震动相当于1.7级地震，这个震波被吉林和丰满地震台记录下来，使吉林陨石雨的陨落有了准确的时间记录：1976年3月8日15时2分36秒。

　　作为空间自然灾害之一的行星碰撞足以毁灭地球，如果有一天，我们发现天体的光临，人类是否能够出色地导演一场"人定胜天"的大片？科学家为我们提供了以下几种拦截方案。

　　（1）用核弹炸毁小行星。像好莱坞电影讲述的那样，发扬英雄主义，发射核弹把小行星炸掉。这听起来似乎很振奋人心，但是爆炸后的残片会不会给地球造成更大的灾难，谁都无法预料。

　　（2）用机械力改变天体轨道。发射人造天体，跟随靠近小行星，并在适当的时候推小行星一下，使它改变轨道远离地球。这是目前认为比较稳妥的办法。

　　（3）给小行星安装一个发动机或"太阳帆"。将发动机固定在小行星上，开动发动机使小行星离开原先的轨道；或利用附着在小行星上的"太阳帆"，使它吸收太阳光子而推离原先的轨道。

　　此外，人们还想出了各种各样其他的方法，但这一切方案都只是设想，以人类现有的技术和手段，阻止小行星撞击地球的预警期需要几十年，而人类当前能做的就是及时发现威胁地球安全的小行星并且计算出它们的运动轨迹。

图 8 - 41 关于太阳的众多科学问题仍待解决

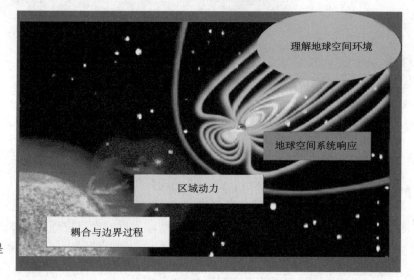

图 8 - 42 科学认识是减轻灾害的基础

太空垃圾

太空垃圾 (space debris) 是指在绕地球轨道上运行，但不具备任何用途的各种人造物体。它们与天然岩石、矿物质和金属等构成的宇宙尘埃、流星体等是不同的概念。这些人造物体包括小到固态火箭的燃烧残渣，大到在发射后被遗弃的多级火箭。它们有撞击其他航天器的风险，有些太空垃圾在返回大气层时还会对地面安全造成威胁。由于太空垃圾以轨道速度快速运行，正在运行的航天器若与它们相撞可能会严重损坏，甚至威胁宇航员在舱外活动时的生命安全。随着空间探索的推进，太空垃圾的数量逐年递增，太空垃圾问题日益

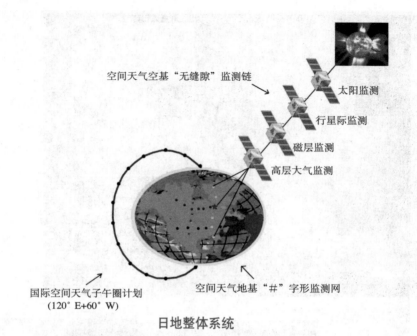

空间天气空基"无缝隙"监测链

太阳监测

行星际监测

磁层监测

高层大气监测

国际空间天气子午圈计划
(120° E+60° W)

空间天气地基"#"字形监测网

日地整体系统

图 8－43 空间天气保障体系概念图

受到关注。

自 1957 年苏联发射人类第一颗人造卫星以来，全世界各国一共执行了超过 4 000 次的发射任务，产生了大量的太空垃圾。虽然其中的大部分都通过落入大气层燃烧殆尽，但是现在还有超过 4 500 t 的太空垃圾残留在轨道上。美国于 1958 年发射的"尖兵一号"人造卫星报废后至今仍在其轨道上运行，是轨道上现存历史最长的太空垃圾。

尽管太空垃圾的数目与日俱增，由于它们都在各自不同的轨道上运转，想对它们进行回收或控制非常困难。为了防止碰撞而对地球附近的太空垃圾等物体进行观测被称为空间警戒。许多国家建立相关的监测网络，如美国的空间监视网络（Space Surveillance Network, SSN）、俄罗斯的空间监视系统（Space Surveillance System, SSS）对 10 cm 以上的较大太空垃圾进行编录并实时监视，已被编录的大于 10 cm 的太空垃圾已超过 9 000 个，而 1 mm 以下的微小太空垃圾可能有几百万甚至几千万个。

美国"高层大气研究卫星"重 6 t，1991 年由航天飞机送入环地轨道。在卫星燃料耗尽后，美国航天局失去了对它的有效控制，只能任其自行回落地球。美国航天局此前估计，卫星进入大气层后大部分将燃烧殆尽，但仍将有总质量为 500 kg 的 26 个碎片残留并最终落在地球表面上，其中，最大碎片质量可达 150 kg。卫星坠地的消息一度引发了人们对人身、财产安全的担忧。2011 年 9 月 27 日，美国航天局称，已报废的"高层大气研究卫星"已坠入南太平洋远离大陆的地区，并未造成人员和财产损失。

图 8 - 44　好莱坞 1998 年曾推出过一部电影——《天地大冲撞》,影片由史蒂芬·斯皮尔伯格(Steven Spidlberg)任制片主任，它讲述了在一年之内将有一颗彗星要撞击地球，为了让人类避免遭受与恐龙同样的灭绝命运，世界各国的领袖们必须制定出一个使彗星偏转的方案，并且一旦这一方案失败时有一个至少能挽救部分人的生命的办法。类似的灾难片已经上映过，但《天地大冲撞》这部上亿美元成本的影片与其他类似影片显然不同的是，它有几位专家做科学顾问，其中包括与他人共同发现休梅克—列维 9 号彗星的休梅克，而休梅克就是预报休梅克—列维彗星将要撞击木星的科学家，在他作出预报两年后的 1994 年，休梅克—列维彗星准确而又十分壮观地撞上了木星

8.5 空间灾害的减轻

科学认识是减轻灾害的基础，空间灾害的主要科学问题，概括起来包括：

- 太阳为什么变化和如何变化？
- 地球如何响应？
- 对人类的影响是什么？

发展空间探测

空间灾害是一种新的自然灾害，随着科技的进步和社会的发展，空间灾害对人类活动的影响也越来越大。目前，空间探测风起云涌，已经不限于少数国家。在中国，2001 年，以探测地球空间暴（包括磁层亚暴、磁暴、磁层粒子暴、电离层暴和热层暴等）为目标的"双星计划"正式启动；2003 年 12 月 30 日，近地赤道卫星"探测一号"成功升入太空；2004 年 7 月 25 日，近地极轨卫星"探测二号"发射。中国"双星计划"与欧空局的 CLUSTER 计划密切配合，实现了人类历史上第一次对地球空间的六点立体观测。

2003 年 6 月，中国国家空间天气监测预警中心完成了空间天气监测预警业务系统的初期建设工作，并开始试运行。试运行期间，利用"风云二号"地球同步卫星实时监测到了 2003 年 10 月 28 日至 11 月 4 日期间的太阳爆发及其对电离层影响的现象。

2004 年 7 月 1 日，中国气象局国家空间天气监测预警中心正式启动业务运行。这标志着我国空间天气业务从当天开始从科学研究前沿走向日常社会公益服务的前台。

启动合作计划

1995 年，美国第一个公布了自己的国家空间天气计划。之后很多国家（美国、日本、俄罗斯、加拿大、德国、法国、捷克、丹麦、芬兰、意大利、挪威、西班牙、瑞典、土耳其、英国、澳大利亚等）相继开始制订空间天气计划。美国和大多数发达国家设定在 2006 年全面实现实时空间天气预报。

中国的"东半球空间环境地面综合监测子午链"即"子午工程"正在实施。这个工程的目标是建立和完善我国 120° E 子午线上从漠河经北京、武汉、海南到南极中山站这条空间环境综合监测站链。在这条子午链上的主要观测手段包括：激光雷达、FP 光学干涉仪、MST 雷达、地磁仪、脉动仪、宇宙线中子堆、电离层数字探测仪、行星际闪烁观测以及科学气球探测等。这个工程将与国际社会共建东半球 120° E 和西半球 60° W 构成绕地球一周的空间环境子午圈监测链，制订共同的空间天气监测、研究与工作计划。

地球是地球人的地球，我们应该通过国际合作，减轻或防止空间灾害，为人类谋求和平与进步。

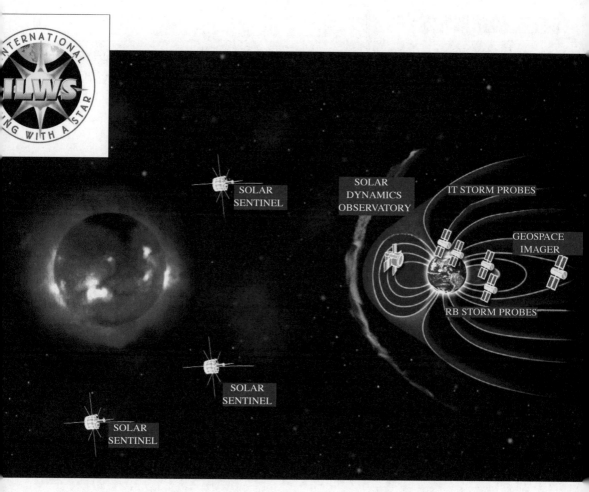

图 8 - 45　国际与星同在（International Living With A Star，ILWS）计划部分基于美国的与星同在计划（Living With A Star，LWS），但其科学目标更广，旨在研究太阳和日地空间系统。它是目前最大规模的国际合作日地空间探测计划，包括中国在内，已有美、俄、日以及欧盟等 20 多个国家参加
　　资料来源：NASA/ESA/ILWS

　　美国宇航局（NASA）制订了一个叫"与星同在（Living With A Star，LWS）"的计划，LWS 是一个聚焦于空间天气、由应用驱动的研究计划，其目的是发展科学，把日地联结为一个系统，阐明对人类生存与发展有直接影响的问题，并且把由 LWS 研究获得的知识应用到将来地基、空基技术系统的设计和防护中。LWS 原计划将十余颗飞船配置于太阳周围和日地系统中，现在通过国际合作，该计划发展成为"国际与星同在（International Living With A Star，ILWS）"计划，参与卫星数量也扩大到数十颗。

思考题

1. 一个直径为 10 km 的天体，以 20 km/s 的速度撞击到地球上，撞击能量如何？假定三峡工程平均每年发电能力为 $840 \times 10^8 \, \text{kW} \cdot \text{h}$，请将其撞击能量和三峡工程每年的平均发电能力作一比较。

2. 什么是空间天气学？

3. 空间灾害性天气对人类航天、通信、导航活动等技术有什么影响？

4. 空间灾害性天气是如何发生的？

5. 太阳是如何影响地球的空间系统的？主要影响方式有哪些？

6. 什么是太阳风？

7. 简述我国的双星计划的主要目标。

8. 简述空间垃圾的危害性。

参考资料

范全林，冯学尚. 2003. 空间天气对人类技术的影响 [J]. 军事气象，2：38 — 41

焦维新. 2003. 空间天气学 [M]. 北京：气象出版社

空间天气学国家重点实验室. 2006. 空间天气学十问答 [EB/OL]，http://www.spaceweather.org.cn/outreach.files/ten.pdf

史密森博物馆. 2005. 地球大百科 [中译本] [M]. 太原：希望出版社

魏奉思，朱志文. 1995. 空间天气 [J]. 科学，51（1）：30 — 33

相关网站

http://www.nasa.gov

http://www.cssar.ac.cn

http://sess.pku.edu.cn

http://www.cma.gov.cn/tqyb/space.html

http://sohowww.nascom.nasa.gov

我们目前还无法阻止自然灾害的发生，但有能力把自然灾害的危害程度减到最小。"预防为主"是减轻自然灾害最重要的原则。中国唐代医学家孙思邈说过：大医医未病之人，中医医欲病之人，下医医已病之人。这精辟地说明了预防的重要性。

9 减轻自然灾害

① 21 世纪自然灾害的特点

② 自然灾害的预测预警

③ 自然灾害预防

④ 应急响应和灾害救援

9 减轻自然灾害

灾害的定量统计与对比是十分困难的问题，由于灾害性质（天灾、人祸）和统计指标体系的不同，无论是在中国，还是在世界其他国家和地区，灾害定量化始终是一个问题。慕尼黑再保险公司给出了 1980 ～ 2011 年间全球自然灾害发生的次数和趋势统计（图 9 – 1）。

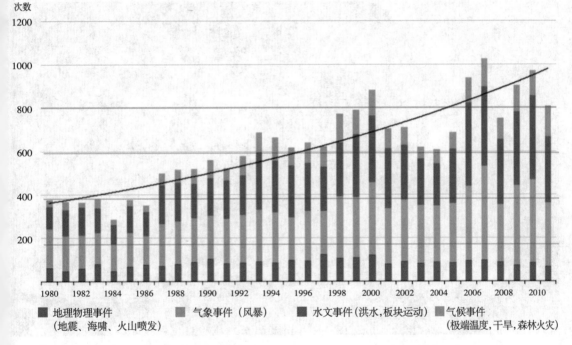

图 9 – 1 1980 ～ 2011 年全球自然灾害发生的次数和趋势统计（Munich Re Group，2012）

从图 9 – 1 可以看出，在过去的 30 多年间，随着人口的城市化和社会财富的增加，自然灾害越来越频繁，呈现明显增加的趋势。图 9 – 2 引自慕尼黑再保险公司，是 2004 年有代表性的灾害照片。

图 9－2　2004 年对于全球保险业来说，是不景气的一年。关于各种自然灾害，保险业一共赔偿了 440 亿美元，其中大部分是赔偿飓风的灾害损失。(a) 美国佛罗里达的金属飞机库被 2004 年的"查利" 飓风摧毁。(b) 2004 年夏天的"伊万" 飓风袭击古巴的西海岸的情形，当时风速高达 250 km/h。(c) 2004 年 6 月至 8 月，东亚季风带来的强烈降雨造成孟加拉国、印度和尼泊尔等地洪水泛滥，2 200 人丧生，经济损失估计达 50 亿美元

　　资料来源：Munich Re Group，2005

9.1　21世纪自然灾害的特点

人类社会是自然灾害的承灾体，是自然灾害的袭击对象。自然的地球和人文的地球相互交叉，使自然灾害的发生成为了可能。因此，了解人类社会系统的运转和活动状况，对了解灾害、认识人类社会系统与地球系统之间的关系有着重要的意义。我们首先从人类社会发展的角度来分析21世纪自然灾害的特点。

城市灾害越来越重要

21世纪，人类活动的规模和深度，将要超过过去的任何时期。据世界范围内不完全统计，人类每年约消耗 500×10^8 t 矿产资源，已超过大洋中脊每年新生成的岩石圈物质（约 300×10^8 t）的数量，更大大高于河流每年搬运物质（约 165×10^8 t）的数量；人类建筑工程面积已覆盖地球陆地面积的 10%～15%。反映人类活动的规模和深度的最重要现象，就是世界人口的城市化。

联合国的统计资料表明，人口城市化的趋势在不断地加速发展。1950年仅有不到30%的世界人口生活在城市；而现在，超过50%的世界人口（33亿）生活在地球表面约1%的面积上，这就是人口的城市化。

从1950年到1995年，全世界百万人口以上的城市数目由83个增加到325个，差不多增加了3倍，这种趋势在发展中国家尤为明显，同一时期城市的数目增加了6.3倍（表9－1）。1995年，全世界人口超过100万的大城市已有325个，超过1 000万人口的超

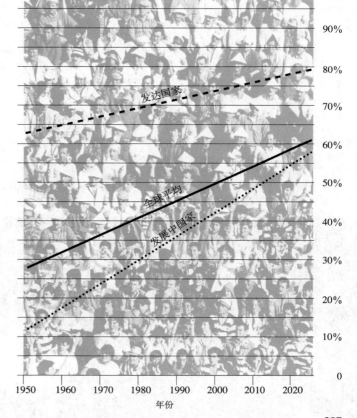

图9－3　1990年联合国对全球人口城市化的统计：图中虚线为发达国家的结果，实线为全球平均结果，点线为发展中国家的平均结果

资料来源：United Nations，1990

大型城市有 20 个。预计到 2015 年，全世界将有 358 个超百万人口和 27 个超千万人口的特大城市。

根据世界人口城市化的趋势，1993 年，联合国东京会议称 21 世纪是一个新的城市世纪。

2001 年，联合国在纽约召开"Insanbul + 5"特别联大，当时的联合国秘书长安南（Kofia Annan）在"全球化世界中的城市"报告中指出，"世界已进入城市千年，现在人类几乎近一半的人口居住在城市中，预计城市人口的数量继续保持上升的趋势，特别是在发展中国家"。

表 9 - 1 世界百万以上人口城市的数目

	1950 年 / 座	1995 年 / 座	1995 年与 1950 年的比值	2015 年（预计）/ 座
发展中国家	34	213	6.3	235
发达国家	49	112	2.3	123
总　　计	83	325	3.9	358

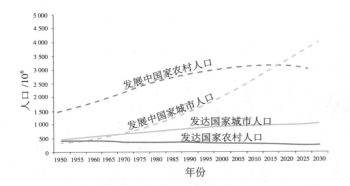

图 9 - 4 2004 年联合国对全球人口的统计。预计到 2030 年，发达国家 82% 的人口居住在城市中，发展中国家 57% 的人口居住在城市中，全球平均 60% 的人口生活在城市中

资料来源：United Nations，2004

图 9 - 5 2003 年非辐射定标平均灯光强度图像。本图根据美国军事气象卫星（Defense Meteorological Satellite Program）OLS（Operational Linescan System）传感器的 2003 年非辐射定标平均灯光强度遥感数据制作，图中越亮的地方表明其夜间平均灯光强度越强。一个地区夜间的平均灯光的强弱能够直观地反映该地区的城市化程度，进而反映人类活动的强度。区域城市化程度越高，其夜间灯光的强度也会越大

资料来源：方伟华、徐宏制作

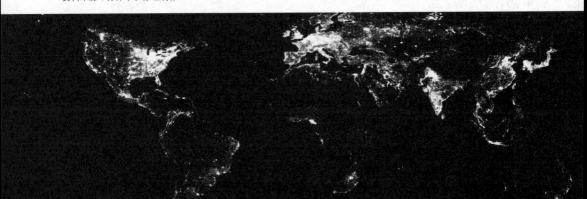

图 9 - 6　中国的城市化进程已进入了"加速阶段"，城市人口将从 2000 年的 4.56 亿增加到 2025 年的 8.3 亿～ 8.7 亿，几乎要翻一番。诺贝尔经济学奖获得者斯蒂格利茨（Stiglize）2000 年 7 月在世界银行中国代表处的报告指出："中国的城市化和美国的高科技发展将是深刻影响 21 世纪人类发展的两大课题"
资料来源：Munich Re Group, 1999

最近的资料表明，关于城市化的趋势，中国和全世界是一致的。2010 年第六次全国人口普查结果显示，截至 2010 年，中国大陆地区城市数目已达 657 个，我国大陆地区居住在城镇的人口为 6.66 亿，占全国总人口的 49.68%（中国人口统计年鉴，2011）。

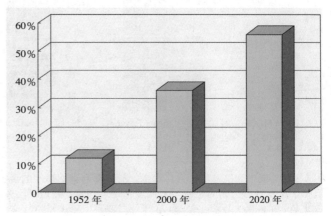

图 9 - 7　中国大陆地区城镇人口比例变化图
资料来源：国家统计局人口和社会科技统计司，2001

　　从整体上看，中国城市化水平低于世界平均水平。1990 年，中国城市化水平仅为 26%，而世界 1990 年平均水平为 30%。但是，中国的城市化进程这些年已进入了"加速阶段"：2000 年城市化迅速升为 36.1%，2006 年达 43.9%（中华人民共的国国家统计局 2007 年 9 月 26 日发布）。和发展中国家城市化发展势头迅速而猛烈一样，中国城市化率到 2025 年预计在 55%～60%，城市人口将从 2000 年的 4.56 亿增加到 2025 年的 8.3 亿～8.7 亿，几乎要翻一番。中国将成为世界城市化的重要推进器。诺贝尔经济学奖获得者斯蒂格利茨（Stiglize）2000 年 7 月在世界银行中国代表处的报告中指出："中国的城市化和美国的高科技发展将是深刻影响 21 世纪人类发展的两大课题。"

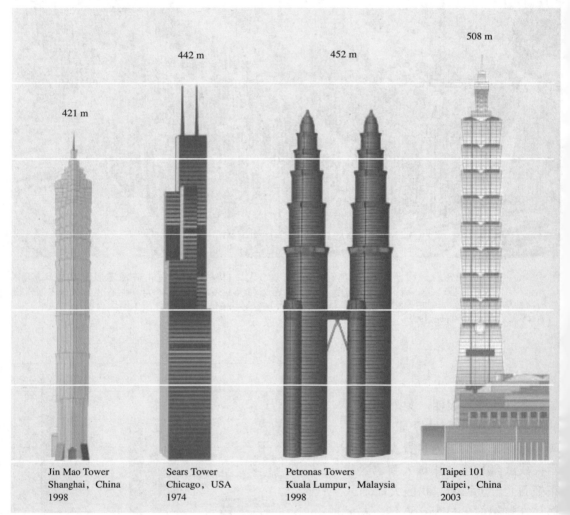

508 m

442 m

452 m

421 m

Jin Mao Tower
Shanghai, China
1998

Sears Tower
Chicago, USA
1974

Petronas Towers
Kuala Lumpur, Malaysia
1998

Taipei 101
Taipei, China
2003

图 9－8　城市建筑密集，人口集中，一旦受到自然事件的袭击，灾害特别严重。图为几个世界高层建筑物，从左到右分别为：中国上海金贸塔（1998，421 m），美国芝加哥 Sears 塔（1974，442 m），马来西亚 Petronas 塔（1998，452 m），中国台北 101 塔（508 m，2003）
　　资料来源：Munich Re Group，2004

灾害损失比 GDP 增长得更快

随着城市化发展速度逐渐加快，社会财产价值不断增长，包括地震在内的各种自然灾害造成的损失也越来越严重。我们对 20 世纪后半叶的自然灾害损失进行了统计，结果如表 9 - 2 至表 9 - 4 所示。

表 9 - 2　20 世纪后 50 年，每十年重大自然灾害的统计

时段	1950～1959	1960～1969	1970～1979	1980～1989	1990～1999
灾害数目	20	27	47	63	82
经济损失/亿美元	385	690	1 242	1 929	5 358

资料来源：Munich Re Group，1999

表 9 - 3　20 世纪 90 年代与 20 世纪后 50 年其他年代自然灾害发生数量及造成损失的相对比较

	90 年代 :80 年代	90 年代 :70 年代	90 年代 :60 年代	90 年代 :50 年代
事件数目比	1.3	1.7	3.0	4.1
经济损失比	2.8	4.3	7.8	13.9

资料来源：Munich Re Group，1999

表 9 - 4　1980～2001 年全球自然灾害损失与 GDP 数据表（陈颙等，2004）

年份	1980	1981	1982	1983	1984	1985	1986	1987	1988	1989	1990
GDP/10^{12}元	10	11	11	11	12	12	14	16	18	19	21
损 失/10^9元	36	30	20	11	30	13	15	20	52	30	38
年份	1991	1992	1993	1994	1995	1996	1997	1998	1999	2000	2001
GDP/10^{12}元	22	23	24	26	27	28	30	33	35	38	41
损 失/10^9元	45	52	59	77	152	43	17	64	26	10	16

值得注意的是，过去半个多世纪也是全球经济迅速发展的时期，那么是否灾害损失和经济发展保持同步的增长？

为了比较经济发展和自然灾害的增长速度，我们采用国内生产总值（gross domestic product，GDP）作为对比指标，GDP 可以作为社会财富的一种度量，经济越发达，GDP 就越高。世界银行的年度统计报告中提供了全世界以及各个国家的社会财富多少（World Bank，2002），而从全球再保险公司可以获得每年自然灾害造成的经济损失。灾害的定量统计与对比是个十分困难的问题，由于灾害性质（天灾、人祸）和统计指标体系的不同，无论是在中国，还是在世界其他国家，灾害定量化都是一个比较困难的问题。世界上大的跨国再保险公司对于全球的自然灾害统计，有比较统一的指标体系，而灾害的理赔要求必须有定量化的基础，所以，再保险公司的数据相对客观和可信。

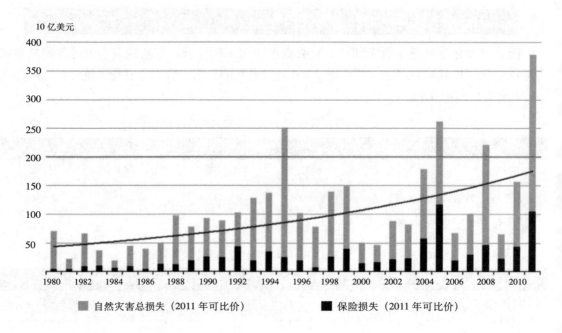

图 9 – 9　全球自然灾害损失随时间有增加的趋势。图中绿色表示每年的灾害损失（单位：10 亿美元，下同）；深蓝色表示每年的保险损失；曲线表示自然灾害损失的趋势
　　资料来源：Munich Re Group，2012

根据 1980 ～ 2001 年间的统计结果，得到自然灾害造成的损失与 GDP 之间的关系为：

$$灾害损失 = a + b \times GDP + c \times (GDP)^2$$

式中：a，b 和 c 均为常数，分别是

$$a = 4 \times 10^{13}（美元）$$
$$b = -5 \times 10^3$$
$$c = 2.5 \times 10^{-7}（美元^{-1}）$$

从上式可以看出随着社会财富 GDP 的增长，自然灾害损失也不断增长。由于公式中存在 $(GDP)^2$ 一项，损失的增长比线性增长要快得多。人们的最初感觉是，灾害损失可能与经济发展同步增加，但上述分析表明：灾害损失比 GDP 增长得更快，减轻自然灾害的问题越来越成为社会关注的主要话题。

城市抗灾能力越来越脆弱

全球经济的发展，创造了大量的社会财富，人口的城市化使得越来越多的社会财富集中在城市。城市化过程聚集财富也积累风险：它使得灾害袭击的对象发生了巨大的变化，增加了社会的脆弱性。城市在遭受灾害袭击方面的潜在风险变得越来越大。

　　城市抗御灾害能力变得越来越脆弱的一个证据是：近年来在许多国家，地震灾害造成的损失的历史纪录不断被刷新。例如，1994 年美国北岭地震使美国历史自然灾害损失纪录得到突破；1999 年中国台湾的集集地震造成的损失也创下了台湾地区地震损失的新纪录；2001 年印度古吉拉特邦 7.7 级地震是印度历史上伤亡最惨重的地震之一，造成的经济损失使印度经济受到了沉重的打击。2008 年中国汶川地震是迄今为止记录到的最大的板内地震之一，它也创下了中国地震损失的最高纪录。

　　城市抗灾能力越来越脆弱，其主要原因是：随着高新技术的广泛应用，特别是随着信息时代的到来，城市变成了一个相互联系的高科技的复杂系统，城市的正常生产和生活对通信网络、金融网络、生命线网络（水、电、煤气、道路等）依赖程度日益增强。而这些网络的维护和修理，技术性和专业性极强。

　　城市的财富大致可以分成硬财富和软财富两大类。硬财富是指社会的基础设施和建筑物（包括其中的财产），灾害对硬财富造成的损失是一直被重视的。但是长期以来，对于软财富则重视不够，软财富主要包括社会功能、社会生产能力在内的财富，如金融中心、信息中心、物流中心、高科技制造业中心等。随着城市的大型化和现代化，软财富往往大于硬财富。灾害对软财富造成的损失要比硬财富更大。1995 年日本阪神地震使得大阪和神户的金融、信息和物流中心的功能受到严重影响，这方面的经济损失高达 500 亿美元。1999 年中国台湾集集地震，新竹科技工业园生产半导体芯片的能力受到破坏，影响到全世界笔记本电脑生产量下降 1/3 达半年之久。如何提高社会软财富的抗灾能力，这是 20 世纪留给 21 世纪的重要问题。2011 年东日本大地震几乎摧毁了灾区的全部社会功能，总损失高达 3 000 多亿美元。

图 9 - 10　城市生命线工程特别容易遭受自然灾害的袭击，抗御灾害能力变得越来越脆弱。例如 1995 年 1 月发生在日本的阪神地震，就轻而易举地摧毁了现代社会的生命线——电力、水源、通信和交通等

资料来源：Munich Re Group，1999

从工程灾害到社会灾害

长期以来，房屋、建筑物破坏等造成的工程损失一直是地震灾害损失中最主要的部分。但随着城市化的发展，地震损失越来越不限于工程损失。商业中断、社会功能瘫痪、信息丢失等非工程损失在总损失中所占比例越来越大。

对于大多数地区而言，工程灾害损失仍是地震灾害中最主要的部分，但在城市化程度较高、经济发达的地区或毗邻区域发生破坏性地震，工程灾害所占比例就会明显下降，所造成的社会灾害损失将越来越严重。而随着人口向城市大量集中和社会经济迅速发展，这种以社会损失为主体的灾害必将打破长期以来形成的以建筑物破坏为代表的工程灾害占主导的震灾损失格局。因此有必要提出地震造成的"社会灾害"这一概念，它是指一次地震对人类社会的综合影响，既包括建筑物破坏等工程灾害，也包括商业、交通中断等非工程灾害和后续对经济、社会、民众心理等的长期影响。重特大灾害引发的灾害链是"社会灾害"加剧的主要原因之一。

从工程灾害到社会灾害的概念转变，具有重要的意义：一是工程灾害的减轻，主要是专业减灾；而社会灾害的减轻，需要全社会的动员和参与，需要各级政府的领导。二是减轻自然灾害已经成为国家安全问题的重要部分。

图 9 - 11　1995 年 1 月 17 日日本阪神地震，造成了 6 000 多人死亡和超过 1 000 亿美元的损失，其中建筑物和设施破坏等工程损失 480 多亿美元（硬财富），而由震后交通中断、经济瘫痪、进出口贸易中断等因素造成的非工程性经济损失（软财富）达 500 亿美元。由此可见，在经济发达、城市化水平高的地区，一旦发生破坏性地震将会造成巨大的社会综合损失，损失不再局限于简单的工程损失

资料来源：Japan National Committee for IDNDR，1995

9.2　自然灾害的预测预警

图 9 - 12　图为 1996 年 9 月 4 日 1 时 15 分 GOES-8 卫星拍摄到飓风的照片，飓风中心离登陆点还有近 7 小时的距离
　　资料来源：NASA

预防为主是减轻自然灾害的基本原则，预测预警是灾害防治的重要环节。做好减灾工作，要依靠法制、依靠科技、依靠群众，发挥政府的主导作用，建设"居安思危、防范胜于救灾"的防灾文化，增强全社会的防灾减灾意识。下面分别从预测预警、灾害预防、应急响应、灾害救援和灾区重建等几个方面分别加以说明。

我们目前还无法阻止自然灾害的发生，但如果能够在灾害发生前作出预测和发出预警，那么就可以极大地减少人员的伤亡。

图 9 - 13　减轻自然灾害的三种主要途径：监测、预警和预报，预防，应急和救援

灾害监测系统

灾害的形成都有个过程，如果对这个过程进行监测，就提供了对灾害进行预测的基础。目前，中国已有各种灾害的监测系统。

- 气象灾害监测与预警系统
- 全国地壳运动监测网
- 地质灾害监测网
- 风暴潮监测
- 海洋卫星监测系统

- 地震观测台网的基础建设
- "环境与灾害监测小卫星星座"地面系统
- 气象卫星和环境监测卫星
- 赤潮灾害监测

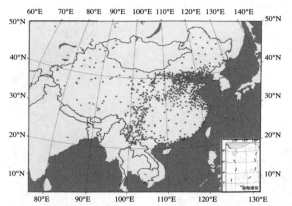

图9-14　中国地壳运动监测网（已有1 000个GPS观测站，还有2 000个GPS观测站在建设之中）是监测地面微小变化的全国网。许多地下的变化可以通过地面的变化观测出来

图9-15　中国气象局发布的全国炎热指数站点分布图。现公众可以在气象局网站上查询到例如天气、气候、气候变化、生态与农业气象、大气成分、人工影响天气、空间天气和雷电等信息
资料来源：中国气象局国家气候中心

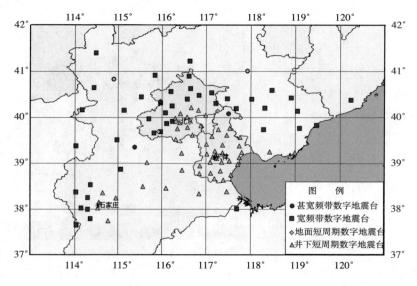

图9-16　首都圈地震台网分布图。在全国的大多数地方，密集的地震台能及时测量到3级小地震的发生；而首都圈地震台网对北京地区的监测能力达到1.5级。如果大地震发生之前有前震的话，地震台网可以发现大地震之前的前震活动

预测和预警

不同灾害的预测能力是不同的，例如，对于暴雨（24 小时降雨量大于 50 mm 的降雨被称为暴雨），目前预测的准确率约为 50%，而对于地震，预测的准确率则要低得多。在有较好的监测系统条件下，火山、泥石流、海啸等灾害的预测准确率比气象灾害要高，最难以预测的是地震灾害。这一方面，是由于对不同的灾害的科学认识程度不一样；另一方面，各种灾害的监测系统也不一样。地震多发生在地下几千米至几十千米的深处，人们很难对地震发生地点进行直接的观测。

目前大多数灾害的短期预测都是半经验半理论的。从过去发生的大量灾害事件中，可以总结出一些经验性的认识，而且时间越长，灾害的案例越多，得到的经验对于预测未来灾害就越有用，这是预测灾害的经验性方法。同时，对于大多数灾害，人们都建立了其计算机模型，将监测系统观测到的资料输入计算机，就可以算出灾害的发展和演变过程，这是预测灾害的理论性方法。由于实际的灾害案例是有限的，经验性的方法有其局限性；同时，灾害的过程十分复杂，任何理论模型都不得不对实际过程进行大大的简化，理论的方法也有其局限性。所以，目前多数的预测方法通常将两者结合起来应用。

灾害预测和预警面临着两个方面的困难。一个是技术性的，另一个是社会性的。技术性的问题主要是提高准确率及如何把灾害预测和预警的信息及时地传播给广大的社会公众。随着经验的积累、模型的改善以及随着信息技术和通信技术的进步，这个问题正在不断地改善。社会性的困难实际上是预测和预警发布的责任问题。任何预测预警信息的发布，必然引起社会方方面面的行动。而对于灾害预测，漏报、错报都是不可避免的。一旦出现漏报、错报，必然会造成经济损失，甚至会引起社会不安和动乱。不同的国家，不同的灾害，有不同的做法，这些做法各有各的优点，也都存在着不少的问题。大家一个共同的认识是，要想解决好这个社会性的问题，提高全民族的灾害与风险意识、提高社会公众灾害与减灾的科学观是十分重要和必要的。

联合国教科文组织 2005 年 1 月 11 日在小岛屿国家会议上宣布，将与世界气象组织合作，共同建立一个全球性海啸预警系统，因为仅仅在印度洋建立预警系统并不够，地中海、加勒比海与太平洋西南部都面临着海啸的威胁。预警系统只有是全球性的，才能真正有效。

9.3　自然灾害预防

"预防为主"是减轻自然灾害最重要的措施。中国唐代医学家孙思邈说过：大医医未病之人，中医医欲病之人，下医医已病之人。这段文字精辟地说明了预防的重要。

联合国前秘书长安南最近指出：我们必须从反应的文化转换为预防的文化。预防不但比救助更人道，而且成本也小得多（We must，above all，shift from a culture of reaction to a culture of prevention. Prevention is not only more humane than cure，it is also much cheaper）。自

20 世纪 50 年代以来日本每年把政府预算的约 1%用在预防灾害的措施上。

图 9 - 17 中国唐代医学家孙思邈说过：大医医未病之人，中医医欲病之人，下医医已病之人。这段文字精辟地说明了预防的重要
资料来源：百度百科，http://baike.baidu.com/view/22427.htm

灾害区划

灾害预防的第一件事，就是要回答未来的灾害在哪里？灾害有多大？灾害发生的频率是多少？这就是灾害的定量化，有时也叫作灾害区划。不同的灾害有不同的区划，如地质灾害危险性评估与风险区划、地震灾害区划、风暴潮灾害评估和区划、洪水灾害区划等。

灾害区划必须考虑三方面的因素，下面以地震为例加以说明。第一，考虑作为破坏力的地震的强度和发生概率的空间分布，这就是地震危险性分析；第二，考虑作为破坏对象的社会财富和人口的分布；第三，考虑破坏对象对破坏力的响应，如有的房子抗震，有的房子不抗震，同样的地震，不同房子的响应不同，这是建筑物的脆弱性分析。第一个因素涉及自然科学，第二个因素涉及社会经济和人文科学，第三个因素涉及工程技术科学。所以，灾害区划是一种综合性的分析。

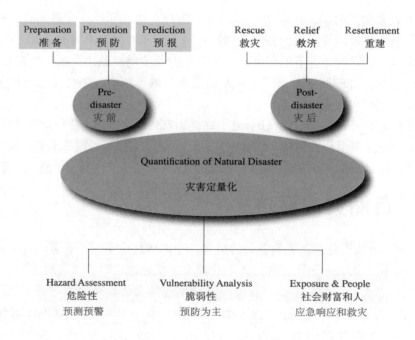

图 9 - 18 灾害定量化（或称灾害区划）是灾害预防的基础

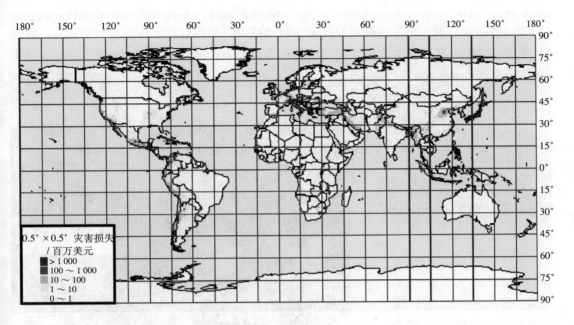

图 9 - 19　全球地震灾害分布图，每年地震灾害平均损失 230 亿美元。本图是按灾害区划的三要素综合编制的（50 年超越概率为 10%）

工程减灾

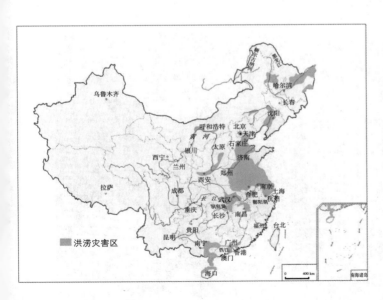

图 9 - 20　中国受洪灾威胁的主要地区分布

资料来源：人民教育出版社课程教材研究所，2004

有效的工程措施能够减轻自然灾害。大家知道，地震时房屋和建筑物的倒塌，是造成人员伤亡的主要原因。如果我们能够提高房屋和建筑物的抗震能力，那么就能极大地减少人员伤亡和财产损失，极大地减少地震灾害。但是，提高建筑物能力，势必增加建筑成本，无限制提高抗震能力，把所有的建筑物都做成"铜墙铁壁"，不仅不必要，而且也不可能。在减轻灾害的工程建设方面要注意三点：第一，工程建设是"百年大计"，一定要把抗御自然灾害能力放在工程建设首要考虑的问题中去；第二，尽量利用现代科学技术成果，依靠科技，降低成本；第三，提高抗灾能力，要因地制宜。多地震区抗震设防标准要高于少地震区，要按照灾害区划和国家的抗灾规范进行工程建设。

图9－21 农村地区，由政府引导的农村地区的"安居工程"已于2006年在全国范围启动。新疆维吾尔自治区是全国率先开展"安居工程"的地区。该工程的目的是通过政府引导和帮助、科技示范，全面提高农村房屋和建筑物抗御地震、泥石流、台风等自然灾害的能力

图9－22 城市地区，所有的高层建筑和超高层建筑都必须进行抗震设防。当中国各地都在竞相建设"××第一"的超高层建筑时，住房和城乡建设部表示，中国将加强超高层建筑的抗震设防。图为长沙市中心沿线密集的高层建筑楼群
　资料来源：新华社，龙弘涛摄

图 9 - 23 三峡水利枢纽的建设可以减轻长江中游地区的洪涝灾害。"万里长江，险在荆江"，荆江流经的江汉平原和洞庭湖平原，沃野千里，是粮库、棉山、油海、鱼米之乡。荆江防洪问题，是当前长江中下游防洪中最严重和最突出的问题。三峡水库正常蓄水位 175 m，有防洪库容 221.5×10^8 m³。为荆江的防洪提供了有效的保障，对长江中下游地区也具有巨大的防洪作用

图 9 - 24 提高房屋和建筑物的抗震能力就能够极大地减少地震灾害，而多层建筑在地震时的柔韧性好坏可以在实验室的工作平台上得到验证。图为台湾地震工程研究中心的地震模拟实验室。三轴向地震模拟振动为一个箱形结构体，台面尺寸为 5 m×5 m，质量约 27 t，试验的最大质量约 50 t，能充分利用有限的质量来提高其弯矩及扭转劲度。振动台系由油压制动器来驱动，每一轴向四支制动器，三轴向共 12 支制动器。振动台共拥有 6 个自由度，以模拟三轴向的地震，目前发生在世界上的主要地震均能在地震工程中心模拟重现

资料来源：牛顿出版公司，1999

9.4 应急响应和灾害救援

应急响应

严重的自然灾害发生后，整个社会面临着紧急状态。灾后采取非常措施，尽快稳定社会秩序是应急响应的最重要环节。

图9-25 唐山地震后中央立即成立抗震救灾指挥部，组织领导广大军民进行抗震救灾。图为跑步奔赴唐山地震灾区参加救灾的人民解放军官兵，随着解放军进入唐山，并采取稳定社会的许多非常措施后，地震后的混乱情况发生了根本性变化

图9-26 唐山地震期间举行公判大会，开展打击刑事犯罪活动

1976年唐山大地震后，唐山的交通堵塞十分严重，抢劫等不良现象时有发生。随着解放军进入唐山，并采取稳定社会的许多非常措施后，情况发生了根本性变化。第一，恢复了唐山市的交通秩序：没有通行证的汽车一律不许进入唐山市；市内凡是两车相对堵塞马路又不相让的，毫不客气地将它们翻到路边的废墟里，腾出道路来。第二，制止了抢劫等不良现象：街上的人特别是出城的人，凡是手上戴两个手表的或是骑自行车且车架上拉有箱子的，都被认为有抢劫的嫌疑，因为没有工夫审查，便直接拿电线将他们捆在公路边的树上，待以后再认真审查，社会秩序很快得到控制。这种紧急救援、紧急措施是在非常情况下必须采取的一种非常措施，任何重大灾害后都应这样做。

灾后应急响应的另外一件重要的事情，是尽快救治伤员。地震中的受害者可分为三类：第一类是被倒塌的房屋砸到了要害部位当场死亡的已经不需要抢救的人；第二类是手指头、胳膊或脚被砸伤、砸断，但并没有伤到关键部位的人，这类算作受伤较轻者，可以稍微晚一点进行救助；第三类是正好伤到要害部位但没有死亡，若治疗及时就完全可能存活的人。第三类多数属于脊椎骨受伤者。脊椎骨受伤的第一个反应是偏瘫，第二个是排尿问题导致尿中毒现象严重。从医生那里得知，对尿毒症患者，如果及时采取导尿措施是可以救活的。经常在地震现场工作的医务人员就很有经验：拔出一根电线，抽掉中心的铜丝，利用现场可以消毒的东西，如白酒消毒后就可帮助排尿，这在紧急状态下可起到一定的效果。

图 9 - 27　中国国际救援队中的搜索犬，搜索犬可以有效地帮助人们发现被埋在废墟下面的伤员
　　资料来源：中国国际救援队

图 9 - 28　1995 年日本阪神地震发生后，无家可归的灾民被安置在中学的体育馆内，度过了灾后第一个夜晚，社会稳定，救灾有序进行
　　资料来源：Japan National Committee for the IDNDR，1995

图 9 - 29　灾后应急响应的另外一件重要的事情，是尽快救治伤员。时间就是生命。飞机和火车等便捷的交通工具可用来迅速转移伤员和转送救灾物资

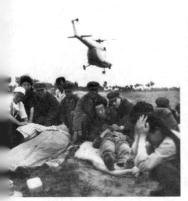

小灾靠自救、中灾靠互救、大灾靠国家

1976年唐山地震灾区包括城区和农村两个部分。虽然农村村庄倒塌的房屋很多，但奇怪的是死亡人数却很少，死亡人数的比例要远远小于城区。这是因为一个村庄就是一个小的社区，社区里有村委会组织，街坊邻居也彼此熟悉，大家自救和互救意识强，能够互相救援。又由于农村多是平房，若有人被埋到废墟里，靠街坊邻居的力量，就可把人救出来撤离危险区。所以，在灾害救援问题上，大家逐渐认识到，应该针对不同的灾害，发挥自救和社区救援的作用。

如果不考虑灾害的大小，所有的灾害都依靠国家的救助，情况会怎样呢？大家知道，针对大灾，我们已经有了各个灾种的专业救援队伍，如地震、气象、海洋、地质、公安、消防、交通、市政、卫生等。这种专业救援方式基本与20世纪末国际上的做法接轨，在灾害管理和应急中起到了很好的作用。

图9－30　1998年长江中游发大水，在这场巨大的自然灾害面前，国家发挥了重要的作用。奉调而来的军队在救灾中发挥了"中流砥柱"的作用

资料来源：白和金．光辉的历程：中华人民共和国建国五十周年成就展特辑 [M]．北京：西苑出版社，1999

图9－31　中国国际地震救援队在阿尔及利亚地震现场（穿橘红色衣服的是救援队队员）

资料来源：中国国际救援队

图 9 - 32　1995 年日本阪神地震中破坏房屋的拆除。(a)1995 年 1 月 17 日，中间 8 层楼房的第 5 层
发生严重破坏；(b)1996 年 3 月 12 日，同一地区，中间楼房拆除，周围完好房屋保留；(c)1995 年
1 月 18 日，中间 7 层楼房的第 5 层完全坍塌；(d)1996 年 3 月 12 日，中间 7 层楼房的底部 3 层保留，
其余拆除
　　资料来源：京都大学防灾研究所提供图片

　　但是，灾害的专业救援也存在一些不足。如各灾种的管理相互独立，缺少统一的整体协
调机制；当发生水灾时，防汛部门很少会利用消防系统的人力资源、信息资源和设备资源；
缺乏完整的社会、经济、人口和建筑物基础数据库和经常性的快速定量评估分析工具；经常
出现各灾种间重复建设的情况，特别是在基础地理信息、通信网络、救灾设备和队伍的建设
方面，低水平重复建设的情况相当普遍。这些都严重影响了国家在减灾救灾时各项投入的有
效性和合理性。特别值得指出的是，对城市安全有影响的各种灾害中，小灾多，中灾少，大
灾就更少。以地震为例：我国大约每两三年发生 1 次 7 级大地震，平均每年三四次 6 级大小
的中等地震，而 5 级小地震，则每年约有 20 ～ 30 次。对待不同程度的灾害，应采取不同的
管理方式。一种较为有效的方式是：小灾靠自救、中灾靠互救、大灾靠国家。目前的专业救
援为主的垂直管理将过多的管理责任集中到了中央政府。当然大灾，特别是破坏性严重的大
型灾害和重大事件，中央政府可以集中全国的各种资源，包括人力、物力和信息资源等，及
时有效地采取减灾措施，布置减灾及应急活动。但是对于那些数量巨大的中灾和小灾（这些
灾害的影响多是局部而非全国性的），倘若也要中央政府来直接管理，恐怕不仅难以做到，而
且也难以做好。

　　联合国在新世纪开始时提出的减灾口号是：发展以社区为中心的减灾战略。1976 年唐山
地震时，震中区的农村房屋倒塌严重，但村民的自救意识强，仅以简单的救灾技术就在很短
的时间内救出了大量被压在倒塌房屋下的人员，避免了大量人员的伤亡，很好地发挥了基层
社区的作用。"专业"为主和"社区"为主的管理是灾害管理的不同方式。"专业"为主的垂直
管理方式比较适用于灾情严重的灾害，有利于发展适合不同灾种的高新技术。经过多年努力，
我国已经建立了适合"条条"垂直方式管理的体制和机制。"社区"管理的方式有利于调动整
个城市和整个社区的力量，能够及时有效地综合减轻包括自然灾害和人为灾害在内的各种突
发事件的影响。从第十一个五年计划开始，中国政府实施了建设"综合减灾示范社区"的行动，
到目前为止，已经在全国乡镇建设了近 3 000 个"综合减灾示范社区"，其在提高社区防灾减
灾能力方面起到了良好的示范作用。

应急响应和灾害救援应建立统一的防灾应急指挥机构，事前制定多学科、多领域、跨部门、跨地区的严重灾害发生时的应急对策预案，制定统一的防灾减灾法规。

图9－33　1995年日本阪神地震后清除废墟垃圾，开辟为市中心广场
资料来源：日本京都大学防灾研究所提供图片

自救方法应如小花猫

图9－34　小灾靠自救、中灾靠互救、大灾靠国家

"国际减灾十年"是由原美国科学院院长弗兰克·普雷斯博士于1984年7月在第八届世界地震工程会议上提出的。此后这一计划得到了联合国和国际社会的广泛关注。联合国在1987年12月11日通过的第42届联大169号决议、1988年12月20日通过的第43届联大203号决议以及经济及社会理事会1989年的99号决议中，都对开展"国际减灾十年"的活动作了具体安排。1989年12月，第44届联大通过了经社理事会关于"国际减灾十年"的报告，

国际减灾日

1989 年 12 月，第 44 届联合国大会经济及社会理事会关于"国际减轻自然灾害十年"（以下简称"国际减灾十年"）决议，指定每年 10 月的第二个星期三为"国际减灾日"，"国际减灾日"每年有不同的主题，并以各种方式开展相关活动。

历年国际减灾日主题

1991 年　减灾、发展、环境——为了一个目标

1992 年　减轻自然灾害与持续发展

1993 年　减轻自然灾害的损失，要特别注意学校和医院

1994 年　确定受灾害威胁的地区和易受灾害损失的地区——为了更加安全的 21 世纪

1995 年　妇女和儿童——预防的关键

1996 年　城市化与灾害

1997 年　水：太多、太少——都会造成自然灾害

1998 年　防灾与媒体

1999 年　减灾的效益——科学技术在灾害防御中保护了生命和财产安全

2000 年　防灾、教育和青年——特别关注森林火灾

2001 年　抵御灾害，减轻易损性

2002 年　山区减灾与可持续发展

2003 年　与灾害共存——面对灾害，更加关注可持续发展

2004 年　总结今日经验、减轻未来灾害

2005 年　利用小额贷款和保险手段增强抗灾能力

2006 年　减灾始于学校

2007 年　防灾、教育和青年

2008 年　减少灾害风险 确保医院安全

2009 年　让灾害远离医院

2010 年　建设具有抗灾能力的城市：让我们做好准备

2011 年　让儿童和青年成为减少灾害风险的合作伙伴

2012 年　女性——抵御灾害的无形力量

决定从 1990 年至 1999 年开展"国际减灾十年"活动。"国际减灾十年"活动取得了很大的成效，但是，在该活动的最后总结报告中，最引人注目的结论是：

DECADE PASSED, LOSS TRIPLE!

其意即 10 年减灾活动过去了，全球自然灾害的损失却变成了三倍！从表面数字来看，仿佛是灾害越减越多，实际上，由于经济的发展和人口的城市化，自然灾害增长得非常快，如果没有"国际减灾十年"活动，灾害损失要大得多！

"国际减灾十年"活动结束后，第 54 届联合国大会于 1999 年 11 月通过决议，从 2000 年开始，继续在全球范围内开展"国际减灾战略"行动，将减灾作为一项长期的、战略性的行动开展下去，并规定每年 10 月的第二个星期三为"国际减灾日"（International Day for Natural Disaster Reduction），1990 年 10 月 10 日是第一个"国际减灾十年"日。联大还确认了"国际减灾十年"的国际行动纲领，借此在全球倡导减少自然灾害的文化，包括灾害监测、灾害预防和灾害评估。

"国际减灾十年"国际行动纲领首先确定了行动的目的和目标。行动的目的是：通过一致的国际行动，特别是在发展中国家，减轻由地震、风灾、海啸、水灾、滑坡和泥石流、火山爆发、森林大火以及其他自然灾害所造成的人员伤亡、财产损失和社会经济的失调。其目标是：增进每一国家迅速有效地减轻自然灾害的影响的能力，特别注意帮助有此需要的发展中国家设立预警系统和抗灾机构；考虑到各国文化和经济情况不同，制定利用现有科技知识的适当方针和策略；鼓励各种科学和工艺技术致力于填补知识方面的重点空白点；传播评价、预测与减轻自然灾害的措施有关的现有技术资料和新技术资料；通过技术援助与技术转让、示范项目、教育和培训等方案来发展评价、预测和减轻自然灾害的措施，并评价这些方案和效力。

国际行动纲领要求所有国家的政府都要做到：拟订国家减轻自然灾害方案，特别是发展中国家，应将之纳入本国发展方案内；在"国际减轻自然灾害十年"期间参与一致的国际减轻自然灾害行动，同有关的科技界合作，设立国家委员会；鼓励本国地方行政当局采取适当步骤为实现"国际减轻自然灾害十年"的宗旨作出贡献；采取适当措施使公众进一步认识减灾的重要性，并通过教育、训练和其他办法，加强社区的备灾能力；注意自然灾害对保健工作的影响，特别是注意减轻医院和保健中心易受损失的活动，以及注意自然灾害对粮食储存设施、避难所和其他社会经济基础设施的影响；鼓励科学和技术机构、金融机构、工业界、基金会和其他有关的非政府组织，支持和充分参与国际社会包括各国政府、国际组织和非政府组织拟订和执行的各种减灾方案和减灾活动。

图 9－35　2005 年 4 月 22 日是第 36 个"世界地球日"，为宣传"世界地球日"、促进全社会爱护地球，中国国家邮政局发行了我国第一枚"世界地球日"邮票

2008 年汶川大地震发生后，我国政府为了提高广大人民群众和全社会的防灾减灾意识，以及灾害风险防范的能力，将每年的 5 月 12 日确定为"国家防灾减灾日"。中国"国家防灾减灾日"的设立，大大提升了社会各界关注防灾减灾的程度，全面普及了防灾减灾的知识和逃生技能，高度重视了各种科技减灾措施的推广应用，系统推动了各级政府加强防灾减灾的工作投入，收到了良好的效果。

思考题

1.过去几十年来，自然灾害损失与经济增长之间存在什么样的相互作用？你认为 21 世纪自然灾害系统会发生什么样的变化，可能会呈现出什么样的特点？

2.你认为自己所在的城市的综合减灾能力是越来越强还是越来越弱？为什么？请结合实例予以阐述。

3.目前，自然灾害监测、预警主要面临的挑战有哪些？未来应该怎么迎接这些挑战？

4.灾害区划是灾害预防的基础。请选一个灾种，从资料、方法及使用的角度说明灾害区划在灾害预防中可能发挥的作用。

5.从救援时效、资源配置等方面来看，你觉得"小灾靠自救、中灾靠互救、大灾靠国家"是不是合理？为什么？

6.列举历届国际减灾日主题，请阐述对这些主题的理解。

参考资料

陈颙，彭文涛，徐文立．2004. 21 世纪地震灾害的一些新特点[J]．地球科学进展，19（3）：359 − 362

国家统计局人口和社会科技统计司．2001. 中国人口统计年鉴 2001 [M]．北京：中国统计出版社

建国 50 周年成就展筹委会领导小组办公室，建国 50 周年成就展特辑编委会，中华锦绣画报社．1999. 光辉的历程——中华人民共和国建国 50 周年成就展特辑[M]．北京：西苑出版社

牛顿出版公司编辑部．1999. 地震大解剖[M]．台北：牛顿出版股份有限公司

人民教育出版社课程教材研究所．2004. 普通高中课程标准实验教科书 地理 选修 5 自然灾害与防治[M]．北京：人民教育出版社

Japan National Committee for IDNDR. 1995. 1995.1.17 pictures of disasters in the Great Hanshin-Awaji Earthquake [C]

Munich Re Group, Munich, Germany. 1999. Topics 2000 : natural catastrophes-the current position [R]. http://www.munichre.com

Munich Re Group, Munich, Germany. 2004. Megacities—megarisks : trends and challenges for insurance and risk management [R]. http://www.munichre.com

Munich Re Group, Munich, Germany. 2005. Topics geo, annual review:aatural catastrophes 2004 [R]. http://www.munichre.com

United Nations. 1990. World demographic estimates and projections（1950 ∼ 2025）[M]. New York：Press of United Nations

United Nations. 1994. Disasters around the world—a global and regional view [C]. Yokohama, Japan：United Nations World Conference on Natural Disaster Reduction

United Nations. 2004. World urbanization prospects : the 2003 revision [M]. New York：Press of United Nations

World Bank. 1995. World development report 1995 [M]. Oxford：Oxford University Press

World Bank. 2002. World development report 2002 [M]. Oxford : Oxford University Press

相关网站

http://www.jianzai.gov.cn

http://www.circ.gov.cn

http://www.unisdr.org

http://www.unocha.org

http://www.preventionweb.net

关键词索引